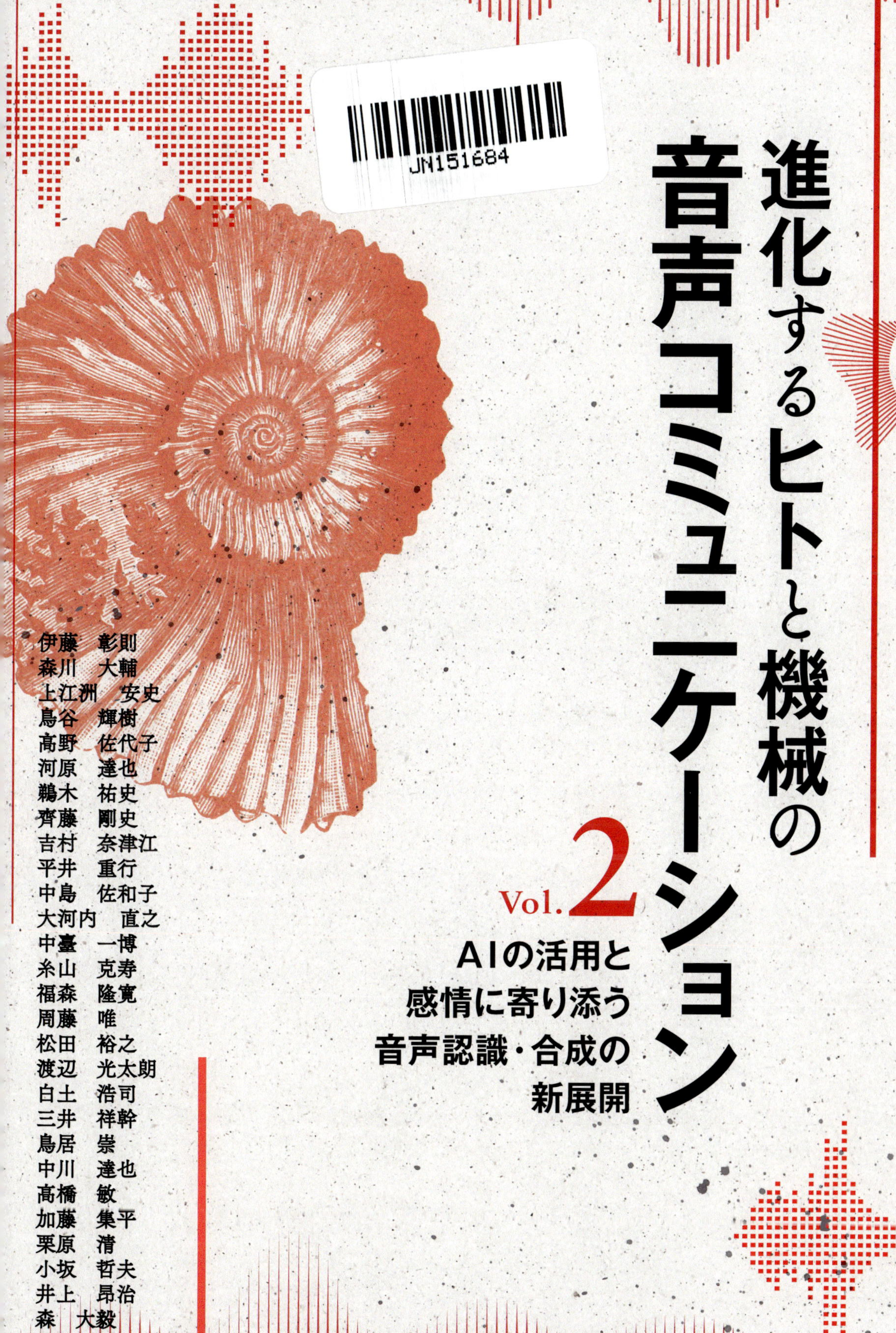

進化するヒトと機械の音声コミュニケーション

Vol.2

AIの活用と
感情に寄り添う
音声認識・合成の
新展開

伊藤　彰則
森川　大輔
上江洲　安史
鳥谷　輝樹
高野　佐代子
河原　達也
鵜木　祐史
齊藤　剛史
吉村　奈津江
平井　重行
中島　佐和子
大河内　直之
中臺　一博
糸山　克寿
福森　隆寛
周藤　唯
松田　裕之
渡辺　光太朗
白土　浩司
三井　祥幹
鳥居　崇
中川　達也
髙橋　敏
加藤　集平
栗原　清
小坂　哲夫
井上　昂治
森　大毅
小林　彰夫
松田　健

NTS

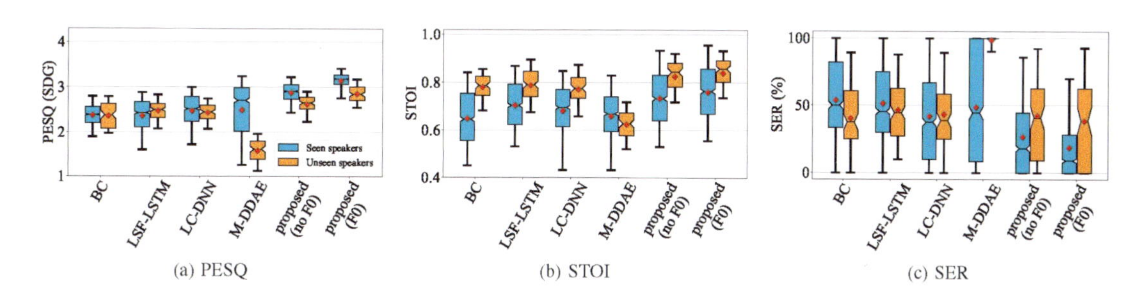

図５　さまざまな方法を利用した骨導音声回復の評価結果（p.52）

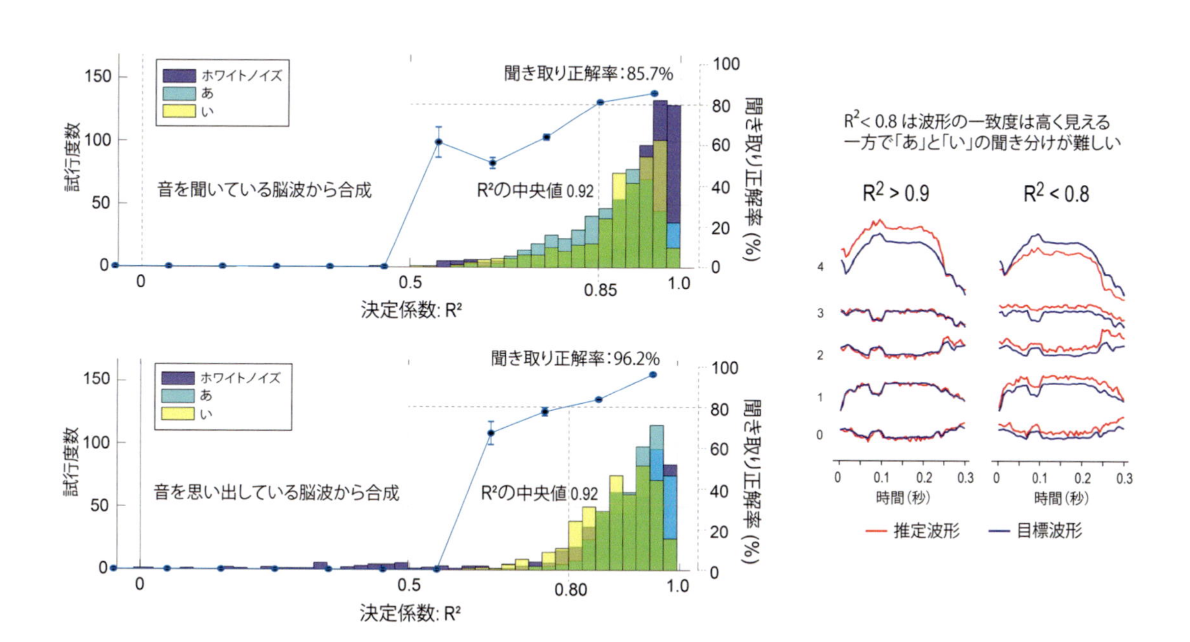

図６　Akashiらの研究で行われた母音音声の傾聴・想起時のEEGによる音声合成結果（p.77）

(左)：全ての試行においてメルケプストラム波形の一致度を決定係数R^2として算出しヒストグラムで表示。傾聴(上)，想起（下）いずれも中央値は0.92と高く，19人の他者による聞き取り正解率はR^2が0.8を超えると高い。(右)：決定係数R^2の違いによる波形比較と聞き分けの実態。R^2が0.8未満の場合，波形の一致度は一見高く見えるが，合成した音声では「あ」と「い」の聞き分けは困難であった

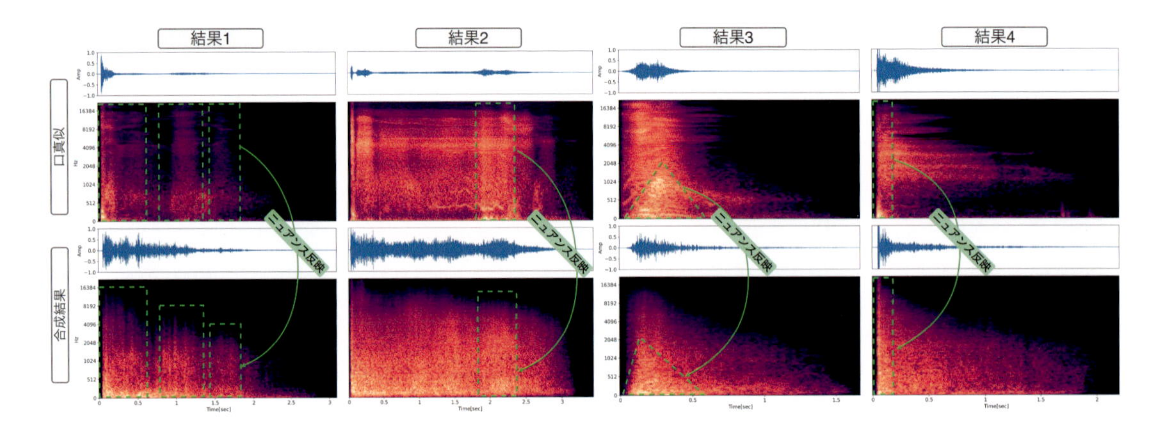

図５　口真似による爆発音模倣音声４種と合成音のメルスペクトログラム（p.87）

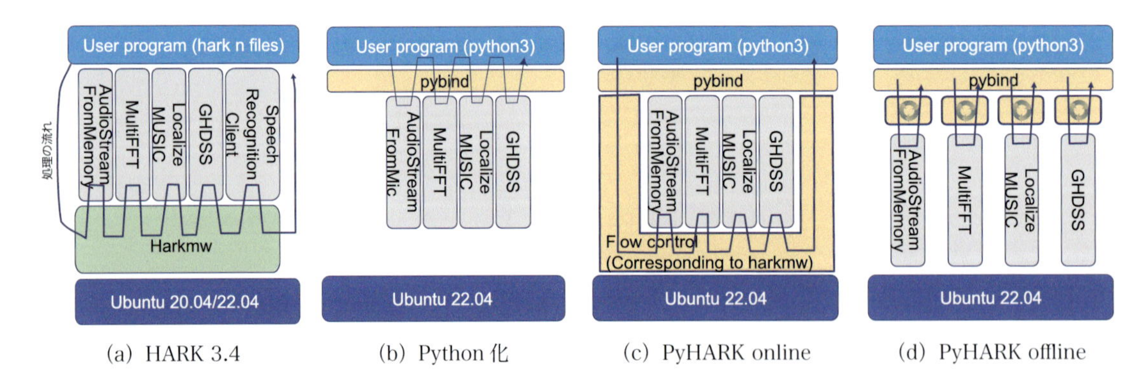

(a) HARK 3.4　(b) Python 化　(c) PyHARK online　(d) PyHARK offline

図２　HARK のソフトウェアスタック（p.107）

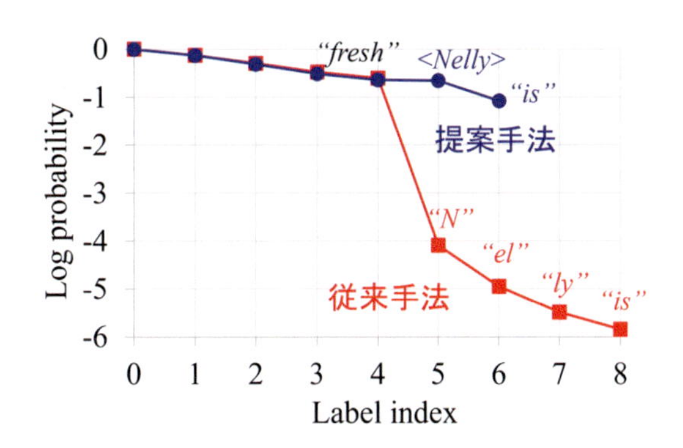

図７　英語における提案手法の有効性（p.133）

ところで新規のパーキンソン病の患者について、園芸の問題が出ているのですが、護衛性肺炎の予防策で何かおすすめはありますか。

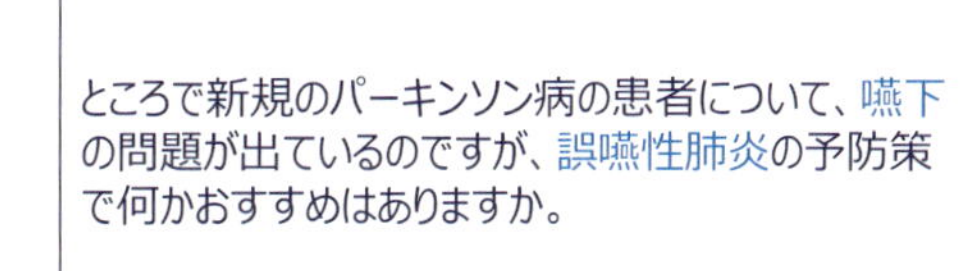

図２　LLM による音声認識結果の校正（p.143）

まずクロスドッキングシステムを導入することで、リードタイムを大幅に短縮することを提案しています。
それはいいですね。クロスドッキングの運用開始はいつ頃予定していますか。
今月末にはテスト運用を開始する予定です。
ただ一部の依存品については慎重に取り扱う必要があるので、専用のエクアクションを追加しました。
依存品の対策もしていただきありがとうございます。

まずクロスドッキングシステムを導入することで、リードタイムを大幅に短縮することを提案しています。
それはいいですね。クロスドッキングの運用開始はいつ頃予定していますか。
今月末にはテスト運用を開始する予定です。
ただ一部の易損品については慎重に取り扱う必要があるので、専用のエクアクションを追加しました。
易損品の対策もしていただきありがとうございます。

図３　LLM による専門用語・社内用語の認識（p.143）

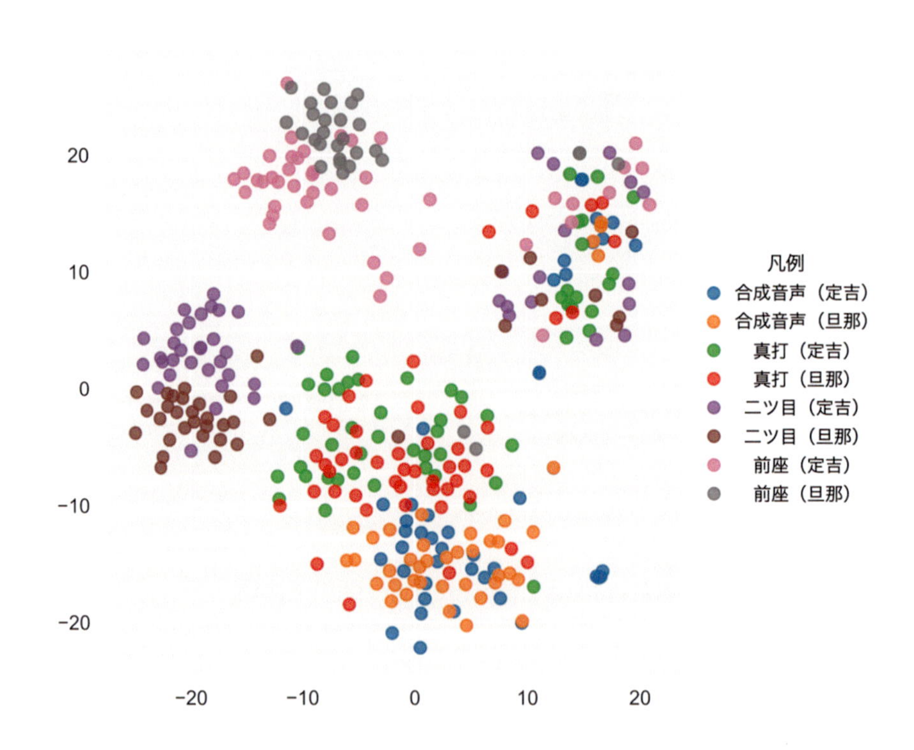

図５　文ごとに計算した x-vector の t-SNE による可視化（p.178）

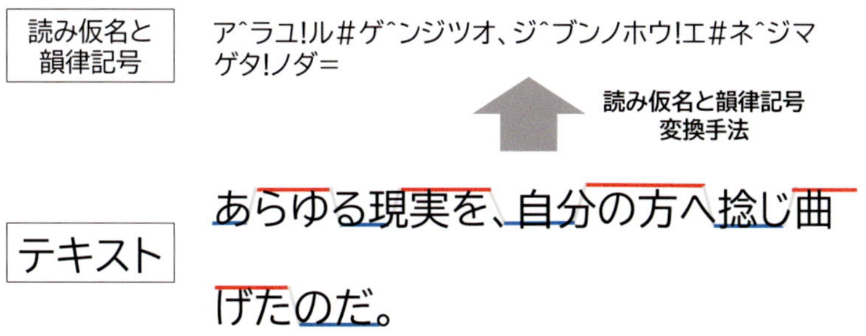

読み仮名と韻律記号

ア^ラユ!ル#ゲ^ンジツオ、ジ^ブンノホウ!エ#ネ^ジマゲタ!ノダ=

読み仮名と韻律記号変換手法

テキスト

あらゆる現実を、自分の方へ捻じ曲げたのだ。

出典：栗原清：映像情報メディア学会誌，78(2), 236 (2024).

図２　高低アクセントと読み仮名と韻律記号（p.183）

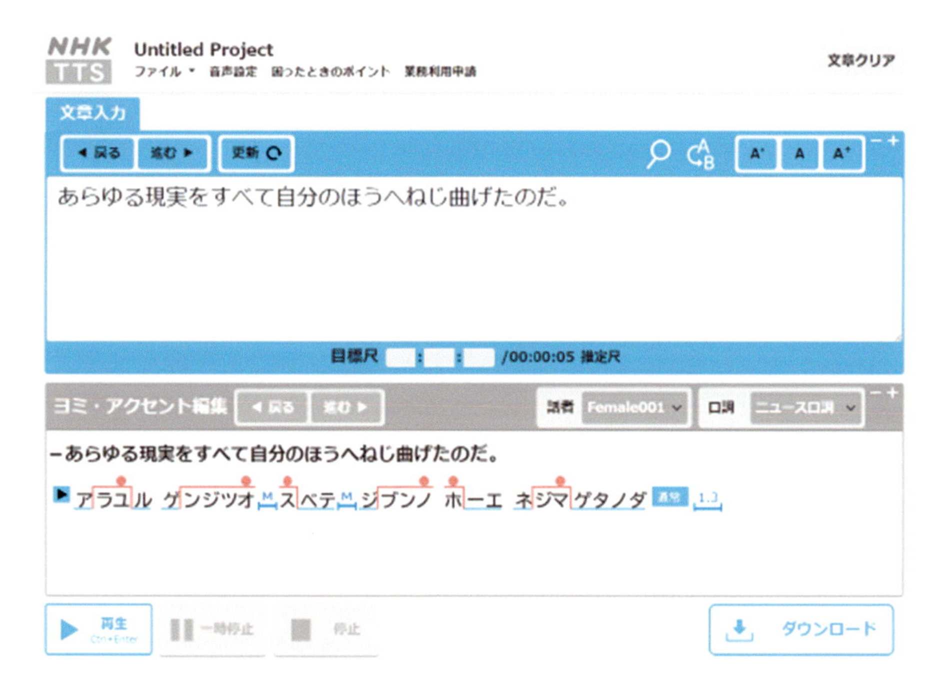

図５　開発したユーザーインターフェース（p.186）

執筆者一覧（敬称略，掲載順）

伊藤　彰則　東北大学　大学院工学研究科　教授

森川　大輔　富山県立大学　情報工学部　講師

上江洲安史　北陸先端科学技術大学院大学　先端科学技術研究科　特任助教

鳥谷　輝樹　山梨大学　大学院総合研究部　特任助教

高野佐代子　金沢工業大学　メディア情報学部メディア情報学科　准教授

河原　達也　京都大学　情報学研究科　教授

鵜木　祐史　北陸先端科学技術大学院大学　先端科学技術研究科　教授

齊藤　剛史　九州工業大学　大学院情報工学研究院　教授

吉村奈津江　東京科学大学　情報理工学院情報工学系　教授

平井　重行　京都産業大学　情報理工学部情報理工学科　教授

中島佐和子　秋田大学　情報データ科学部　准教授

大河内直之　東京大学　先端科学技術研究センター　特任研究員

中臺　一博　東京科学大学　工学院システム制御系　教授

糸山　克寿　株式会社ホンダ・リサーチ・インスティチュート・ジャパン　Research Division　Senior Scientist

福森　隆寛　立命館大学　情報理工学部　講師

周藤　　唯　（執筆当時）株式会社ホンダ・リサーチ・インスティチュート・ジャパン Research Division　Senior Engineer／（現）SB Intuitions 株式会社

松田　裕之　Nishika 株式会社　代表取締役 CTO

渡辺光太朗　Nishika 株式会社　データサイエンティスト

白土　浩司　三菱電機株式会社　先端技術総合研究所ロボティクス技術部知能ロボティクスグループ グループマネージャー

三井　祥幹　三菱電機株式会社　情報技術総合研究所 AI 研究開発センター言語処理技術グループ　主任

鳥居　　崇　NTT テクノクロス株式会社　IOWN デジタルツインサービス事業部　マネージャー

中川　達也　NTT テクノクロス株式会社　IOWN デジタルツインサービス事業部 アシスタントマネージャー

高橋　　敏　NTT テクノクロス株式会社　IOWN デジタルツインサービス事業部　ビジネスユニット長

加藤　集平　株式会社 RevComm　リサーチ部門　シニアリサーチエンジニア

栗原　　清　日本放送協会　経営企画局デジタル業務改革室

小坂　哲夫　山形大学　大学院理工学研究科　教授

井上　昂治　京都大学　大学院情報学研究科　助教

森　　大毅　宇都宮大学　工学部　准教授

小林　彰夫　大和大学　情報学部　教授

松田　　健　阪南大学　総合情報学部　教授

目　次

序　論　音声処理研究の動向と今後の展望　　伊藤　彰則

第１編　聴覚・発声のメカニズムと音声認識・合成の最新技術

第１章　聴覚・発声のメカニズム

第１節　聴覚のメカニズム　　森川　大輔/上江洲　安史/鳥谷　輝樹

第２節　音声生成のメカニズム　　高野　佐代子

第２章　音声認識の最新技術

第１節　End-to-End モデルによる音声認識　　河原　達也

第２節　骨導デバイスを利用した音声コミュニケーション：人と機械による音声認識　　鵜木　祐史

第３節　読唇技術：音声情報を利用せずに映像情報のみを用いた音声認識技術　　齊藤　剛史

第３章　音声合成の最新技術

第2編　音声認識・合成・コミュニケーションの応用技術

第1章　音声認識の応用技術

第2章　音声合成の応用技術

第3章　音声によるコミュニケーション技術

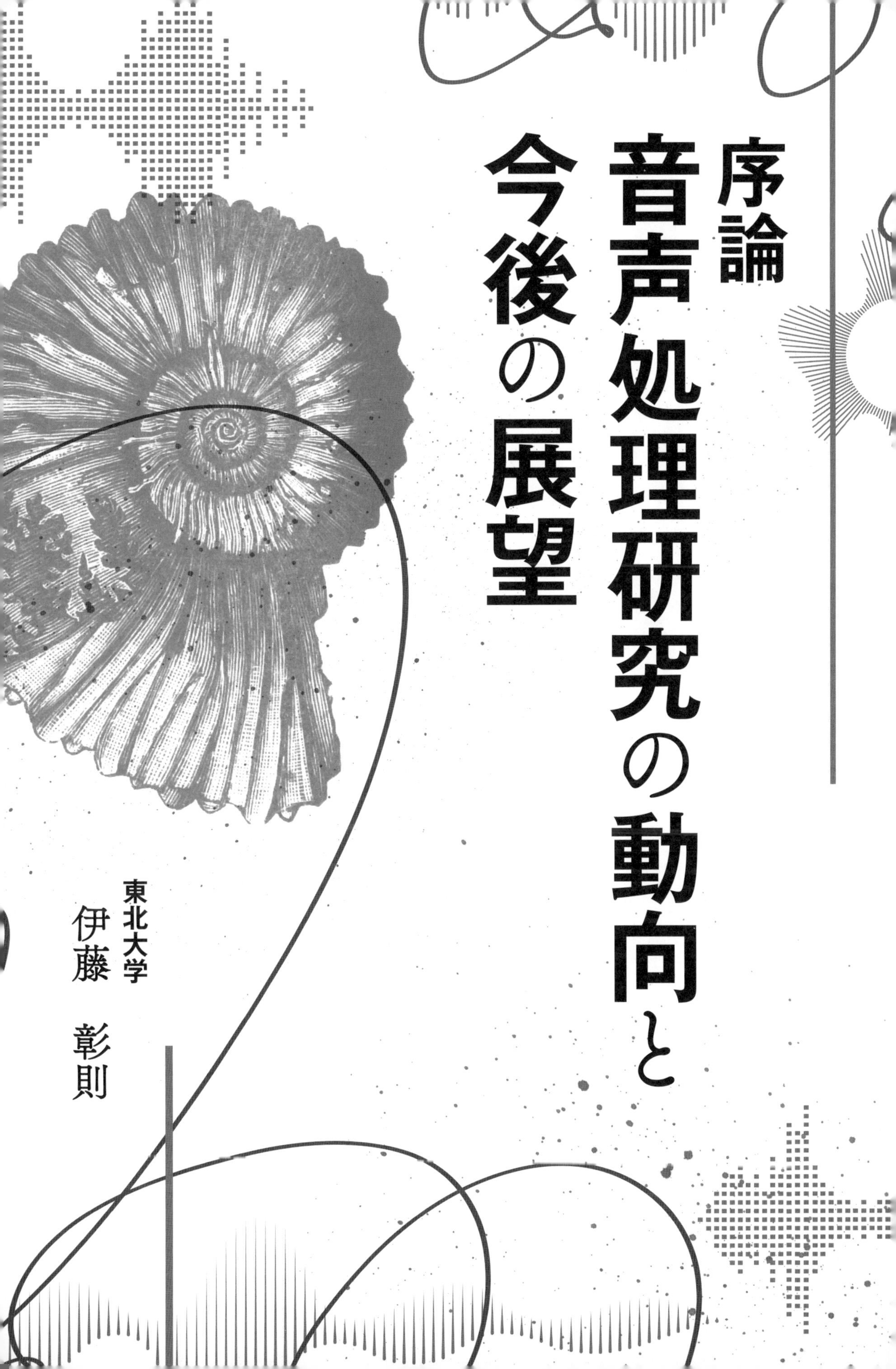

序論
音声処理研究の動向と今後の展望

東北大学
伊藤　彰則

1. 音声処理研究の変遷の概観

音声は人間同士の最も基本的なコミュニケーションメディアである。音声を機械で処理するという考え方は古くからあり，最初の音声認識技術はアナログフィルタによる音声分析に基づくものであったが[1]，その後はデジタル信号処理と機械学習に基づく方法が主流となった。一方，音声合成技術は音声認識より古く，18世紀にはふいごと管による音声の生成が行われた[2]。電子回路による音声の合成はコンピューターの発明より早く，1939年にさかのぼる[3]。

音声認識や話者認識，音声合成などの分野では，部分的な要素を機械学習によって最適化し，それらを組み合わせるシステム構成が長い間取られてきた。音声認識では，ソース・フィルタモデル[4]に基づいて声道の伝達関数の情報を抽出し，隠れマルコフモデル（Hidden Markov Model: HMM）による音声時系列のモデル化，辞書とN-gramによる単語系列のモデル化，およびデコーダによる最適化という構成が標準的であった[5]。話者認識では，音声認識と同様の特徴量を利用し，音声の分布をモデル化するガウス混合モデル（Gaussian Mixture Model: GMM）を利用していた[6]。また，音声合成では，初期のdiphoneなどを使った波形接続合成[7]から，HMMなどの機械学習による生成モデルを利用した手法[8]が使われてきた。これらの方法はいずれも，音声特徴量は経験的に良いとされるMFCC（Mel Frequency Cepstral Coefficients）やメルケプストラム，メルスペクトログラムなどが利用され，音声コーパスや言語コーパスから個別モデルを学習する形であった。現在は，これらの構成が単一の巨大なニューラルネットワークによる構成に取って代わられている。

音声処理へのニューラルネットワークの利用は1980年代にさかのぼる[9][10]。それ以来，ニューラルネットワークは規模が大きくなると学習が難しくなる問題があり，音声処理への導入は部分的であった。しかし，2010年代から深層学習が急速に発展し，ReLU活性化関数[11]やバッチ正則化[12]，ResNet[13]，ドロップアウト学習[14]，AdaDelta[15]やAdam[16]などの学習係数の最適化技法などが次々に開発された。同時に，GPU（Graphic Processing Unit）を利用した並列計算が一般的になり，計算能力が飛躍的に向上した。その結果，膨大な数のパラメータを持つ巨大なネットワークの学習が可能になり，膨大な量の音声・言語データの整備も相まって，音声波形を直接処理したり，あるいは音声波形を直接出力したりするEnd-to-Endモデルが作成可能になった。

2. 音声の分析合成

古典的な音声の認識と合成は，いずれもソース・フィルタモデルによる音声のモデル化[17][18]に基づいている。

音声に対して，認識・合成・変換などの複雑な処理を行う場合，音声の波形そのものに対して処理ができることは稀であり，多くの場合は音声を何らかの特徴量にまず変換し，その特徴量に対して処理を行う。また，何らかの操作を受けた特徴量から音声波形を生成する。このように，音声を特徴量に変換し（分析），特徴量から音声を生成する（合成）システムが音声分析合成系（ボコーダ）である（**図 1**）。

ソース・フィルタモデルでは，声帯の振動による周期波形や，声道の狭窄部などから発生する雑音を音源として，それが声道を通る際に声道の伝達関数と口唇からの放射特性が畳み込まれて音声が形成されるとする。音源信号を $s(t)$，観測される音声信号を $x(t)$ とすれば，

図 1　音声の分析合成システム（ボコーダ）

$$x(t)=s(t)*h(t)=\int_0^\infty s(t-\tau)h(\tau)d\tau \tag{1}$$

とモデル化される。ここで $h(t)$ は音源位置から声道を経たマイクロホンまでのインパルス応答であり，$*$ は畳み込み演算である。

周波数領域では畳み込み演算は乗算となるので，上式は周波数領域では，

$$X(\omega)=S(\omega)H(\omega) \tag{2}$$

と表される。ここで何らかの形で $S(\omega)$ と $H(\omega)$ をモデル化することによって，音声の中から特定の要素だけを取り出して識別したり（音声認識，話者認識，f_0 推定など），逆に特定の要素を組み合わせて音声を生成したり（音声合成，声質変換，音声操作）することが可能になる。

ソース・フィルタモデルは理論的に明快であり，高い精度で実際の音声を近似できるが，近年ではそれが音声処理の精度の上限を決める枷となっていた。深層学習の発展とともに，ソース・フィルタモデルを使うことなく，直接音声波形から必要な特徴量を取り出すことが可能になり，また特徴量から波形を生成することも可能になった。

音声の分析合成手法が大きく変わったのは，スペクトログラムから音声波形を生成するニューラルネットワークである WaveNet[19] の発明によるところが大きい。WaveNet は音声波形を直接生成することに成功した初めてのニューラルネットワークであり，過去の音声サンプルから自己回帰的に次の時刻の音声サンプルを生成するモデルである。WaveNet のネットワーク構造を**図 2** に示す。WaveNet は線形予測分析を非線形なネットワークに拡張したものとみることもでき，数式的には次のように表現することができる。

$$x(t)=\operatorname*{argmax}_x P(x|x(1),\cdots,x(t-1)) \tag{3}$$

このモデルには過去の音声サンプル値が必要であるが，少ないパラメータで多くの過去サンプルを利用するため，図 2 に示すような特殊な畳み込み構造である dilated convolution を採用している。この構造自体は音声サンプルを生成するものであるが，次式のように，このモデルに条件を付けることが可能である。

$$x(t)=\operatorname*{argmax}_x P(x|x(1),\cdots,x(t-1)|\mathbf{h}) \tag{4}$$

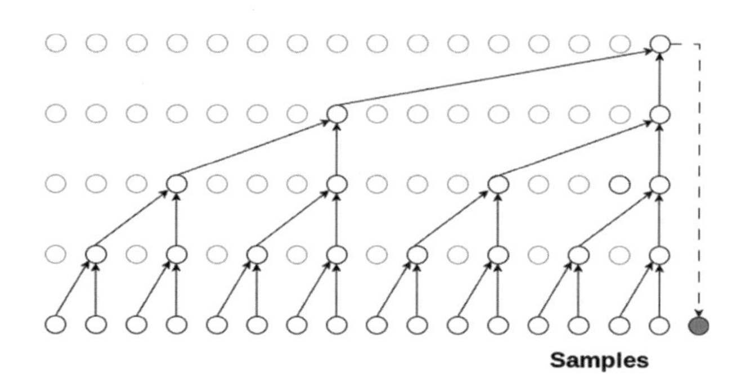

図２　WaveNet のモデル構造

ここで h は生成条件を表すベクトルであり，任意の要素を利用することができる。したがって，条件としてメルスペクトログラムなどの特徴量を利用すれば，特徴量を波形に変換するモデル（ニューラルボコーダ）が実現できる。WaveNet の成功によって，同じように特徴量による条件付けによって波形を生成する多くのモデルが提案されている[20]。

一方，波形から抽出される特徴量としては，メルスペクトログラムや，それを離散コサイン変換によって圧縮した MFCC が長く利用されてきた。特に，音声認識や話者認識などには，声道の伝達特性に大まかに対応するスペクトルの概形が重要であるとされ，それを工学的に実現した MFCC はコンパクトで高性能な特徴量として利用されてきた。

自然言語処理の世界では，文字や単語などのシンボルを連続量に変換する埋め込みの技術が発達しており，word2vec[21] や BERT[22] などの自己教師あり学習に基づく手法が成功を収めていた。これを音声に応用することで，自己教師あり学習によって音声の特徴抽出を行う wav2vec[23][24] や HuBERT[25] などのモデルが開発され，音声認識や話者認識において MFCC などの古典的な特徴量よりも高い性能を示している。

3. 音声認識

音声認識は，音声信号を書き起こして文字列に変換するタスク（speech-to-text: STT）である。古典的には，音声信号から文字列を推定するプロセスは，雑音のある通信路における最適復号のモデルに従って行われていた[7]。

音声信号を X，トークン列（文字列または単語列）を W とするとき，音声信号がトークン列に書き起こされる確率は $P(W|X)$ と記述できる。したがって，事後確率を最大にするトークン列は，

$$\hat{W}=\underset{W}{\mathrm{argmax}}P(W|X)=\underset{W}{\mathrm{argmax}}P(X|W)P(W) \tag{5}$$

と表すことができる。ここで，$P(X|W)$ を計算するモデルが音響モデル，$P(W)$ を計算するモデルが言語モデル，さまざまな W に対して $P(X|W)P(W)$ を最大化するプログラムがデコーダである。従

来は，音響モデルと言語モデルを独立に開発したうえで，それらを組み合わせて認識システムを構成していた。典型的には，音響モデルとして HMM，言語モデルとして N-gram が用いられ，デコーダはこれらのモデルによる確率を組み合わせた巨大なネットワークである重み付き有限状態トランスデューサ（WFST）上で生成確率が最大になるトークン列 W を探索していた。

このようなアプローチが取られていたことにはいくつかの理由がある。その 1 つは，学習に用いる音声データの量が限られていたため，言語的な制約 $P(W)$ をテキストデータから推定する必要があったことである。また，計算資源が限られており，音声から直接トークン列を推定することが現実的でなかったことも理由の 1 つである。

さらに，$P(X|W)$ を計算する際には，音声 X の長さとトークン列 W の長さの違いを吸収するモデルが必要である。従来は HMM がその役割を担っており，短いトークン列から長い音声系列を生成する確率を計算することで，X と W の長さの違いをうまく吸収していた。これに類する手法がニューラルネットワークで計算可能になったことにより，巨大なネットワークで直接 $P(W|X)$ を計算することが可能になった。このようなシステムは，学習データだけから一度にモデル全体を学習するため，End-to-End モデルと呼ばれる。

その手法にはいくつかの種類がある。ここでは代表的な 2 つの方法を紹介する。1 つ目は，Connectionist Temporal Classification（CTC）[26]と呼ばれる手法である。CTC は，長い系列が短いトークン列に対応するとき，系列に対して冗長なラベル系列を与えることで学習を行う。CTC が与えるラベル系列の例を**図 3** に示す。この例では，長さ 12 の入力系列に対して，“oka” という長さ 3 のラベルを与えている。入力と出力の長さは同じであり，長い出力に対して，同じトークンを繰り返すか，あるいは空白トークン（図中では “-” で表している）を繰り返すことで長さを合わせている。ある時刻の出力がどのトークンになるかは一意には決まらないので，HMM の Forward-Backward アルゴリズムと類似した手法を使って，特定の時刻に特定のトークンが対応する確率を求め，その確率をラベルとして利用する。最終的には，出力の中で連続する同じトークンを 1 つにまとめ，空白トークンを削除することで出力トークン列を得る。

もう 1 つの方法は，エンコーダ・デコーダモデルに基づく方法である。エンコーダ・デコーダモデルは，入力系列を内部表現に変換するエンコーダと，内部表現から出力を生成するデコーダを組み合わせたモデルである。これを**図 4** に示す。出力を生成する際には，最初のシンボル（BOS）から 1 つずつシンボルを生成し，生成したシンボルをデコーダの入力に加えて次のシンボルを生成する。シンボルを生成する際には，入力全体との関連を計算するアテンションネットワークを利用する。出力の計算は入力とは別に行われるので，入力と出力の長さの違いは問題にならない。このモデルは，元々は機械翻訳のためのモデルで

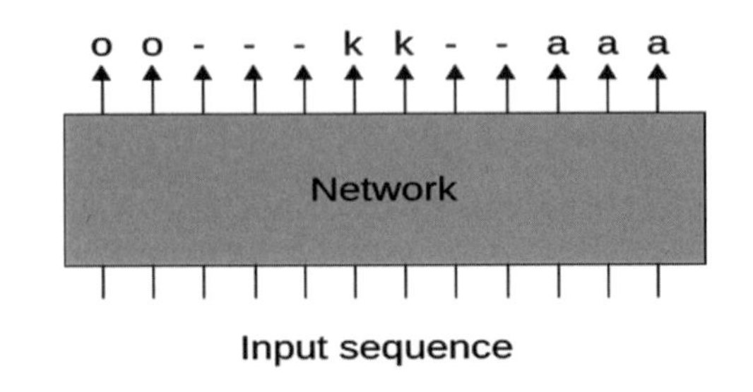

図 3　Connectionist Temporal Classification

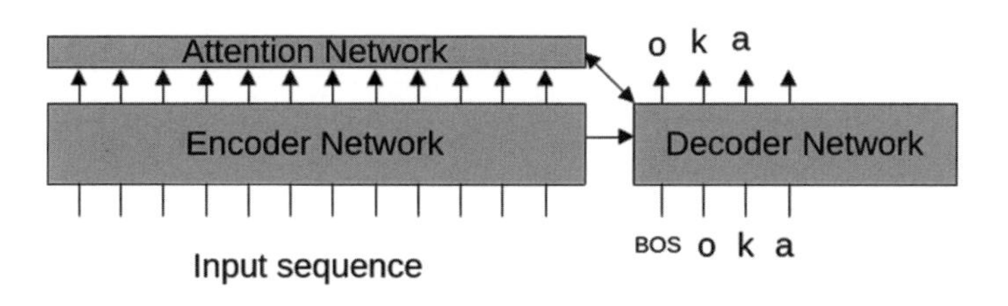

図4　エンコーダ・デコーダモデル

あったが[27]，非常に汎用性の高いネットワーク構造であることから，音声認識を含む[28]系列の入出力を伴うあらゆるタスクに利用されている。

4. 音声合成

音声合成は，何らかの情報源から音声信号を合成する手法の総称である。ここでは，最も一般的である「テキストの自動読み上げ」(text-to-speech: TTS) について概観する。

前述の通り，古典的には，データに基づく波形接続型音声合成や，音声をパラメータ化して生成するHMM音声合成が主流であった。了解可能な音声を合成するという意味では，1980年代にDEC-Talkが商用化されており[29]，物理学者のスティーブン・ホーキングが使用していたことで有名になっていた。しかし，合成される音声は人間の音声とはだいぶ違っており，人間の音声と同様な品質の音声を合成するという目標はなかなか達成されなかった。合成音声の品質を劇的に向上させたのは前述のニューラルボコーダであり，ソース・フィルタモデルでは十分表現できない情報が自然性の向上に寄与していることが示されることになった。

音声合成にニューラルネットワークを用いる初期のシステムでは，ある短時間フレームに対応する言語情報をスペクトルに変換するニューラルネットワークが利用されていた[30]。入力として，出力するフレームの当該音素や前後の音素，当該音素の何番目のフレームか，ストレスの有無，単語中の位置などを組み合わせたものが利用されていた。

このようなシステムは，HMM音声合成のHMM部分をニューラルネットワークに置き換えたものであった。そのため，システムの構成はそれまでのHMM音声合成システムとほぼ同じである。まず入力テキストの言語解析を行い，テキスト列を音素列に変換すると同時に，単語やアクセント句の同定などを行う。次に，解析した言語情報からフレームごとの入力特徴量を計算し，スペクトログラムを生成する。最後に，ボコーダを使ってスペクトログラムを音声信号に変換する。

一方，音声認識と同様に，巨大なニューラルネットワークによって，文字列を直接音声信号に変換するEnd-to-End音声合成システムが開発された。そのような初期のシステムがTacoTronである[31][32]。**図5**はTacotronのネットワーク構造の概略である。ネットワークはエンコーダ・デコーダモデルであり，文字の入力から音声のメルスペクトログラムを生成する。ボコーダ部分として，最初のTacotron[31]ではスペクトログラムをGriffin-Limアルゴリズム[33]によって波形に変換していた

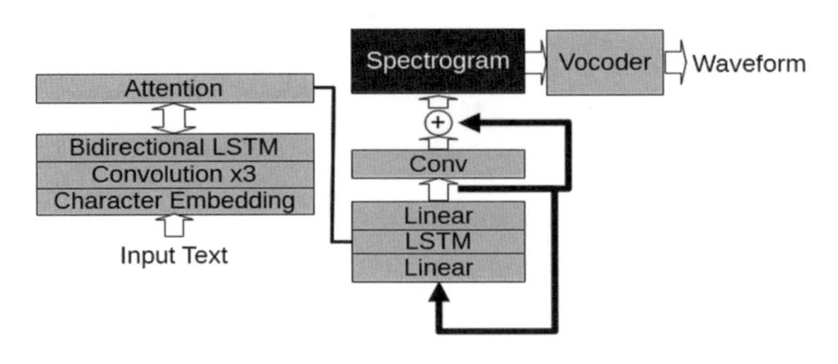

図5　Tacotron の概略

が，Tacotron2[32]では WaveNet が利用されるようになった。

Tacotron2 の成功によって，新規開発される多くの音声合成システムは End-to-End モデルとなった。生成される音声の品質を向上させるため，敵対的生成ネットワーク（Generative Adversarial Network: GAN）[34]を利用した合成手法が多用されるようになった[35]。

5. 今後の展望

音声認識の精度は，自然な会話音声に対しても 2017 年時点で人間の精度と同等かそれ以上に達している[36]。現在の音声認識システムは，End-to-End モデルが一般的になった。同じことは音声合成システムについてもいえる。したがって，End-to-End モデルがあれば，あと必要なのは大量の音声とその書き起こし，および計算能力のみであり，データさえあれば誰でも高性能な音声認識・合成システムが開発できるようになった。

今後残る問題は，開発用のデータが十分でない場合への対応である。音声認識においては，多様な雑音・音響環境，多様な話者特性（方言，非母語話者など），言語資源が不十分な言語への対応などが問題となる。たとえば，アメリカ英語の音声認識システムでは，白人よりも黒人の認識精度が低いとされる[37]。音声認識システムが社会インフラになるにつれて，このような差は新しいタイプのデジタル格差を生む可能性がある[38]。

音声合成においても，多様性（話者，スタイル，感情，方言）を実現することが課題である。テキスト読み上げと歌声合成はどちらも音声合成であるが，歌声合成は従来は TTS と異なる手法で実現されてきた。これに対して，1 つのシステムで読み上げと歌声を同時生成することも試みられている[39]。また，テキスト読み上げではなく，音声対話での合成音声は読み上げとは異なる特徴を持つので，そのような音声を合成することも行われている[40]。

音声合成特有の問題として，合成音声が人間とほぼ変わらない音質になったことにより，特定の人の話し声を騙る音声を生成してしまう（フェイク音声）問題がある[41]。そのような音声を自動検出する技術も検討されている[42]。

文　献

1) C. P. Smith: A Phoneme Detector, *Journal of the Acoustical Society of America*, **23**(4), 446-451 (1951).
2) W. von Kempelen: Mechanismus der menschlichen Sprache nebst Beschreibung einer sprechenden Maschine, J. B. Degen (1791).
3) H. Dudley: The automatic synthesis of speech, *Proceedings of the National Academy of Sciences*, **25**(7), 377-383 (1939).
4) I. Tokuda: The source-filter theory of speech, Oxford Research Encyclopedia of Linguistics (2021).
5) B. H. Juang and L. R. Rabiner: Hidden Markov models for speech recognition, *Technometrics*, **33**(3), 251-272 (1991).
6) D. A. Reynolds: Speaker identification and verification using Gaussian mixture speaker models, *Speech Communication*, **17**(1-2), 91-108 (1995).
7) E. Moulines and F. Charpentier: Pitch-synchronous waveform processing techniques for text-to-speech synthesis using diphones, *Speech Communication*, **9**(5-6), 453-467 (1990).
8) K. Tokuda, T. Yoshimura, T. Masuko, T. Kobayashi and T. Kitamura: Speech parameter generation algorithms for HMM-based speech synthesis, Proceedings of IEEE International Conference on Acoustics, Speech and Signal Processing, 1315-1318 (2000).
9) R. P. Lippmann: Review of neural networks for speech recognition, *Neural Computation*, **1**(1), 1-38 (1989).
10) A. Waibel: Modular construction of time-delay neural networks for speech recognition, *Neural Computation*, **1**(1), 39-46 (1989).
11) X. Glorot, A. Bordes and Y. Bengio: Deep sparse rectifier neural networks, Proceedings of the 14th International Conference on Artificial Intelligence and Statistics, 315-323 (2011).
12) S. Ioffe and C. Szegedy: Batch normalization: Accelerating deep network training by reducing internal covariate shift, International Conference on Machine Learning, 448-456 (2015).
13) K. He, X. Zhang, S. Ren and J. Sun: Deep Residual Learning for Image Recognition, Proceedings of the IEEE Conference on Computer Vision and Pattern Recognition, 770-778 (2016).
14) N. Srivastava, G. Hinton, A. Krizhevsky, I. Sutskever and R. Salakhutdinov: Dropout: a simple way to prevent neural networks from overfitting, *The Journal of Machine Learning Research*, **15**(1), 1929-1958 (2014).
15) M. D. Zeiler: ADADELTA: an adaptive learning rate method, *arXiv*, arXiv: 1212.5701 (2012).
16) D. P. Kingma and J. Ba: Adam: A method for stochastic optimization, *arXiv*, arXiv: 1412.6980 (2014).
17) T. Chiba and M. Kajiyama: The Vowel: Its Nature and Structure, Tokyo-Kaiseikan (1942).
18) G. Fant: Garnner, Acoustic theory of speech production, Mouton (1960).
19) A. van Den Oord, S. Dieleman, H. Zen, K. Simonyan, O. Vinyals, A. Graves, N. Kalchbrenner, A. Senior and K. Kavukcuoglu: WaveNet: A generative model for raw audio, *arXiv*, arXiv: 1609.03499 (2016).
20) A. Natsiou and S. O' Leary: Audio representations for deep learning in sound synthesis: A review, 2021 IEEE/ACS 18th International Conference on Computer Systems and Applications, 1-8 (2021).
21) T. Mikolov, K. Chen, G. Corrado and J. Dean: Efficient estimation of word representations in vector space, *arXiv*, arXiv: 1301.3781 (2013).
22) J. Devlin, M.-W. Chang, K. Lee and K. Toutanova: BERT: Pre-training of Deep Bidirectional Transformers for Language Understanding, *arXiv*, arXiv: 1810.04805 (2018).
23) S. Schneider, A. Baevski, R. Collobert and M. Auli: wav2vec: Unsupervised pre-training for

speech recognition, *Proceedings of Interspeech*, 3465-3469 (2019).
24) A. Baevski, Y. Zhou, A. Mohamed and M. Auli: wav2vec 2.0: A framework for self-supervised learning of speech representations, *Advances in neural information processing systems*, **33**, 12449-12460 (2020).
25) W.-N. Hsu, B. Bolte, Y.-H. H. Tsai, K. Lakhotia, R. Salakhutdinov and A. Mohamed: HuBERT: Self-supervised speech representation learning by masked prediction of hidden units, *IEEE/ACM Transactions on Audio, Speech, and Language Processing*, **29**, 3451-3460 (2021).
26) A. Graves, S. Fernández, F. Gomez and J. Schmidhuber: Connectionist temporal classification: Labelling unsegmented sequence data with recurrent neural networks, Proceedings of the 23rd International Conference on Machine Learning, 369-376 (2006).
27) D. Bahdanau, K. Cho and Y. Bengio: Neural machine translation by jointly learning to align and translate, Proceedings of International Conference on Learning Representations (2014).
28) J. K. Chorowski, D. Bahdanau, D. Serdyuk, K. Cho and Y. Bengio: Attention-based models for speech recognition, Advances in Neural Information Processing Systems 28 (2015).
29) K. C. Hustad, R. D. Kent and D. R. Beukelman: DECTalk and MacinTalk speech synthesizers: Intelligibility differences for three listener groups, *Journal of Speech, Language, and Hearing Research*, **41**(4), 744-752 (1998).
30) H. Zen, A. Senior and M. Schuster: Statistical parametric speech synthesis using deep neural networks, Proceedings of IEEE International Conference on Acoustics, Speech and Signal Processing, 7962-7966 (2013).
31) Y. Wang, R. Skerry-Ryan, D. Stanton, Y. Wu, R. J. Weiss, N. Jaitly, Z. Yang, Y. Xiao, Z. Chen, S. Bengio, Q. Le, Y. Agiomyrgiannakis, R. Clark and R. A. Saurous: Tacotron: A fully end-to-end text-to-speech synthesis model, *arXiv*, arXiv: 1703.10135 (2017).
32) J. Shen, R. Pang, R. J. Weiss, M. Schuster, N. Jaitly, Z. Yang, Z. Chen, Y. Zhang, Y. Wang, R. Skerry-Ryan, R. A. Saurous, Y. Agiomyrgiannakis and Y. Wu: Natural TTS Synthesis by Conditioning Wavenet on MEL Spectrogram Predictions, Proceedings of 2018 IEEE International Conference on Acoustics, Speech and Signal Processing, 4779-4783 (2018).
33) D. W. Griffin and J. S. Lim: Signal estimation from modified short time Fourier transform, *IEEE Transactions on Acoustics Speech and Signal Processing*, **32**(2), 236-243 (1984).
34) I. Goodfellow, J. Pouget-Abadie, M. Mirza, B. Xu, D. Warde-Farley, S. Ozair, A. Courville and Y. Bengio: Generative adversarial networks, *Communications of the ACM*, **63**(11), 139-144 (2020).
35) J. Kong, H. Kim and J. Bae: HiFi-GAN: Generative adversarial networks for efficient and high-fidelity speech synthesis, *Advances in Neural Information Processing Systems*, **33**, 17022-17033 (2020).
36) A. Stolke and J. Droppo: Comparing human and machine errors in conversational speech transcription, *Proceedings of Interspeech*, 137-141 (2017).
37) A. Koenecke, A. Nam and E. Lake: Racial disparities in automated speech recognition, *Proceedings of the National Academy of Sciences*, **117**(14), 7684-7689 (2020).
38) S. Feng, B. M. Halpern, O. Kudina and O. Scharenborg: Towards inclusive automatic speec hecognition, *Computer Speech & Language*, **84**, 101567 (2024).
39) Y. Lei, S. Yang, X. Wang, Q. Xie, J. Yao, L. Xie and D. Su: UniSyn: an end-to-end unified model for text-to-speech and singing voice synthesis, *Proceedings of the AAAI Conference on Artificial Intelligence*, **37**(11), 13025-13033 (2023).
40) J. Xue, Y. Deng, F. Wang, Y. Li, Y. Gao, J. Tao, J. Sun and J. Liang: M^2-CTTS: End-to-

end multi-scale multi-modal conversational text-to-speech synthesis, Proceedings of IEEE International Conference on Acoustics, Speech and Signal Processing, 1-5 (2024).
41) A. Alali and G. Theodorakopoulos: Review of existing methods for generating and detecting fake and partially fake audio, Proceedings of the 10th ACM International Workshop on Security and Privacy Analytics, 35-36 (2024).
42) K. Bhagtani, A. K. Singh Yadav, P. Bestagini and E. J. Delp: Are recent Deepfake speech generators detectable?, Proceedings of the 2024 ACM Workshop on Information Hiding and Multimedia Security, 277-282 (2024).

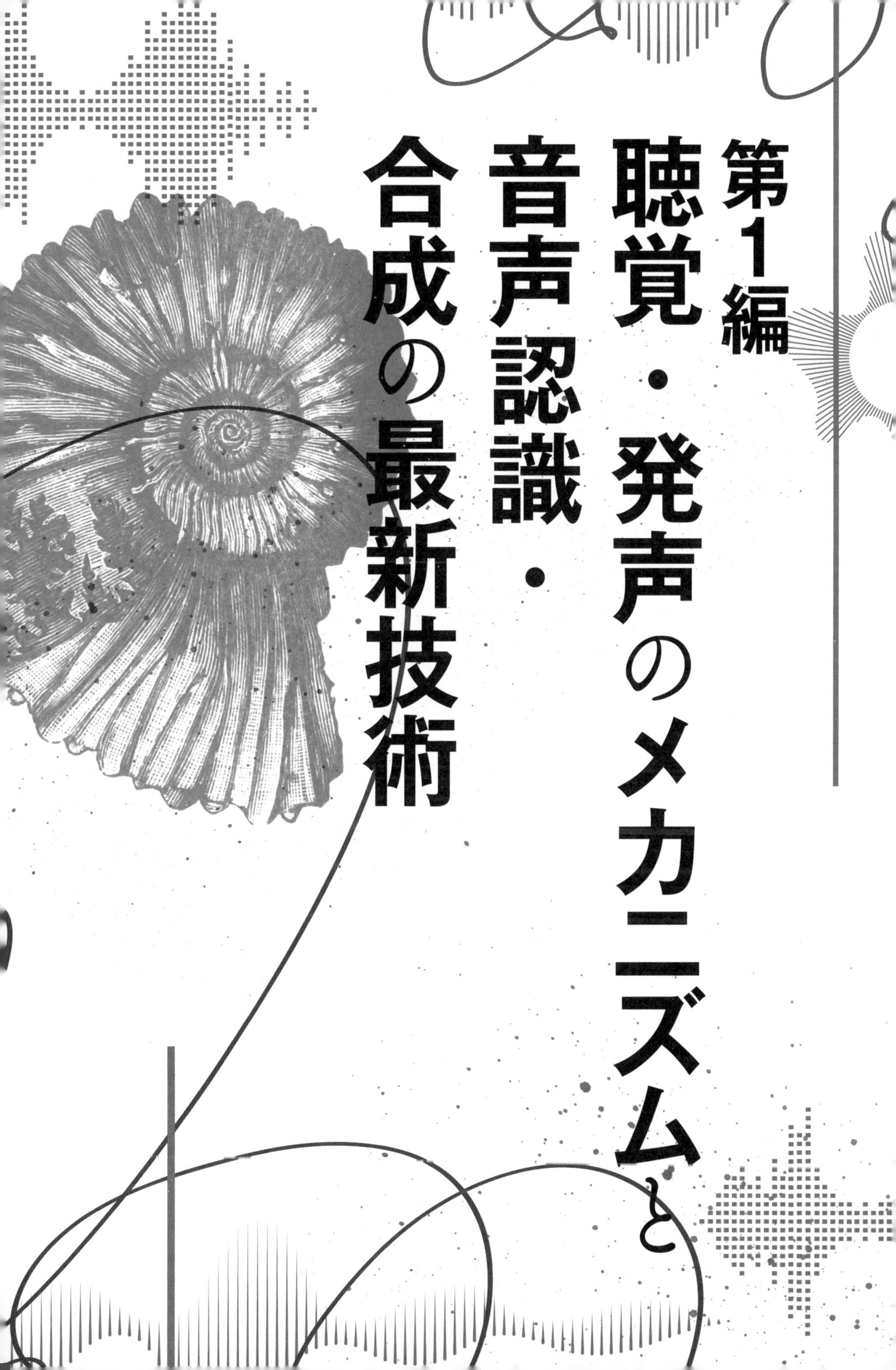

第1編

聴覚・発声のメカニズムと音声認識・合成の最新技術

第１節

聴覚のメカニズム

● 富山県立大学　森川　大輔 ●
● 北陸先端科学技術大学院大学　上江洲　安史 ●
● 山梨大学　鳥谷　輝樹 ●

1. はじめに

人間の情報伝達手段の１つである音声コミュニケーションは，発声器官を主とした音声の生成と，聴覚による音の知覚で成立している。本節では，音声認識技術の開発の参考にされたり，音声合成の結果の評価の参考にされたりする「ヒトが音をどう聴いているのか」を把握するために，聴覚のメカニズムについて概説する。

2. 振動の伝達と電気信号への変換

空気の振動として伝わってきた音は，まず振動から電気信号に変換される。この変換は外耳，中耳，内耳の聴覚末梢系で行われている。聴覚末梢系の概略を**図１**に示す。

2.1　外　耳

外耳は俗にいう“耳”である耳介と，“耳の穴”である外耳道で形成されている。

耳介には，ある方向の音を増幅して収集するパラボラのような効果と，内側にある凹凸による音の干渉によって，周波数特性のピークやディップを生じさせる効果がある。耳介の凹凸による音の変化は，特に高い周波数において顕著であり，音の到来方向，特に前後や上下の知覚に利用されている。

耳介の影響を受けた音波は，外耳道という管を通って鼓膜に伝えられる。外耳道は鼓膜を保護する機能があるといわれているが，それ以外にも音を増幅する機能がある。ヒトの外耳道は直径が 6～8 mm，全長が約 25 mm で，入り口に比べて鼓膜近傍で若干細くなる。そのため，鼓膜近傍の音圧は外耳道入り口に比べて高くなり，最も高くなる 2.5～3 kHz 付近ではその差は 10 dB ほどになる[1]。

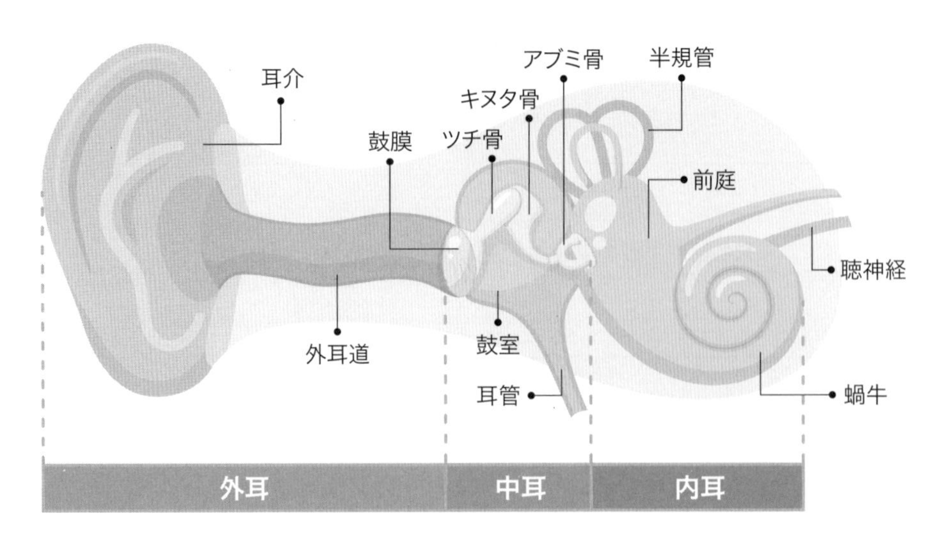

図1 聴覚末梢系

2.2 中 耳

中耳は鼓膜から蝸牛に至るまでの間の器官で，耳小骨によって鼓膜の振動を蝸牛に伝えている。

鼓膜は，外耳道の終端にある薄い膜で，哺乳類では内側に突き出た円錐形になっている。

耳小骨は，鼓膜に接し鼓膜の振動を直接受ける槌（つち）骨，槌骨の振動を次の耳小骨に伝える砧（きぬた）骨，砧骨の振動を蝸牛の前庭窓に伝える鐙（あぶみ）骨の3つがある。これらの耳小骨は，筋肉と靭帯で中耳腔内の鼓室という空間にぶら下がっている。耳小骨には，空気のインピーダンスとリンパ液のインピーダンスが異なることで振動の伝達が阻害されることを防ぐインピーダンスマッチングの役割と，鼓膜の振動の機械的な増幅を行い，振動を蝸牛に効率的に伝える役割がある。

中耳腔は耳管という細い管によって鼻腔とつながっており，耳管により中耳腔内の圧力は外気圧と等しく保たれる。中耳炎などにより中耳腔内が化膿したり耳管の機能が低下したりすると，鼓膜の内外で気圧差が生じ，振動を効率良く内耳に伝達（伝音）できなくなる。また，耳小骨や周囲の靭帯が固着したり，耳小骨同士の接続が切れてしまったりする疾患や外傷によっても，伝音が阻害される。これらの原因により著しい聴力低下が生じた場合，伝音難聴と診断される。一方，後述する内耳以降のさまざまな要因で聴力が低下する場合には，感音難聴と診断される。

現在，伝音難聴の要因の鑑別は主にティンパノメトリーで行われている。ティンパノメトリーは，閉塞した外耳道内で気圧を変化させながら音圧を測定することで，中耳での音の伝えにくさ（音響インピーダンス）を計算する装置であり，中耳炎の鑑別精度が高いが，耳小骨の疾患の鑑別精度が低い[2]。近年，耳の音響インパルス応答計測で得られる特徴量を利用することで，耳小骨の疾患を高い精度で鑑別できることが明らかになっている[3]。

2.3　内　耳

内耳は蝸牛，前庭，半規管によって形成される聴覚と平衡感覚の器官である。このうち蝸牛が耳小骨によって伝えられた振動を神経による電気信号に変換する役割を果たしている。

蝸牛はその名前の通りにかたつむりの殻のような螺旋構造をしている。**図２**は蝸牛を輪切りにした様子を示している。前庭階，鼓室階，中央階があり，これらの内部にはリンパ液が満たされている。耳小骨によって前庭階の前庭窓に伝えられた振動は，液体の中を伝わる。

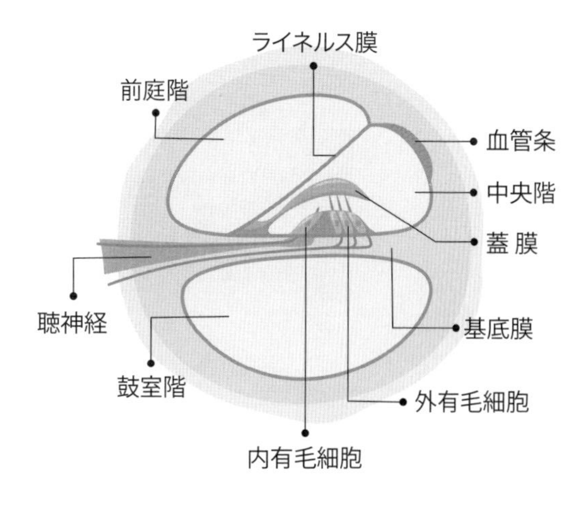

図２　蝸牛内部

耳小骨によって伝えられた振動によって，蝸牛の内部にある前庭階と鼓室階のリンパ液間には圧力差が生じ，基底膜が振動する。この振動は基底膜の基部から先端部へ進む進行波となり，高い周波数の成分は基底膜の基部に近い場所で，低い周波数の成分は基底膜の先端に進んで最大振幅となる。これは，基底膜の幅と厚さが基部に近い側では狭く厚いのに対し，先端側では広く薄くなっているからである。これによって，入力音のスペクトルに対応した基底膜上の「場所」に変位が生じるトノトピー構造を持つこととなる。この基底膜上の入り口からの距離と周波数の関係によって，蝸牛に到達した振動は機械的な帯域通過フィルタで周波数分析をされる。この距離と周波数の関係は，聴覚フィルタの臨界帯域幅を表す $\mathrm{ERB_N}$[4]とよく一致していることが知られている。

2.4　有毛細胞

中央階内部の基底膜上には音のセンサーとなるコルチ器があり，コルチ器には有毛細胞と呼ばれる感覚細胞が並んでいる。コルチ器の概略を**図３**に示す。基底膜上の有毛細胞には，内有毛細胞と外有毛細胞の２種類があり，内有毛細胞は内側に１列，外有毛細胞は外側に３列で並んでいる。

有毛細胞の頂部には不動毛があり，到来した音の周波数に応じて，大きく振動した基底膜の特定の部位の上にある内有毛細胞の不動毛が振動に応じて曲げられる。その結果，基底膜が鼓室階方向へ変位した場合にイオンチャネルが開閉し，変位幅に応じて脱分極する。これによって，神経インパルスが生成され振動が電気信号に変換される。基底膜が鼓室階と逆方向に変位した場合にはイオンチャネルは開閉せず，変位幅に関わらず脱分極しない。

一方，外有毛細胞の不動毛は蓋膜に刺さっており，外有毛細胞は基底膜の振動と同期して揺れながら細胞自体が伸縮する。この動きには基底膜上の振動を増幅する機能がある。外有毛細胞が振動を増幅することで，内有毛細胞の発火を促している。鼓膜に入った音に対応する外有毛細胞が動くこと

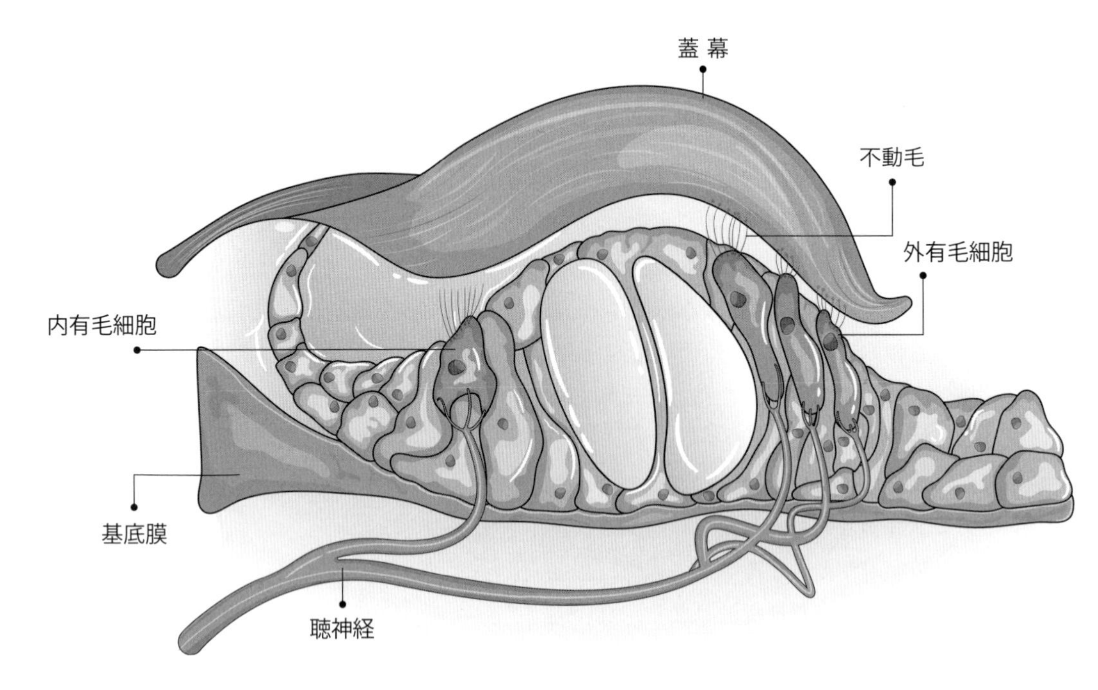

図3　コルチ器

で，その外有毛細胞の動きによる振動は鼓膜から音波として放射されている。この現象は耳音響放射と呼ばれる。中耳・内耳の機能ともに正常であれば，外耳道内で耳音響放射を観測することができるため，内耳が能動的に動いているかを判断する指標として，難聴のスクリーニング検査に耳音響放射が利用されている。

伝音難聴と感音難聴を鑑別する際には，気導聴力と骨導聴力の差（Air-bone gap）が有効である。伝音難聴の場合，上述する内耳の機能は正常であるため，直接内耳に届く骨導音を聴くことができ，骨導聴力に対して気導聴力が低下する。一方，感音難聴の場合，気導・骨導聴力ともに低下するため，気導聴力と骨導聴力に差は生じない。

2.5　一次聴神経

3,000程度の内有毛細胞には30,000程度の聴神経がつながっている[5)]。各「場所」にある内有毛細胞の働きは接続している聴神経を発火させる。これによって周波数分解した情報が聴覚中枢系の蝸牛神経核に伝えられることとなる。聴神経の発火頻度は接続する内有毛細胞の「場所」が対応する周波数成分の音圧によって変化する。聴神経が発する電気信号の大きさは音の大きさでは変化しない。また，聴神経には感度が高いものや低い物があり，それらが同じ内有毛細胞に接続することでも，振動の大きさを伝えることができる。中域の「場所」の内有毛細胞に接続する聴神経の数が最も多く，聴神経の接続数と聴力がおおむね一致している。

内有毛細胞が基底膜の鼓室階方向への変位でのみ脱分極するため，聴神経は入力音が半波整流された波形に同期して発火することとなる。これは聴神経の位相固定発火と呼ばれている。ただし，聴神経は全ての周期で発火するわけではなく，各周期の特定位相で発火している。聴神経は発火後に次に発火できるようになるまでの待ち時間があり，その時間は 1 ms ほどであることから，1 つの聴神経では 1 kHz 以上の振動に対してそもそもすべての周期に同期して発火することはできない。しかし，複数の聴神経の反応をまとめることで，4 kHz 程度までは同期した発火を得ることができる。逆に 5 kHz 以上になると同期発火はほとんど生じなくなることから，時間情報が表現できるのは，数 kHz 以下に限定されるといえる[5)]。この同期発火は振幅変調音に対しても生じ，搬送波が高い周波数であっても変調周波数が数 kHz 以下であれば，時間情報が表現される。

3. 情報の抽出

有毛細胞によって電気信号に変換された音情報は，一次聴神経によって蝸牛神経核の複数の神経細胞に伝えられる。蝸牛神経核以上の聴覚中枢系では，聴神経によって伝達される内有毛細胞の発火情報に基づいて，届いた音の特徴を抽出していると考えられている。

3.1 蝸牛神経核

蝸牛神経核前腹側核の神経細胞は，一次聴神経の発火間隔の揺らぎを補正し，補正した位相情報を上オリーヴ複合体に送っている。また，蝸牛神経核後腹側核と背側核の神経細胞は，一次聴神経の発火の周波数・時間の特徴を強調・抽出して対側の下丘中心核に送っている。

主に耳介の影響で生じ，音の到来方向の特に前後や上下の知覚に利用される周波数特性のピークやディップは，一次聴神経の発火パターンから蝸牛神経核で強調もしくは抽出されて下丘へ送られた特徴から検出されるようである。これは，ネコの蝸牛神経核背側核ニューロンの中には，ある特定の周波数のディップによって強く活動が抑制されるが，ディップの周波数が少しずれたり，ディップが無かったりする刺激に対しては活動をすることから推測されている。蝸牛神経核背側核の情報は，背側聴条を通り下丘へ送られる。背側聴条に損傷があると，ネコの上下方向の定位精度が低下することがわかっている[5)]。

3.2 上オリーヴ複合体

上オリーヴ複合体には，左右の耳の聴神経からの入力や，反対側の上オリーヴ複合体からも信号が送られている。そのため，両耳の間での時間差や強度差といった，音の方向定位に関わる処理を行っている。

上オリーヴ核複合体の内側核（Medial nucleus of the Superior Olive: MSO）において，入力波形と振幅包絡に対する周波数チャンネルごとの同期発火に対して，両耳の時間差（Interaural Time Difference: ITD）が検出される[6)]。上オリーヴ核複合体の外側核（Lateral nucleus of the Superior Olive: LSO）において，入力波形に対する周波数チャンネルの両耳の音圧の差（Interaural Level Difference: ILD）が検出される[6]。左右のLSOではそれぞれで左－右のILD情報，右－左のILD情報が表現される。

MSOには低い周波数に反応しやすい神経細胞が多く，主として低い周波数成分からITDが「計算」される。ITDは頭部を回り込む低周波成分を主として検出されるため，音の方向の知覚にITDが主に用いられるのはおおよそ1.5 kHz以下といわれている。頭部の大きさからITDの最大値はおおよそ±700 μsである。純音の場合，左右間の同期発火の位相差を検出していることと同義であり，両時間位相差（Interaural Phase Difference: IPD）と呼ばれる。IPDは純音が低い周波数の場合には方向知覚に重要な情報になる。しかし，高い周波数の純音では短い周期で同じ波形が繰り返されるため，繰り返しの中のどの位相差が方向知覚に重要かがわからなくなる。複合音の場合には，周波数間のIPDの比較によって利用すべき位相差を特定してITDを求めたり，振幅包絡のITDを求めたりすることで，高い周波数成分からでもITDが「計算」される。MSOには，ITDに応じた頻度で発火する神経細胞がある[7]。一方，鳥類はどの神経が発火したかという場所情報でITDを表現している。

LSOには高い周波数に反応しやすい神経細胞が多く，主に高い周波数の発火頻度からILDが「計算」される。これは，ILDの検出に主として利用される高周波成分は，低周波成分に比べて回折が生じにくいために，頭部による遮蔽から受ける影響が大きいためと考えられる。

3.3 下　丘

下丘では聴覚フィルタの周波数帯域を跨いだ情報の統合が行われる。周波数チャンネルごとの両耳間情報を統合しているのも下丘以上である[5]。下丘，内側膝状体，一次聴覚野まではトノトピーが保存され，周波数ごとの成分の強さが取り出されている。各成分と時間変化を示したものを聴覚スペクトルという。

4. 情報の統合

ここまでのメカニズムによって得られた音情報は，下丘以上で統合されると考えられるが，それらがどのように行われているかはまだ完全に明らかにされていない。しかし，音声や音楽などを理解するためには，同じ音源から発せられたであろう音（聴覚オブジェクト）を統合し，また別の音源から発せられたであろう音を別の聴覚オブジェクトとして分離する必要がある。

4.1 聴覚情景分析

聴覚オブジェクトを構成する音の成分を統合する過程は聴覚情景分析（Auditory Scene Analysis）と呼ばれている。また，同時に聞こえる複数の聴覚オブジェクトの中から1つに着目して聴くことで内容を理解できること，着目していない聴覚オブジェクトの理解はできなくなることは選択的聴取やカクテルパーティ効果と呼ばれている。

聴覚情景分析には，音の立ち上がりや立ち下がり，振幅変化の周波数間での同期性・類似性，倍音構造，変化の滑らかさ，音源の位置などが利用されていることが明らかにされている[8)]。また，カクテルパーティ効果には，刺激音の周波数帯域，音色，言語，音源の位置などが重要と知られている。

4.2　方向情報の影響

聴覚情景分析とカクテルパーティ効果のいずれも音源の位置が影響するといわれている。各特徴の中で音源の位置だけが「なにか」ではなく「どこか」に由来する属性となっているが，聴覚情景分析の研究ではあまり注目されていないようである。効果があると考えられる元となっている研究には，両耳マスキングレベル差[9)]や方向性マスキング解除[10)-13)]がある。これらはITDとILDによって，目的音が聴き取りやすくなることを示している。多くの研究は異なる音色の目的音と妨害音を組み合わせた刺激音を用いて実験を行っているため，その結果には音色の違いの影響も含まれているが，音色が同じ2つの刺激音に異なるITDまたはILDを与えた場合でも聴覚オブジェクトは2つ知覚され，方向情報だけであっても聴覚オブジェクトを分離・統合させることができることがわかっている[14)]。

4.3　音声の知覚

音声の場合，韻律が音源位置以外の情報に相当し，アクセントやイントネーション，リズムなどによって聴覚オブジェクトが形成されると考えられる。そして，形成された聴覚オブジェクトのスペクトル包絡からピーク（フォルマント）が抽出されて母音が知覚されたり，母音と母音の間のスペクトルの時間変化から子音を知覚されたりすることとなる。

言語の音素は一時聴覚野で検出されるといわれており，言葉の理解はより上位の階層で情報が統合されてから行われるという説がある[15)]。側頭葉のウェルニッケ野が損傷されると，音声の知覚や理解に障害が生じる。したがって，ウェルニッケ野が知覚メカニズムを担っていると考えられる。ウェルニッケ野は言語野であることから，ここで聴神経以降に行われた色々な計算結果と音声の意味内容のマッチングが行われていると考えられている。もう1つの言語野である前頭葉下部のブローカ野は損傷されても音声の知覚や理解に障害はあまりない。こちらは発話が困難になることから，主にウェルニッケ野が音声の知覚，ブローカ野が音声の生成を担当していると考えられる。ただし，それぞれが個別に処理を行っているのではなく，他の領域も含め相互に作用している。

音声の知覚は非常に頑健であり，聴覚オブジェクトを統合する際に多少の情報が他の音でとれなくなるなどで情報が少ない場合でもうまく補完して音声として知覚される。例えば元の音声をいくつか帯域にわけ，帯域ごとの振幅包絡を各帯域の雑音に付加した音声（雑音駆動音声）でも音声の内容の聴き取りが可能であることや，元の音声のフォルマントの周波数だけを正弦波で合成した音声（正弦波音声）も音声として聴き取ろうとすれば内容がわかってくることなどが知られている。このように周波数の情報が少ない状態であっても，音声を知覚できる。一方，時間的な情報が不足した状態，つまり一部の音がない音声についても，音声がない部分に音声を聴こえなくする音がある場合には，その部分を補完して聴き取ることができる（音韻修復)。この現象は，部分的に欠落して聴こえない音声を知覚する際，欠落部分に別の音がない場合には生じず，ノイズによって邪魔をされ，聴覚オブジェクトを時間的につなげる補完が必要である場合に生じる。

4.4　音声の生成

聴覚は単に音や音声を聴く（知覚）だけでなく，話す（生成）うえでも貢献している。ヒトは何かを話す際に，自身の口や顎などの動き（体性感覚フィードバック）や自身が発した音声（聴覚フィードバック）をモニタリングしている。もし発話に誤りを生じても，これらの感覚フィードバック情報に基づいて，ただちに発話を修正することができる。このような音声の“言葉の鎖”[16)]によって，ヒトは安定した発話を実現したり，言語を獲得したりすることができると考えられる。

聴覚フィードバックの経路として，ここまでに紹介した耳介からの気導由来の振動だけでなく，音声を発話した際の声帯の振動や口腔内に響く音で生じた体組織の振動が体の中を伝い直接聴覚末梢系に届く骨導由来の振動も受けている。骨導の経路には，外耳道の壁を揺らして外耳道内で音を生じさせる経路（外耳道内放射)，耳小骨に慣性振動を生じさせる経路（慣性骨導)，蝸牛の壁に振動を伝える経路（圧縮骨導）などの複数の経路があり[17)]，特に外耳道内放射や慣性骨導の経路においては気導の経路に比べて伝わる周波数帯域が大きく制限される[18)19)]。そのため，自身が発話した音声をマイクで録音した音を受聴した場合と，普段発話した自身の声は異なって聴こえる。

発話における聴覚フィードバックの役割について，主に気導経路の聴覚フィードバックを対象に，さまざまな実験による検証が行われてきた。聴覚フィードバックにおける古くから知られる現象としてロンバード効果がある[20)]。これは，周囲の環境音が大きい場合に，その中で相手に声を届けるために，無意識に大きな声を出したり，高い声を出したりする現象である。この効果は無意識に行われているものの，その調整は大きさや高さだけに留まらず，この効果で周囲の環境音が大きい場合に発話された音声を，周囲の環境音が小さい場所で提示すると，同じ音圧の通常の音声に比べて耳障りに聴こえることなども明らかになっている[21)]。

その他にも，フィードバック音声を数百ミリ秒遅らせると，吃音話者のように流暢に話せなくなる遅延聴覚フィードバック[22)]や，フィードバック音声の声の高さ（基本周波数）やフォルマント周波数など，音声の音響的特徴にわずかな変化（摂動）を与えると，話者が摂動を元に戻す（補償）ように発話を修正する変形聴覚フィードバック[23)24)]が知られている。

5. まとめ

本節では，「ヒトが音をどう聴いているのか」を把握するために，音の知覚のメカニズムについて概説するとともに，聴覚が音声の理解に留まらず，音声の生成にまで影響を与えていることまでを紹介した。生理的なメカニズムについては下丘以上の情報の統合を行う部分ではよくわかっておらず，心理実験の結果などからメカニズムを理解・予測しているのが実情である。今後，聴覚オブジェクトが形成されるメカニズムや，聴覚オブジェクトの内容理解のメカニズムを詳細まで明らかにしていくことは，音声認識・合成の発展にもつながると考えられる。

文 献

1) 平原達也：音を聴く聴覚の仕組み，日本音響学会誌，**66**(9), 458-465 (2010).
2) 市村恵一，小寺一興，船坂宗太郎：インピーダンス聴力検査の判定基準の検討，ならびに伝音難聴耳への応用について，日本耳鼻咽喉科学会会報，**79**(5), 555-567 (1976).
3) 鳥谷輝樹，周迪，永井理紗，杉本寿史，村越道生：周波数掃引インピーダンス（SFI）計測による中耳疾患判別，聴覚研資，**54**(3), 153-158 (2024).
4) 入野俊夫：はじめての聴覚フィルタ，日本音響学会誌，**66**(10), 506-512 (2010).
5) 平原達也，古川茂人：聴覚の生理学，内川惠二（編），聴覚・触覚・前庭感覚，朝倉書店，1-31 (2008).
6) J. O. Pickles: An Introduction to the Physiology of Hearing, 2nd edition, Academic Press, 87, 179-188 (1988).
7) D. McAlpine and B. Grothe: Sound localization and delay lines – do mammals fit the model?, *Trends Neurosci.*, **26**(7), 347-350 (2003).
8) 津崎実：聴覚の情景分析の概説：聴覚心理学からのアプローチ，信学技報 SP，**102**(247), 19-24 (2002).
9) B. C. J. ムーア：聴覚心理学概論，誠信書房，230-234 (1994).
10) M. Ebata, T. Sone and T. Nimura: Improvement of hearing ability by directional information, *J. Acoust. Soc. Am.*, **43**(2), 289-297 (1968).
11) K. Saberi, L. Dostal, T. Sadralodabai, V. Bull and D. R. Perrott: Free-field release from masking, *J. Acoust. Soc. Am.*, **90**(3), 1355-1370 (1991).
12) J. Nakanishi, M. Unoki and M. Akagi: Effect of ITD and Component Frequencies on Perception of Alarm Signals in Noisy Environments, *J. Signal Processing*, **10**(4), 231-234 (2006).
13) N. Kuroda, J. Li, Y. Iwaya, M. Unoki and M. Akagi: Effects of spatial cues on detectability of alarm signals in noisy environments, Y. Suzuki, D. Brungart, Y. Iwaya, K. Iida, D. Cabrera and H. Kato (eds.), Principles and Applications of Spatial Hearing, World Scientific, 484-493 (2011).
14) 森川大輔：静的および動的両耳間差が音像の分離知覚に与える影響，信学技報 EA，**115**(359), 63-68 (2015).
15) D. Neophytou and H. V. Oviedo: Using Neural Circuit Interrogation in Rodents to Unravel Human Speech Decoding, *Front. Neural Circuits*, **14**(2), 1-7 (2020).
16) P. B. Denes and E. N. Pinson: The Speech Chain: The Physics and Biology of Spoken Language, 2nd edition, W. H. Freeman and Company (1993).
17) S. Stenfelt: Acoustic and physiological aspects of bone conduction hearing, *Adv. Otorhinolaryngol.*, **71**, 10-21 (2011).
18) T. Toya, P. Birkholz and M. Unoki: Estimates of transmission characteristics related to perception of bone-conducted speech using real utterances and transcutaneous vibration on larynx, A. A. Salah, A. Karpov and R. Potapova (eds.), Speech and Computer, Springer Nature, 491-500 (2019).
19) T. Toya, P. Birkholz and M. Unoki: Measurements of transmission characteristics related to bone-conducted speech using a sound source in the oral cavity, *J. Speech Lang. Hear. Res.*, **63**(12), 4252-4264 (2020).
20) H. Lane and B. Tranel: The Lombard sign and

the role of hearing in speech, *J. Speech Hear. Res.*, **14**(4), 677-709 (1971).

21) R. Kubo, D. Morikawa and M. Akagi: Effects of speaker's and listener's acoustic environments on speech intelligibility and annoyance, Proc. Inter-Noise 2016, 3366-3371 (2016).

22) Y. Uezu, M. Akagi and M. Unoki: Effects of fundamental frequency and spectral manipulations on speech production under delayed auditory feedback, Abst. 13th International Seminar on Speech Production (2024).

23) Y. Uezu, S. Hiroya and T. Mochida: Articulatory compensation for low-pass filtered formant-altered auditory feedback, *J. Acoust. Soc. Am.*, **150**(1), 64-73 (2021).

24) Y. Uezu, S. Hiroya and T. Mochida: Vocal-tract spectrum estimation method affects the articulatory compensation in formant transformed auditory feedback, *Acoust. Sci. Tech.*, **41**(5), 720-728 (2020).

第２節

音声生成のメカニズム

● 金沢工業大学　　高野　佐代子 ●

1. 音声生成のメカニズムの基礎

1.1　人間の体の仕組み

本節では音声生成のメカニズムについて述べる。基本的な体の仕組みについて知っておくと，より理解が深まり有益である。初学者は最初に骨格や主要な軟骨を理解し，続いて筋肉の配置を理解するとわかりやすい。特に発話に関する舌や喉頭の筋肉は，各種の骨や軟骨などの付着部の名前から命名されるものが多い。

音声生成の際は各種の運動を伴うが，体内を観察する必要があるので，実際の肉眼による解剖学的な資料に加えて，磁気共鳴画像（Magnetic Resonance Imaging: MRI），Computing Tomography（CT），超音波エコーなどにより可視化が有用である。さらに筋肉の活動を理解すると，骨や軟

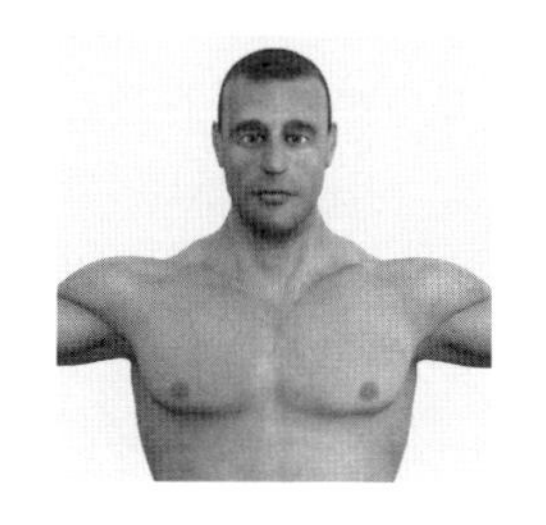

外皮系

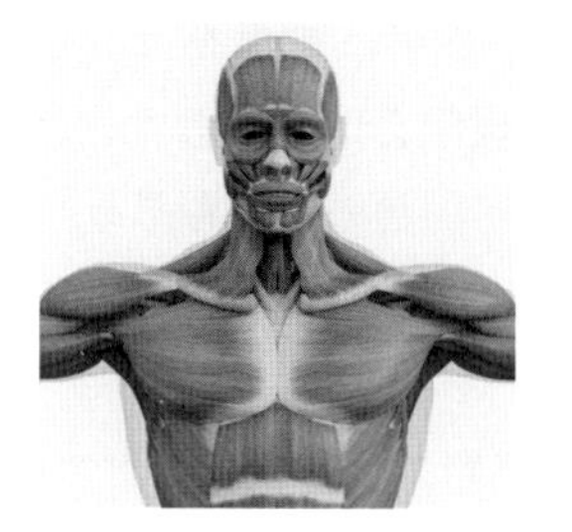

筋系

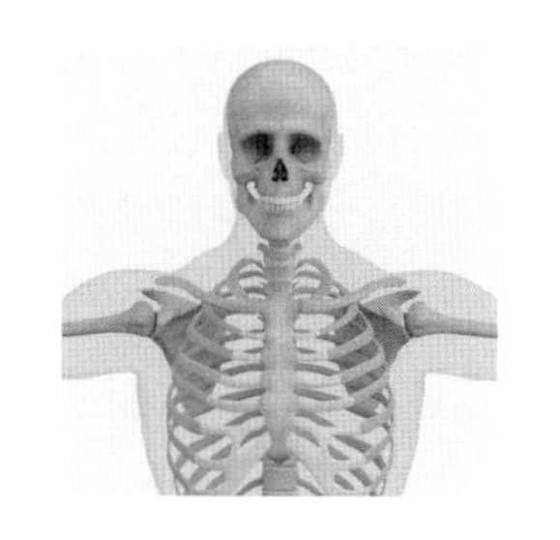

骨格系

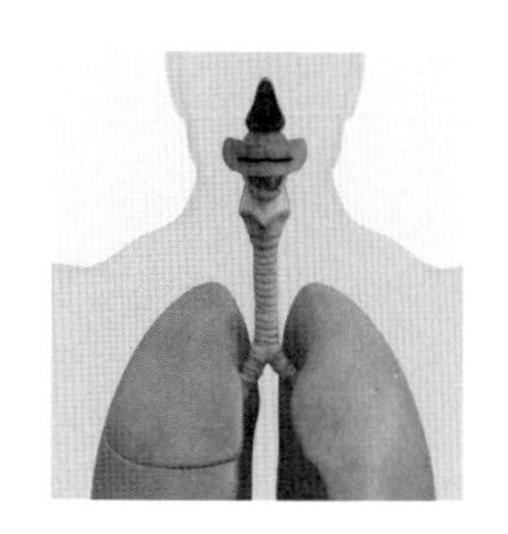

呼吸系

図１　外皮系・筋系・骨格系・呼吸系

骨の変位を理解しやすくなる。近年は技術的な難しさに加えて倫理的理由などにより，筋電位を計測する事例が減っており，シミュレーションなどによる評価が行われる場合もある。

骨は人間の骨格を支えるものであり，カルシウムやリンなどのミネラル成分によって構成されており硬い物質からなる。骨の表面は骨皮質・緻密質からなり，内部は海綿体があり骨髄がその隙間を埋めている。したがって，MRI で撮影する際，緻密質の部位は水分子が含まれないため黒く抜けるが，骨髄の部分は水もしくは脂肪組織が多いため，撮像時に輝度値を上げることができる。一方，CT による撮像では，緻密質の部分は X 線の吸収率が高いために白くなるが，骨髄の部分はそれに比べると信号値が下がる傾向がある。

また軟骨は骨に比べるとやわらかく，耳介軟骨や鼻軟骨に代表されるように，変形にも耐えることができる。喉頭の軟骨は，発生学的に鰓弓と呼ばれる部位からなり，魚類から陸上生活に至るにあたって，呼吸や聴覚，発声・嚥下などに関わる器官に流用されるに至った。喉頭軟骨の成分として，弾力性のある弾性軟骨と，気管などを形作る硝子軟骨が主である。MRI などで撮像する際，喉頭軟骨に含まれる水分量は個人差が大きく，また女性は男性に比べて小さいために，撮像が難しい場合もある。CT では撮像が可能であるが，喉頭は甲状腺など人体にとって重要な器官なので，注意が必要である。

人体における筋肉は骨格を支える横紋筋，内臓に存在する平滑筋，心臓を動かす心筋に分けられる。発話運動における顎・舌や喉頭を動かす筋は横紋筋である。多くの横紋筋は意識的な指令により動かすことのできる随意筋であるが，例外的に呼吸に関わる横隔膜などは意識的に呼吸を行うだけでなく，無意識でも運動を行う不随意筋の特徴も有する。また咽頭や気管には，呼吸や嚥下の際に無意識に働く不随意筋も含まれるため，発声の際には意図しない反応が表れることもあり，感情音声などにおける喜び・悲しみ・怒り，その他，緊張による震えなどは意図していないものも含まれる。不随神経は自律神経とも呼ばれ，興奮したときの交感神経系とリラックスしたときの副交感神経系が関係する。

1.2　音声生成の基本

人は脳からの指令により各種の体の仕組みを用いて，発声・発話を行っている。一般に音声は音源（ソース）と共鳴（フィルタ）からなり，それぞれの現象を独立に考えるとわかりやすい[1)]。音源としては基本的に声帯振動であり，特殊な歌などは仮声帯振動の場合もある。共鳴は，舌や唇によって作られる声道内で生じ，主に口腔（喉頭腔・咽頭腔を含む），また必要に応じて鼻腔への分岐も考慮する。

このような発話器官を模擬する装置としては，管楽器や金管楽器などの音源と共鳴を発展させ，1791 年にフォン・ケンペレンによって Speaking Machine という機械式音声合成機が作られた。これは，アコーディオンのふいごのように空気を押し出して鳴る音源部分と唇や舌などを模擬して手で調節することによる共鳴部分からなり，発話に似た音声が発せられる。このような機構を電気的に制作したものが，1939 年に VOCODER としてダッドレーにより発表されている。声の高さを変え

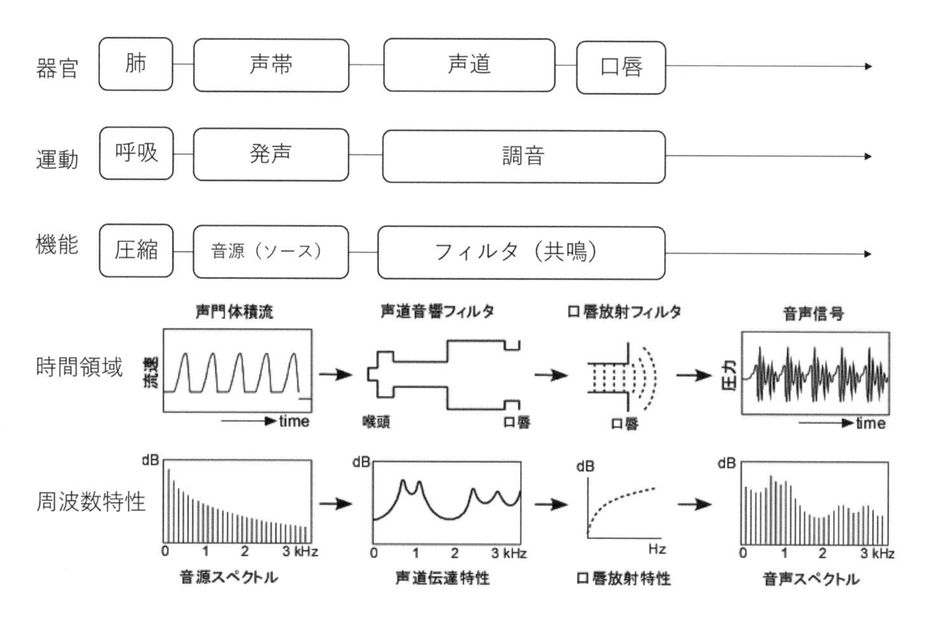

図２　音源（ソース）とフィルタ（共鳴）

られる音源を有し，また各種の母音を生成し，各種の子音を加える機構があり，これらをオペレーターが操作することにより，合成音声として発せられるものである。

これらは実際の人間の場合にも同様に考えることができ，ソースフィルタ理論として 1960 年のファントもしくは 1941 年の千葉，梶山などによって詳しく述べられている[1)2)]。参考までに，実際の音声の場合はソースを駆動させる呼吸も重要であり，歌やプロの発声では腹式呼吸・胸式呼吸・腹胸式呼吸なども考慮に入れる場合もあるが，音声を工学的に考える場合には現状では呼吸の違いを考慮に入れないことが多い。

2. 発　声

2.1　喉頭軟骨

音声のうちまず基礎となるものは，声帯振動による音源である。この声帯を解説する前に，骨および軟骨を説明する。声帯は主に，甲状軟骨，輪状軟骨，披裂軟骨の位置関係および各種の筋肉によりコントロールされる。**図３**に示すように，声帯は器官上部の喉頭軟骨群の内部に位置し，声帯は声帯前方が付着する甲状軟骨，声帯後方は輪状軟骨の上に位置する披裂軟骨に付着する。またその上方には楔状軟骨があり，喉頭蓋軟骨につながる。また甲状軟骨上角の上方に麦粒軟骨を介して，舌骨の大角につながる。

これらの軟骨は，声帯の調節や咽頭周辺の空間の形成に関わっている。声帯が開いたり閉じたりす

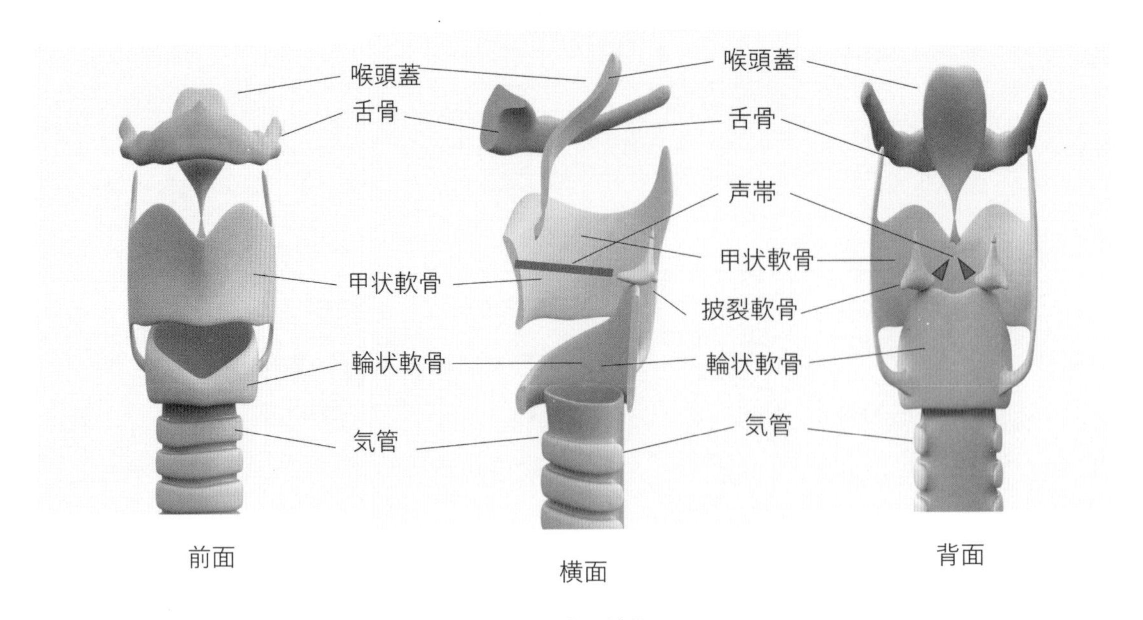

図３　喉頭軟骨

ることにより，断続的に噴流が生じ音声の音源となる。この声帯振動の振動の速さは声の高さとして知覚され，遅ければ低く，速ければ高く聞こえる。子供や女性のように声帯そのものの質量が小さい・長さが短いと，イメージ的には軽く小さいものは声帯振動が速いため，声は高い。さらにその材質そのものによって決まる高さに加えて，声帯が周辺の軟骨の調整などにより引っ張られる（張力が大き

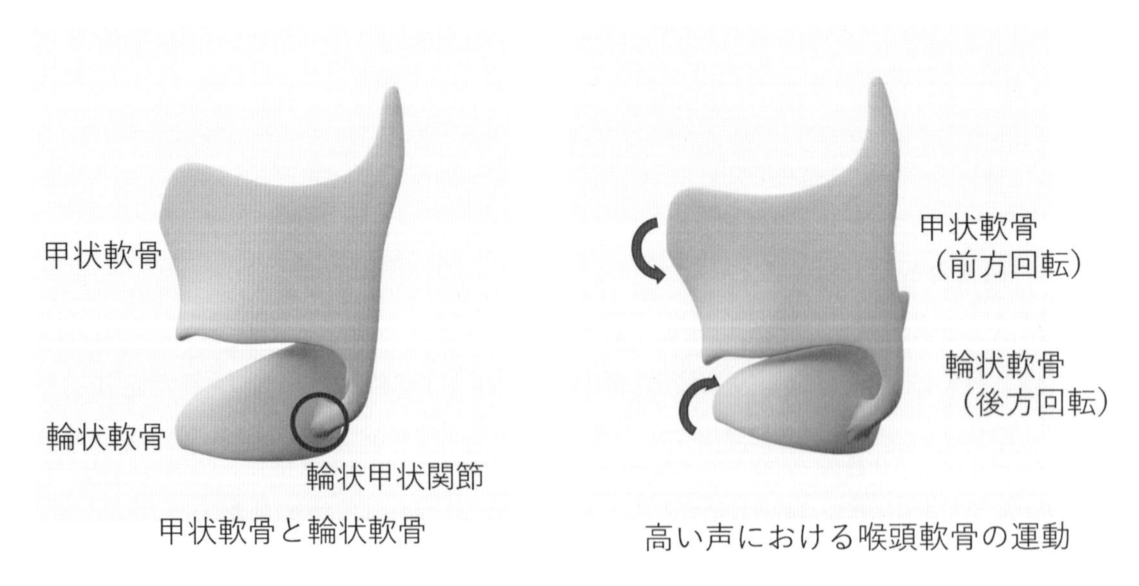

図４　軟骨の運動（CT）

くなる）ことにより，声が高くなる。また声の高さは声帯の材質・張力だけでなく，呼気の強さによっても影響され，たとえば胸やお腹を押すことによって空気が強く押し出されると，声は高くなる。

2.2 声 帯

また，声帯は**図5**に示すように，前方は甲状軟骨の後板に付着し，後方は輪状軟骨上部に位置する披裂軟骨の声帯突起につながる。内側は大きく分けて内側の筋肉（甲状披裂筋）とそれを覆う外側の粘膜からなる。甲状軟骨と披裂軟骨につながるという意味で甲状披裂筋という名前が付いている。

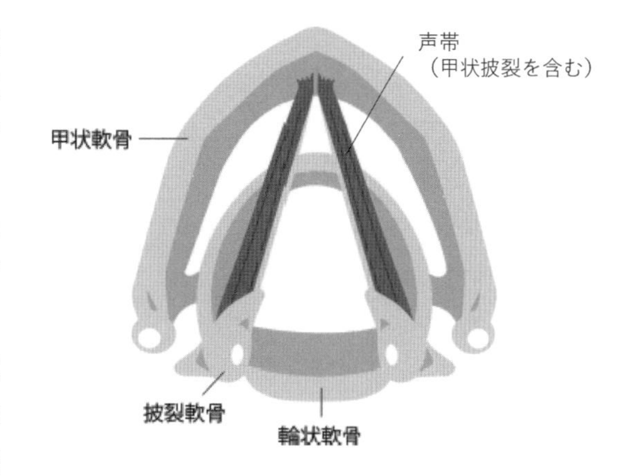

図5 声帯の筋肉

図6に示すように，声帯は内側の筋肉（甲状披裂筋）とその周囲の粘膜からなる。声帯は2層というわけではないが，工学的にはこの声帯振動を単純化して，Body-coverモデルが利用される[3]。粘膜層をさらに詳細に見ると上皮と固有層からなり，固有層は浅層，中間層，深層に分けて考えることも可能である。これらの層は目的によって2～5層以上に分類する場合がある。

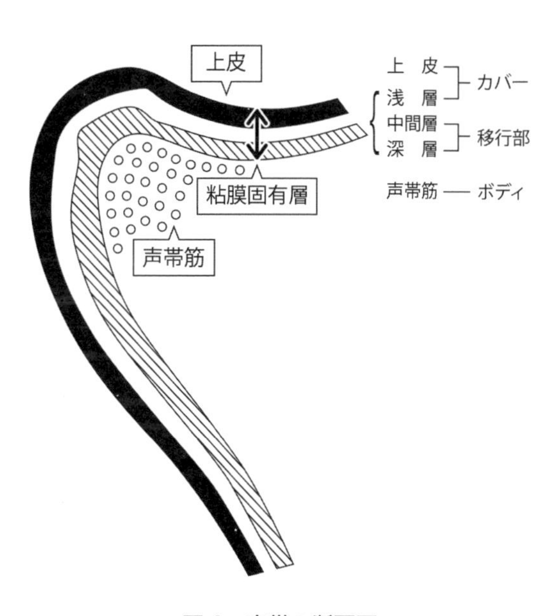

図6 声帯の断面図

2.3 声帯の運動

声帯振動は，周辺の軟骨，特に披裂軟骨の調整により左右の声帯が中央に寄って閉じ，呼気圧により開き，声帯の弾性などにより再び中央に引き寄せられて閉じるという繰り返しを行う。この声帯振動は，各種の歌い方や発声法などにより振動様式が異なり，同じ高さであってもさまざまな声質を作り出す。

2.4 内喉頭筋

これらの声帯振動をコントロールする筋として，喉頭の軟骨を結ぶ内喉頭筋がある。声門を閉鎖する方向に働く筋，声門を開く方向に働く筋，声帯を緊張させる筋がある。声門閉鎖筋郡として，甲状披裂筋，外側輪状披裂筋，横披裂筋が挙げられる。また声門開大筋は後輪状披裂筋のみであり，収縮により筋突起を後方に引き，声帯突起を外転させて声帯が外転することにより声門が開く[4]。

2.5　外喉頭筋

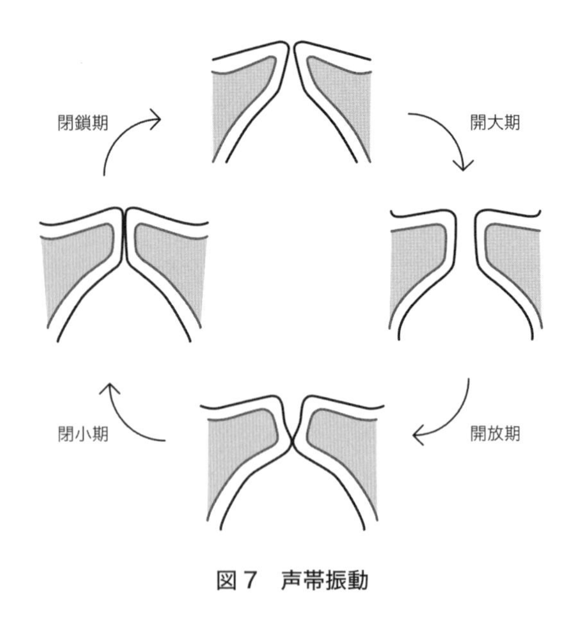

図７　声帯振動

発声発話に関わる舌骨や喉頭軟骨を支える筋肉として，外喉頭筋が存在する。外喉頭筋の範囲は広く，舌骨上筋群，舌骨下筋群，咽頭収縮筋群が含まれる。舌骨自身は体内で関節を持たない唯一の骨であり，周囲の筋肉の作用によりその位置を変える。たとえば舌骨が引き上げられたり，甲状軟骨が引き下げられ，間接的に甲状軟骨や関節をなす輪状軟骨などの位置が微妙に変化することにより，声帯の緊張や喉頭の空間がわずかに変わる可能性がある。特に歌唱などの場合は，このわずかな差による良し悪しが重要な場合もある[5)]。

舌骨上筋群は，顎二腹筋，茎突舌骨筋，顎舌骨筋，オトガイ舌骨筋があり，舌骨下筋群は胸骨甲状筋，甲状舌骨筋，肩甲舌骨筋，胸骨舌骨筋がある。また咽頭収縮筋は甲状咽頭筋，輪状咽頭筋である。これらの筋の名前を暗記する必要はなく，骨や軟骨などの付着部を理解すれば，それらの筋の名前と位置関係を理解できる。

3. 調音運動

3.1　調音器官

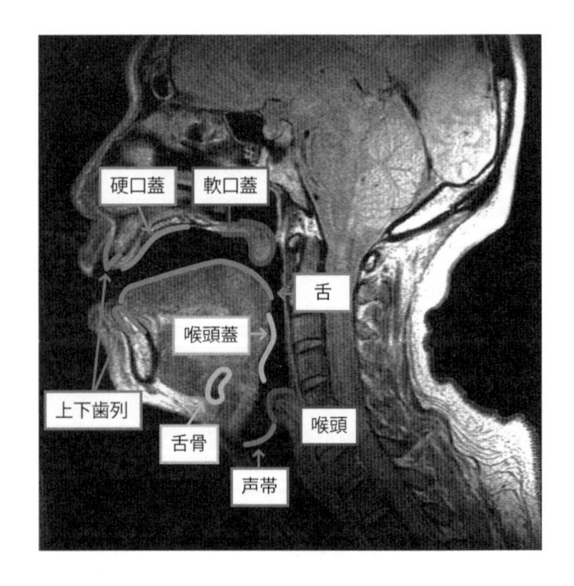

図８　主な調音器官 MRI

音声は各種の調音器官の運動によって，さまざまな母音や子音が作られる。調音運動を行うことができる部位は，筋肉組織を含む部位であり，主に舌，口蓋垂，口唇などである。また頭蓋の側頭骨の顎関節を中心として下顎骨が回転および前下方向への運動を行う。上記の部位が運動することにより，せばめや接触などによる調音可能な部位としては，両唇，上下歯列，歯茎部，硬口蓋，軟口蓋，咽頭などが挙げられる。

上記の各部位の運動により，各種の母音・子音などの調音が行われる。また声帯振動の開始タイミングにより子音の有声音・無声音の違いが作られる。このような調音運動の違いによって作られる音声は，国際音声記号（International Phonetic Alphabet chart: IPA Chart）[6]によって集約されており，日本語および各種の外国語を整理する・学ぶ際に有用である。たとえば日本語の子音の代表的な調音位置として，前方から両唇音（p, b, m など），歯茎音（t, d, n, s, z など），軟口蓋音（k, g など）が挙げられる。発音記号を正確に記載する際は［p］，［b］，［m］などと記載し，アルファベットを用いて簡易的に記載する場合は/p/，/b/，/k/などと記載する。

3.2 舌 筋

舌はひとかたまりに見えるが，多くの筋が集まり，口の中にある手ともいわれるほど繊細なコントロールがなされている。発話ロボットの制作において，これらの筋の活動などが調べられることもある。実際のところ，筋の名前や作用がわからなくても発話運動に困ることはないが，発話時の運動を理解しておくことで，調音への理解が深まる面もある。

各種の発話音声を作り出す舌の筋肉は主に骨に付着部を持つ外舌筋3種類と舌内で付着部を持たない内舌筋4種類が存在する。舌筋に付着する骨は下顎骨，側頭骨，舌骨の3種類であり，骨部に付着するため，筋の収縮が生じると位置関係により骨部との距離が短くなる等張収縮が生じやすい。ただし下顎と舌骨は発話時には他の筋肉の活動により位置が変わるために，長さが変わら

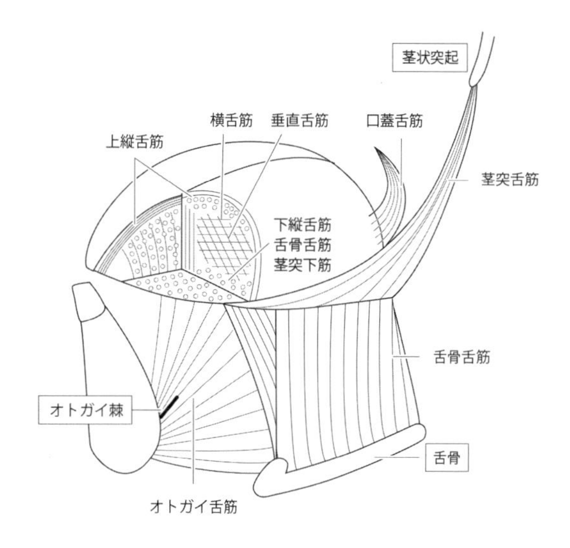

図9 舌全体図

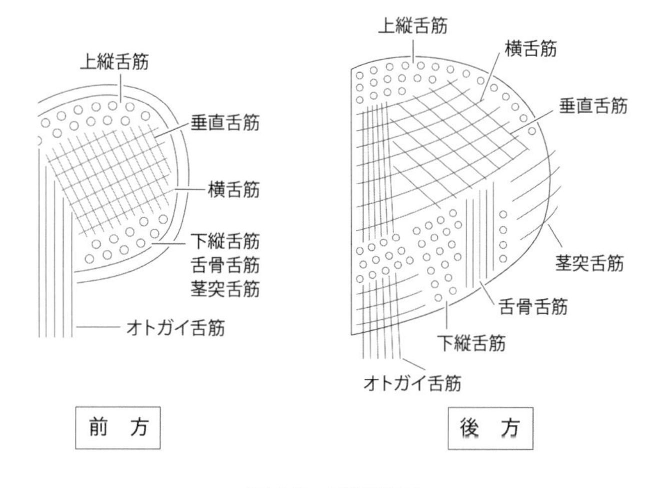

図10 舌断面図

ない等尺収縮の場合もあり，発話器官を模擬したモデルを作成する際には注意が必要である。

舌のほぼ中央部に存在する筋は，下顎骨の内側のオトガイ部に付着し，舌に至るオトガイ舌筋である。舌の上後方の側頭骨茎状突起から生じ，舌後方から舌内部に至る筋は茎突舌筋である。また舌の下部に位置する舌骨大角から生じ，舌側面を走行する筋は舌骨舌筋である。

内舌筋は舌の内部において舌内部に生じ，他の筋との付着部を持たない筋である。それぞれ３方向に左右方向（横舌筋），上下方向（垂直舌筋），および前後方向（ただし上側：上縦舌筋，下側：下縦舌筋）の計４種類存在する。

3.3　口蓋筋群

口蓋は鼻腔と口腔を分離する役割を持ち，軟口蓋音や鼻音の生成に重要な機能を果たす。口蓋のうち前３分の２は口蓋骨を含む硬口蓋で，口蓋の後方は内部に骨がないため硬口蓋に比べてやわらかく，軟口蓋と呼ばれる。また軟口蓋の後方部分は正面から見ると帆が張っているように見えるため，口蓋帆と呼ばれており，特に中央の部分の垂れ下がった部分を口蓋垂と呼ぶ。

この口蓋帆には，口蓋帆張筋や口蓋帆挙筋，また中央部には口蓋垂筋が存在し，口蓋帆を後上方もしくは上方に引き挙げることで，軟口蓋全体が挙上し鼻腔への空気の分岐を防ぐことができる。口蓋咽頭筋は，咽頭収縮筋と協調して咽頭を収縮することにより，軟口蓋を上げたり下げる（下制する）こともできる。

3.4　咀嚼筋

ここでは顎の開閉や舌運動に関する筋を紹介する。下顎の開け閉めには各種の咀嚼筋群が関連し，また下顎の開閉に伴って舌底部を支える筋として，舌骨下筋郡を取り上げる。咀嚼筋は，文字通り食べ物などをかむ力を持ち，主に咬筋，側頭筋，外側翼突筋，内側翼突筋であり，いずれも下顎骨に付着部を持つ。また咀嚼筋ではないが咀嚼に一部関係する筋として，舌骨上筋群のうち顎二腹筋，オトガイ舌骨筋，顎舌骨筋も下顎内部にはじまり，顎もしくは舌運動に関連するといわれる。

この他にも，口唇のまわりおよび口唇内部にも筋があり，口唇の微妙な運動を作り出す。また顔面の筋肉全体が表情に関係し，口腔内の形状や声帯音源にも影響しているようであるが，今後の詳しい研究が期待される。

音声生成はそもそも人体の器官から発せられるものであるが，魚類からの進化から考えると呼吸器を代用しているものであるといえる。このような各種の器官を利用して，音声などのコミュニケーションや各種の歌声などを生み出しているのは非常に興味深い。

4. 言語情報・パラ言語情報・非言語情報

4.1　音声情報に含まれるもの

人が発する音声にはさまざまな情報が含まれている。大きく分けて，音声の意味を伝える言語情報，音声の意図や感情などを伝えるパラ言語情報，さらにその音声を発する人物の物理的な声帯や声道の特徴などを含む非言語情報があるといわれる[7]。この 3 つに対して，完全に分離することはできず，またこれらの分け方に関しては諸説あり，たとえば感情音声を非言語情報と捉える場合もある。また非言語情報の中にパラ言語情報を含む場合もあり，若干の言葉の使い方の違いが見られる場合もある。

とは言えども，音声は情報的には 1 次元であり，視覚情報に比べてコンピューター上で bit 数で扱う際には情報量は極端に少ないように感じるが，実際には短い音声を聞いただけでも，人間はさまざまな情報を得ている。このような多くの情報を含む音声に対して，音声合成や音声認識において独立に問題に取り組むことにより，工学的に取り組む課題の見通しを良くすることができるといえよう。

改めて整理すると，システムを制作するうえで言語処理を行う部分を言語情報，言語の理解以外で感情や意図などの評価についてはパラ言語情報，話者認識など本人の声の特徴の生成・評価することを非言語情報としておく。これは音声生成的にもほぼ一致する。

言語情報は意味を伝えるための音声の子音・母音の成り立ちを意味し，たとえば外国語を話すためには言語の習得が必要である。パラ言語情報は，たとえば役者などが発話意図や感情表現を行う場合，ある役柄の人物内において調整をしている。そのため話者が別々であっても，同じ意図・感情を伝えることができる。さらに非言語情報は，一人の人として話者が異なって知覚される状態であり，優れた役者であれば 1 名で異なる役柄を演じることもあり，聞き手側も音声の表現の特徴を聞き取って，別の役柄として理解する。

4.2　言語情報

一般に音声を考える際，言語情報は「音声認識」の部分に相当し，各種の音素列を文字列とし，その日本語的な意味を書き起こされた文章となることを意味する。音声は，調音器官が動くことにより各種の子音や母音が生成され，これらを組み合わせることにより，発話音声として空気中に発せられる。

日本語音声は諸説あるが通常はモーラ言語といわれ，子音音素と短母音音素が連結一文字単位として理解されている。ただし促音や長音などもあり，数え方としては議論があるが，基本的には俳句のように 5-7-5 などと数えることが多い。一方で英語などはシラブル言語といわれ，母音を中心とした単位で，たとえば子音連続が続くことも多い。日本語母語話者はこのモーラ言語の体系の経験と知識を有するため，発話や聞き取りに困難をきたすことが多い。

また日本語はこのモーラによる拍を利用することに加え，声の高さを言語的な意味として利用するピッチアクセント言語である。この声の高さを変える機構は声帯で行われ，言葉の意味に合わせて，各種の筋肉の運動により軟骨の位置が適切に調整され，声帯が緊張・弛緩し，ピッチアクセントの調整が行われている。

近年，標準語であれば一般人以上の優れた品質の音声認識・音声合成がなされている。

4.3　パラ言語情報

ここでは発話の意識・無意識に関わらず，話し手が聞き手に伝える言語以外に，同じ人物内で変動可能な意図や感情などをパラ言語情報とする。具体的には音声の高さ，長さ，大きさ，強弱，話速，間に加えて声質などが含まれる。

工学的には音声の高さは1秒間あたりの声帯振動回数，すなわち基本周波数と一致し，単位は［Hz］で表される。男性と女性では基本的に声帯の大きさが異なるために，声の高さが異なっているが，その平均基本周波数からの逸脱について議論される。また長さは1モーラあたりの所用時間で表され，一般に特定の語内の長短で議論されることが多い。

声の大きさは主に騒音計などで計測されるA特性（人間の耳に相当した重み付け）のFast（125 ms）で計測し，単位は［dB］で表される。基本的に音の大きさは振幅に相当するため，口唇からの距離の規定はないが，その値は必ず記載する必要がある。近年は30 cmが推奨されている。

声の強弱は声の大きさに加えて，部分的な変化の議論を行う際に利用することが多い。主に録音された音声から計算されることが多いが，呼気によって作られる声帯振動の開閉による音の粗密波，および口唇の開放面積に依存する。マイクに呼気がかかると音声信号の振幅だけが異常に大きくなったり，口唇面積の大きい「あ」は「う」に比べて大きく出がちなので，注意されたい。

話速は長さにも類似しているが，文章全体を読み上げたときの文字数に相当し，1秒間あたりのモーラ数で表される。間は，物理的に話速とは独立であり，朗読などでは間の取り方により，感情表現や強調を行うことができる。

声質に関しては，一般的な用語として，聞こえ方の違いがあると声質の違いと理解されることもあるが，学術的には声帯振動の違いによって生じる音声の違いを「声質」とする。人間は学術的な「声質」を直感的に理解することができるが，物理現象として単位で表すことは現状少ない。声質の1つとして声帯振動の開閉時間の割合があり，開いている時間が長いほど呼気が多く，やわらかく聞こえる傾向がある。これを計測するにはElectroglottgram（EGG）[8]と呼ばれる装置で計測し，信号処理的には基本周波数とその倍音との比で表されるH1-H2として計算される。またさらに呼気が多くノイズ成分が多い場合（breathy）や，力みなどにより声帯振動が極端に低くなりザラザラした声（vocal fly）がある。その他，よく通る声であったり，緊張により震えたりなど，さまざまな声質があり，それぞれ物理的に記載されることが期待される。

このような音声の生成における物理的な変化や，言語情報だけでは伝えられないさまざまな変化により，日常のコミュニケーション，さらには音声を用いた商業面・芸術面に利用されている。特にこの分野は今後の音声認識・音声合成において非常に注目されるべき分野であるといえる。

4.4 非言語情報

ここでは各個人が持つ身体的音声の特徴を非言語情報とする。音声は声帯振動と声道の共鳴から作られるので，各個人によってその声帯の特性や声道共鳴（咽頭や鼻腔共鳴を含む）が異なることにより，各人の音声は個人性を持つ[9]。

子供の頃は男性女性に関わらず，声帯は小さく，また声道は短い。したがって子供の頃は，単音であれば男女の差は聞き分けられないという。年齢とともに成長し，男性は思春期で声帯が急激に成長し，声変わりが起きる。このとき甲状軟骨などの喉頭軟骨が下がる。したがって声変わりのときには，声帯と声道長の双方が大きくなる[10]。

さらに年齢を重ねることにより，ホルモンの影響により男性は若年時に比べて声帯に含まれるコラーゲン量が減少することにより基本周波数が高く音域が狭くなる一方，女性では声帯がむくむことにより基本周波数が全体的に下がるといわれる[10]。

一般に相手の音声を聞くことにより，男性か女性か，また年齢はどうか，などがおおよそ推測できる。ただし，音声は声帯音源と声道の双方の物理現象に過ぎないので，女性の声優が男の子役を行ったり,高齢の男性でも日々の訓練次第では若い男性の音声を出すことができることは不思議ではない。

またトランスジェンダーの男性は声帯を物理的に小さく薄くすることが難しく，女性っぽい声を出すのは困難であり，一部のトランスジェンダー男性は声道を短くする方向での発話が主であったり，場合によっては非可逆的に声帯を短くする手術などが行われている[11]。近年ではYoutubeなどにおいて，男性が女性の声を出すもしくは女性が男性の声を出すという「両声類」の動画などが流行している。男性が女性の声を出す場合，おそらく声帯の一部を利用，もしくは極端に張力をかけることにより女性の声として聞こえる範囲までの調整がなされている。まだこのような特殊な音声生成についての研究は十分ではないが，今後，研究の進展が期待される。

非言語情報の一部として，音声によりその病気の症状を聴覚印象による数値化が行われている。たとえばポリープにより声帯振動のバランスが崩れたり，片側麻痺などにより声帯振動が正しく行われない場合があり，言語聴覚士の聴覚診断によるGRBAS尺度が利用されている[12]。G（grade）は嗄声の全体的な重症度，R（rough）は粗糙性でガラガラ声・ダミ声，B（breathy）は気息性でカサカサ声・ハスキーボイス，A（asthenic）は無力性で弱々しい，S（strained）は努力性で力んだ声などといわれる。このような聴覚印象により，病気の診断・治療がセットで行われている。

以上のように音声の生成について身体的な側面から評価することにより，音声信号のパターン処理だけではない物理現象の評価を行うことができる。研究の初期段階では大量のデータベースなどの処理により確実な進歩が見られるが，感情表現や個人性・病的音声などにおいては，音声生成の基礎に立ち戻って音響現象を振り返ることも必要である。

文　献

1) G. Fant: Acoustic Theory of Speech Production, Mouton, The Hague, Netherlands, 15-90 (1960).
2) T. Chiba and M. Kajiyama: The Vowel: Its Nature and Structure, Tokyo-Kaiseikan Pub. Co., Ltd., Tokyo (1941).
3) K. Ishizaka and J.L. Flanagan: Synthesis of voiced sounds from a two-mass model of the vocal cords, *Bell System Technical Journal*, **51**, 1233-1268 (1972).
4) 大森孝一：喉頭の臨床解剖，日本耳鼻咽喉科学会会報，**112**(2), 86-89 (2009).
5) 日本音響学会（編），本多清志（著）：実験音声科学，コロナ社，東京 (2018).
6) 国際音声学会（編），竹林滋，神山孝夫（訳）：国際音声記号ガイドブック—国際音声学会案内，大修館書店 (2003).
7) H. Fujisaki: Prosody, models, and spontaneous speech, Computing Prosody (Y. Sagisaka, N. Campbell and N. Higuchi eds.), Springer-Verlag, 27-42 (1996).
8) 石毛美代子，新美成二，森浩一：Electroglottography (EGG)，音声言語医学，**37**, 347-354 (1996).
9) 北村達也：音声のスペクトル包絡における個人性に関する研究，JAIST 博士論文 (1996).
10) 麦谷綾子，廣谷定男：子どもの声道発達と音声の特性変化，日本音響学会誌，**68**, 234-240 (2012).
11) 櫻庭京子，今泉敏，広瀬啓吉：女性と判定された性同一性障害者（MtF）の声の基本周波数，**102**, 49-52 (2003).
12) 日本音声言語医学会，大森孝一（編）：新編 声の検査法 第２版，医歯薬出版（株），東京 (2018).
13) 広戸幾一郎：発声機構の面よりみた喉頭の病態生理，耳鼻臨床，**59**, 229-258 (1966).
14) 平野実：音声外科の形態学的基礎：振動体としての正常及び病的声帯の構造，日本音響学会誌，**31**, 702-709 (1975).
15) K. Miyawaki: A Study of the Musculature of the Human Tongue: Observations on transparent preparations of serial sections, Annual Bulletin Research Institute of Logopedics and Phoniatrics, 23-50 (1974).

第１節

End-to-End モデルによる音声認識

京都大学　河原　達也

1. はじめに

音声認識は，時系列である音声波形あるいは周波数スペクトログラムから，文字列や単語列へ変換を行う処理であり，時間的な変動も扱う必要がある。したがって，単純な深層ニューラルネットワーク（DNN）ではモデル化・実装できない。そのため，局所的にDNNを適用し，その出力を隠れマルコフモデル（HMM）で処理する方式（DNN-HMM）が長く用いられてきた。その学習には，音声をHMMの各状態に対応する局所的なパターンに区分化する前処理が必要で，単語辞書や言語モデルも個別に学習され，全体として最適化がされていなかった。

これに対して，HMMや単語辞書を介することなく，音声から文字列や単語列を直接認識するEnd-to-Endモデル[1)2)]およびその学習法が検討されるようになり，現在では主流となっている。本節ではその主なモデル・手法を紹介する。

2. 音声認識のためのEnd-to-Endモデルの分類

現在音声認識において主に用いられているEnd-to-Endモデルを分類したものを**図１**に示す。音声の特徴量をフレームごとに処理する部分をエンコーダ（encoder）と呼ぶ。これについては，全てのモデルで同様である。この結果をパイプライン的に処理するのが，CTCであり，これに言語モデルを統合したものがRNNトランスデューサ（RNN transducer）である。一方，エンコーダで得られる分散表現を発話ブロックで蓄積して，別のデコーダ（decoder）を適用するアテンションモデル（Attention model）やトランスフォーマ（Transformer）などの方式もある。これは，自然言語処理で用いられているモデルと本質的に同じであるが，テキストを入力する場合に比べて音声を入力する場合は，音声を処理するエンコーダの比重（パラメータ数）が大きくなる。

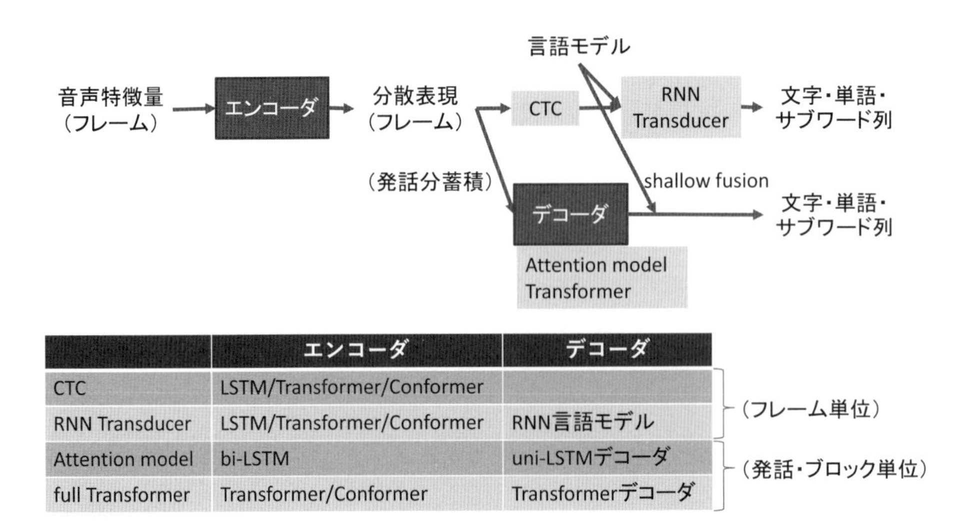

	エンコーダ	デコーダ	
CTC	LSTM/Transformer/Conformer		（フレーム単位）
RNN Transducer	LSTM/Transformer/Conformer	RNN言語モデル	
Attention model	bi-LSTM	uni-LSTMデコーダ	（発話・ブロック単位）
full Transformer	Transformer/Conformer	Transformerデコーダ	

図1　音声認識のためのEnd-to-Endモデルの分類

次に音声認識に用いられる単位について述べる。従来のDNN-HMMなどのモデルでは，音素が認識の単位として一般に用いられていた。音素は，音声に直接写像すると考えられるが，文字と音素の変換（G2Pツールや発音辞書）が必要となり，その誤りや曖昧性もあるため，End-to-Endモデルではあまり用いられない。

代わりに，文字を直接用いることができる。多くの言語ではエントリ数は少ないが，言語モデルとしては弱い。ただし，日本語や中国語ではエントリ数が多く，現実的な選択の1つである。

End-to-Endモデルでは単語または形態素を直接認識の単位とすることもできる。言語的制約は強くなるが，エントリ数が多くなり，頻度の少ない単語や未知の単語への対応の問題も生じる。

したがって，現在最も一般的に用いられているのは，文字と単語の中間のサブワード単位である。このサブワードを構成する方法にはいくつかある。BPE（Byte-Pair Encoding）は，文字（unicodeのbyte）の系列の頻度に基づいて結合するもので，大規模言語モデルでも一般的に採用されている。Word pieceは，単純な頻度でなく，頻度比に基づいて結合するものである。これらは通常，単語の境界をまたがないように構成されるが，事前に単語単位に分割されていることが前提である。これに対して，Sentence pieceではunigramモデルに基づいて文の尤度を最大化するように単位を構成する。これは確率的に分割を行うもので，単語境界が明確でない日本語・中国語などで有用である。大規模言語モデルでは，数十万以上のBPEトークンが用いられることが一般的であるのに対して，音声認識では数千程度のサブワード単位が一般的である。

3. Connectionist Temporal Classification（CTC）

HMMを用いることなく，ニューラルネットワークのみで時系列パターンを分類しようと定式化されたのがCTC[3]である。CTCでは通常，文字やサブワード単位のLSTMが用いられる。これに加えて，どの文字・サブワードでもないブランク記号（_）を導入し，各文字・サブワードの間に挿入する。入力時間フレームごとにこれらの記号が出力され，これを集積する。この際に，時間的に連続した同一の出力記号を1つに縮約し，ブランク記号を除去する操作を行う（**図2**）。

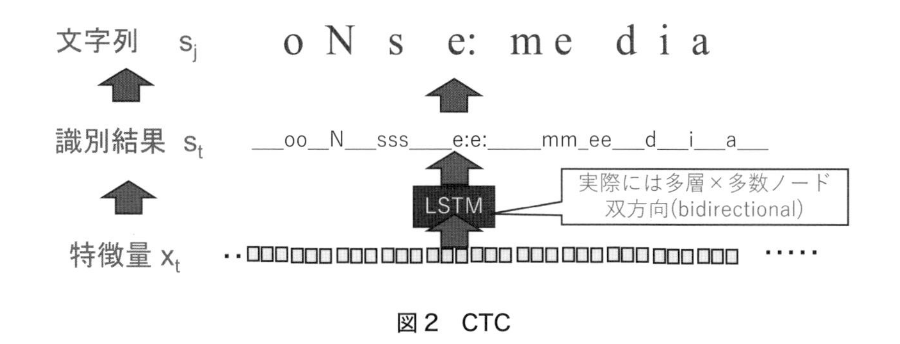

図2　CTC

これを確率的に定式化すると，各フレームの音響特徴量に対して各記号の事後確率を計算し，同じ記号列に縮約されるものの総和を計算することになる。たとえば，以下の記号系列は全てhaiを表現するものとしてまとめられる。

_h_____a_____i__
_hh____aa____ii_
_h____aaaa__iii_

モデル学習の際には，正解記号系列（上記の例ではhai）に縮約される全ての系列の尤度の総和を求める。この尤度計算および勾配計算は，HMMの尤度計算と同様に，前向き・後ろ向きアルゴリズムで効率的に実現できる。この対数尤度を元に，LSTMの各パラメータを更新する学習則が導出される。CTCではLSTMにより時間フレーム間の依存性はモデル化されるが，記号間の関係は独立に扱われている。CTCは非常に簡易で，双方向のモデルを用いなければリアルタイムに動作するが，言語モデルを用いないため，認識精度には限界がある。

4. RNNトランスデューサ（RNN transducer）

CTCのモデルに再帰型ニューラルネットワーク（RNN）に基づく言語モデルを統合したのがRNNトランスデューサ[4]である。フレームごとの音響エンコーダ（図2のモデルに相当）の出力と文字・サブワード単位の言語モデルの出力を統合し，次の文字・サブワードの確率を逐次計算していく（**図3**）。RNNトランスデューサは，実装が大がかりであるが，リアルタイムに動作し，認識精度も高い。

5. アテンションモデル（Attention model）

アテンションモデル[5]は，正確には注意機構付きエンコーダ‐デコーダ（encoder-decoder）モデルであり，エンコーダとデコーダから構成される（図4）。

エンコーダでは，入力フレームごとに音響特徴量をLSTMにより別の数値ベクトル（分散表現）に符号化する。デコーダは，この符号化された分散表現の系列を入力として，文字やサブワードなどの記号の系列を順次予測する。その際に，たとえば最初の方の出力記号は音声の最初の方の情報を用いるのが有用であるので，重みを付ける。これが注意機構であり，この重み自体も動的に計算され，重みを計算するパラメータは統合的に学習される。

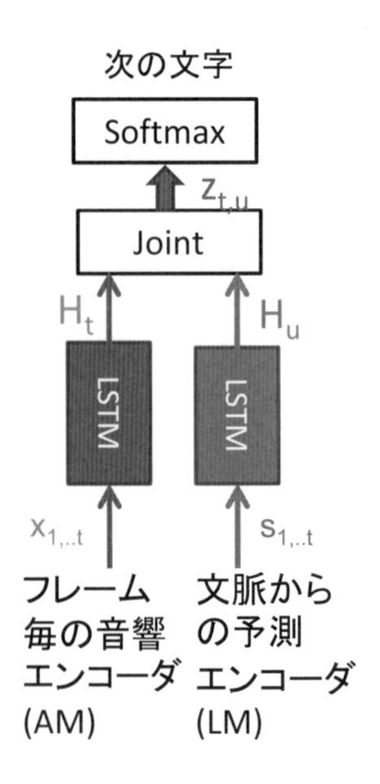

図3 RNNトランスデューサ

そのうえで，出力の文字やサブワードの記号はこの内部状態に基づいて計算される。デコーダは，文頭（sos）記号から予測を開始し，文末（eos）記号が出力されると終了する。デコーダLSTMは次の記号を予測する際に，直前の状態に加えて，直前の記号を用いており，言語モデルの機能を包含している。エンコーダ・デコーダおよび注意機構の学習は，正解記号系列と予測記号系列のクロスエントロピに基づいて統合的に行われる。以上をまとめると，入力音響特徴量系列をいったん分散表現の系列に変換したうえで，それに対する事後確率が最大となる記号系列を出力するモデルであるので，エンコーダは音響モデル，デコーダは言語モデルに対応すると考えられる。また，注意機構は音声と記号の対応付け（アライメント）を行うものと捉えられる。このアライメントは原理的には任意

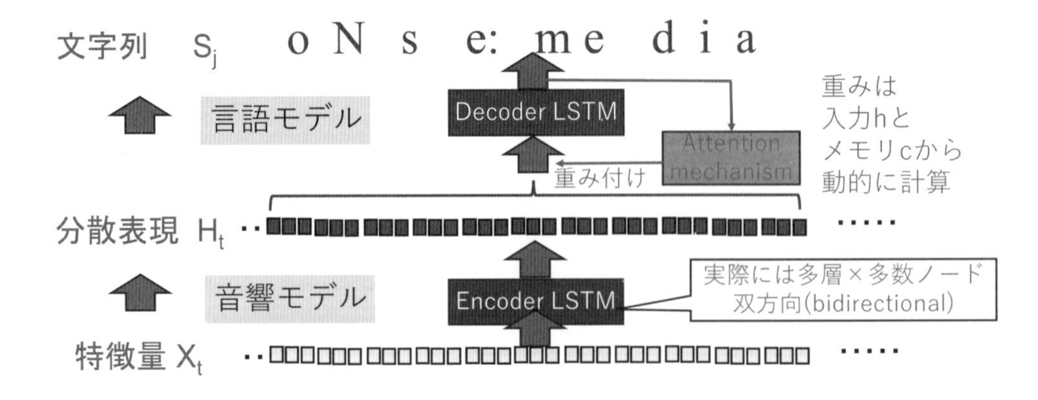

図4 アテンションモデル

の対応付けが可能であるが，音声の場合は時間方向に単調に文字やサブワードなどの記号に対応付けられるので，直前の重みに依存させるとともに，CTC とマルチタスク学習を行うことが多い。また，アテンションモデルでは，入力の一部（雑音区間など）をスキップしたり，出力が字幕テキストのように音声に忠実でなくてもある程度対応付けができる。アテンションモデルでは全ての入力をいったん処理しないと認識を開始することができないが，高精度の認識を行うことができる。

デコーダに内包される言語モデルは，学習音声データに対応するテキストのみからしか学習されないので，より大規模なテキストのみのデータから学習した外部言語モデルを統合（shallow fusion）することも行われる。

6. トランスフォーマ（Transformer）

トランスフォーマ[6]は前述のアテンションモデルで用いられていた LSTM などの再帰的なモデルの代わりに自己注意機構（self-attention）を導入したものである（**図5**）。本来，音声やテキストの入力系列の長さは可変であるが，（0 パディングなどにより）むりやり固定長にしている。これにより，入力全体および特徴軸全体における関係や重要性を考慮した特徴抽出が行われる。これを多段に行うことで，抽象化が行われる。また，認識の際には入力に応じた重み付けが行われる。LSTM などの再帰型ネットワークと異なり，深層化および並列化の効果が大きい。

自己注意機構を**図6**に示す。音声の場合，行列の横軸を時間フレーム，縦軸を周波数ビン，つまりスペクトログラムと考えるとわかりやすい。自己注意機構の行列は，通常複数の部分空間（マルチヘッド）を用いて構成され，その処理結果が組み合わされる。また残差型のネットワークとして構成され，レイヤー正規化が行われる。レイヤー正規化は，事前に時間方向に，事後にチャネル方向に行われるのが一般的である。また，デコーダの自己注意機構では，将来の情報を見ないようにマスクをかける。

自己注意機構にさらに，コンボリューション層を追加したものをコンフォーマ（Conformer）と呼ぶ。これにより，周波数軸・時間軸の局所的変動を吸収し，自己注意機構の大域的特徴抽出を補完する。コンフォーマは現在，エンコーダとしては最高の性能を示している。

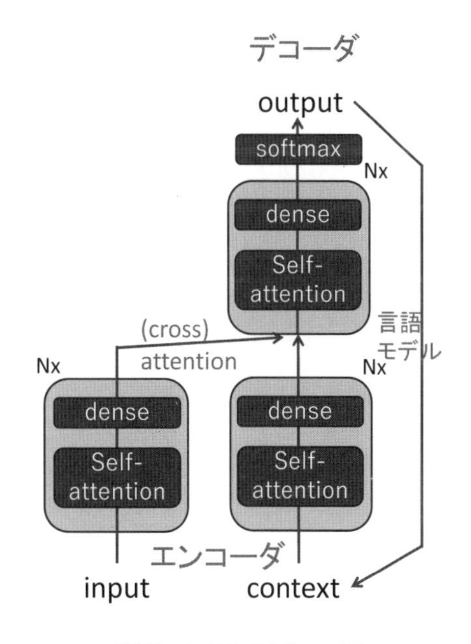

図5　トランスフォーマ

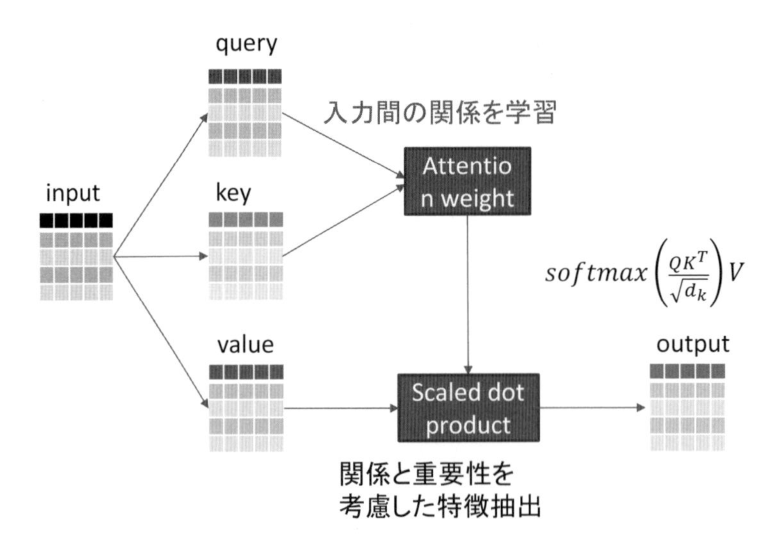

図6　自己注意機構

7. 自己教師付き学習に基づく大規模事前学習モデル

End-to-End モデルは，認識システムの構成が単純で，音響モデル・言語モデルの統合的最適化が行われるが，学習に膨大なペアデータが必要となる。その反面，テキストのみのデータや音声のみのデータを活用できない。テキストのみのデータでトランスフォーマの自己教師付き学習（Self-Supervised Learning: SSL）を行う大規模言語モデルが大きな成功を収めたのを機に，音声のみのデータで自己教師付き学習を行う方法も研究されている[7]。

現在一般的に用いられている大規模事前学習モデルは，トランスフォーマと量子化器（コードブック）を組み合わせたものであり，おおむね**図7**に示す枠組みである。その代表的なものが，wav-2vec 2.0[8]と HuBERT[9]である。

入力音声またはその周波数特徴量は，CNN（Convolutional Neural Network）に入力され，フレームごとに特徴抽出が行われる。その出力がトランスフォーマに入力される。その際に，一部のフレームがマスクされ，トランスフォーマで前後の文脈を用いてその復元が行われる。ただし，音声では同じ音素が複数フレーム連続するのが一般的であるので，ある程度の長さの連続するフレームをまとめてマスクする。一方，CNN の出力はフレームごとにベクトル量子化も行われる。トランスフォーマの出力とこの量子化の結果を照合することで損失が定義され，学習が行われる。

HuBERT[9]では，この量子化器は別途あらかじめ k-means などにより構成され，トランスフォーマの出力も量子化符号に変換してクロスエントロピ損失を計算する。これに対して，wav2vec 2.0[8]では，トランスフォーマの出力と符号化ベクトルとの対照学習（contrastive learning）を行う。また，量子化に Gumbel Softmax 関数を導入して微分可能な形にし，トランスフォーマなどと一体的に End-to-End 学習を行う。その際に，できるだけ多くの符号が一様に用いられるような損失（diversity loss）も追加する。

この学習の結果得られるCNNとトランスフォーマは一体的なDNN（図7の枠）で，音声認識などのエンコーダとして用いることができる。音声認識の学習にはある程度のラベル付きデータが必要となるが，End-to-Endモデルをスクラッチから学習するよりはるかに少量のデータで高い性能が実現される。

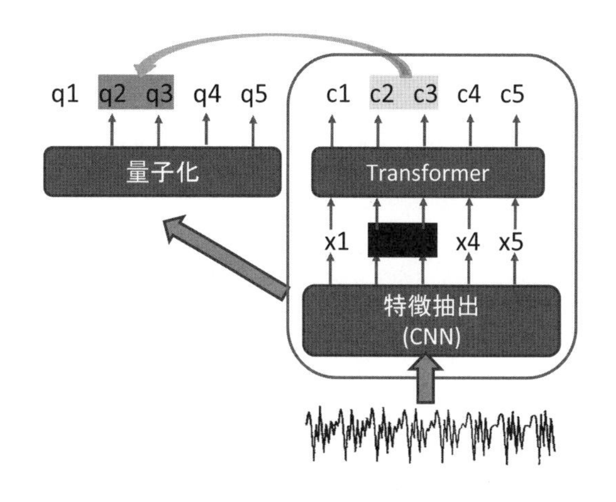

図7　wav2vec 2.0 / HuBERT

大規模事前学習モデルの音声認識への活用には2通りの方法がある。1つは，このモデルに認識単位に相当する出力層を付加して，CTC損失によりモデルをファインチューニングする方法である。この場合も，トランスフォーマ層のみをファインチューニングし，CNN層は固定する場合が多い。この方法は簡潔で，特にデータ量が少ない場合に有効である。もう1つの方法は，自己教師付き学習による大規模事前学習を表現学習と見なし，このモデルを特徴抽出器として用い，さらにトランスフォーマのようなエンコーダ・デコーダモデルに基づく音声認識モデルを構成するものである。この場合は，事前学習モデルのパラメータは固定する。

8. 主な大規模事前学習モデル

現在広く用いられている代表的な大規模事前学習モデルを紹介する。

8.1　XLS-R

XLS-R[10]はwav2vec 2.0の多言語版であり，128言語，43.6万時間のデータで学習されている。サイズによって複数のモデルがあり，それらの仕様を**表1**に示す。XLS-Rのファインチューニングにより，事前学習に含まれない未知の言語も含めてさまざまな低資源言語の音声認識が効率的に実現できることが示されている。また，英語のみを用いた事前学習と比較して，多言語データの有効性も示されている。

表1　XLS-Rの仕様

	層　数	状態数	パラメータ数
BASE	12	256	95M
LARGE	24	768	317M
X-LARGE	48	1024	964M
XLS-R（2B）	48	1920	2162M

8.2　Whisper

Whisper[11]はOpen AIが開発・公開している汎用的な音声認識モデルである。これ自体で音声認識が可能で，99言語をカバーしている。学習データは68万時間で，うち日本語は2.3万時間である。

基本的な（コンフォーマでない）トランスフォーマに基づいており，サイズによって複数のモデルがあり，その仕様を**表2**に示す。動画に付与された字幕のような音声に忠実でないテキストを使用した弱教師付き学習に基づいて構成されている。そのため，フィラーのない整形されたテキストを出力するが，音声にないテキストを生成すること（ハルシネーション）もある。

表2　Whisperの仕様

	層　数	状態数	パラメータ数
Tiny	4	384	39M
Base	6	512	74M
Small	12	768	244M
Medium	24	1024	769M
Large	32	1280	1550M

Whisperのモデルを対象タスクドメイン，たとえば，特定の騒音環境やアプリケーションのデータでファインチューニングすることにより，それに適応した音声認識システムを構成することもできる。また，未知の言語にもある程度適応することができる。

9. おわりに

本節で解説したEnd-to-Endモデルは，この10年ほどの間で研究開発されたものであるが，学習データや計算環境の大規模化と相乗して，音声認識の性能を大きく向上させた。特に，1つのモデルで多くの言語をカバーできるようになったのは大きい。

かなりうるさい環境やマイクとの距離が遠い条件，さらには複数人が発話する状況ではまだ課題があるが，音声認識はかなり成熟したといって過言ではない。

文　献

1) 河原達也：音声認識技術の変遷と最先端―深層学習によるEnd-to-Endモデル―，日本音響学会誌，**74**(7), 381-386 (2018).
2) A. Graves and N. Jaitly: Towards End-to-End speech recognition with recurrent neural networks, Proc. ICML (2014).
3) A. Graves, S. Fernandez, F. Gomez and J. Schmidhuber: Connectionist temporal classification: Labelling unsegmented sequence data with recurrent neural networks, Proc. ICML (2006).
4) A. Graves: Sequence Transduction with Recurrent Neural Networks, Proc. ICML workshop on Representation Learning (2012).
5) J. Chorowski, D. Bahdanau, D. Serdyuk, K. Cho and Y. Bengio: Attention-based models for speech recognition, Proc. NIPS (2015).
6) A. Vaswani, N. Shazeer, N. Parmar, J. Uszkoreit, L. Jones, A. N. Gomez, L. Kaiser and I. Polosukhin: Attention Is All You Need, Proc. NIPS (2017).
7) 河原達也，三村正人：大規模事前学習モデルに基づく音声認識，日本音響学会誌，**79**(9), 455-460 (2023).
8) A. Baevski, H. Zhou, A. Mohamed and M. Auli: Wav2vec 2.0: A Framework for Self-Supervised Learning of Speech Representations, Proc. NIPS (2020).
9) W.-N. Hsu, B. Bolte, Y.-H. Hubert Tsai, K. Lakhotia, R. Salakhutdinov and A. Mohamed: HuBERT: Self-Supervised Speech Representation Learning by Masked Prediction of Hidden

Units, *IEEE/ACM Trans. Audio, Speech & Language Proc.*, **29**, 3451-3460 (2021).

10) A. Babu, C. Wang, A. Tjandra, K. Lakhotia, Q. Xu, N. Goyal, K. Singh, P. von Platen, Y. Saraf, J. Pino, A. Baevski, A. Conneau and M. Auli: XLS-R: Self-supervised Cross-lingual Speech Representation Learning at Scale, Proc. Interspeech (2022).

11) A. Radford, J-W. Kim, T. Xu, G. Brockman, C. McLeavey and I. Sutskever: Robust Speech Recognition via Large-Scale Weak Supervision, *arXiv*, arXiv: 2212.04356 (2022).

第2節

骨導デバイスを利用した音声コミュニケーション：人と機械による音声認識

北陸先端科学技術大学院大学　鵜木　祐史

1. はじめに

音声コミュニケーションは，人の営みにおいて欠くことのできない最も重要な情報伝達手段である。音声を使っていつでもどこでも誰とでも安心・安全にコミュニケーション（ユビキタス音声コミュニケーション）できることは，私たちにとって必然の要求である。しかし，高騒音環境では，対面であったとしても音声会話が非常に困難になることがある。これは騒音によるマスキングの影響で音の聞き取りが困難になることに起因する。また，高騒音環境では，聴覚保護の観点から耳栓や防音イヤーマフなどを利用しなければならず，相手の音声を聞くために，外部音声入力のある遮音性が非常に高いヘッドホンを利用することになる。

一方，発話者の音声を相手に伝えるためには，集音性能の高いマイク（たとえば，接話マイクや咽頭マイクなど）が必要になる。仮に信号対雑音比の高い音声を集音できたとしても，発話者自身が騒音の影響を受けることで発話スタイルが変わる（ロンバード効果）可能性もある。たとえば，高い防音性能を持つヘッドホンと併用することで聞き取りや音声を発話できるが，音声会話で重要な「言葉の鎖」を考えると，聴覚フィードバック（自身の声を聞いて自身の発話を制御すること）の影響も無視することはできない。

このような状況を打破する技術として骨導デバイスの利用に注目が集まっている[1)2)]。たとえば，**図1**に示すような環境では，骨伝導マイクで発話者の音声を集音し，それを相手側に無線技術などで送信し，骨導スピーカで音声を受聴させることで骨導音声を利用した音声コミュニケーションが実現可能となる。また，骨導マイクで集音した音声を入力，システムからの出力を骨導スピーカで提示することで，マン・マシンインタフェースとして骨導を利用することも可能となる。この場合，発話者や受聴者とも聴覚保護器（耳栓など）を装着したままでも骨導音声を聴取可能であり，聴覚フィードバックの観点からも自身の音声を聞き取りながら正確に発話することが可能となる。

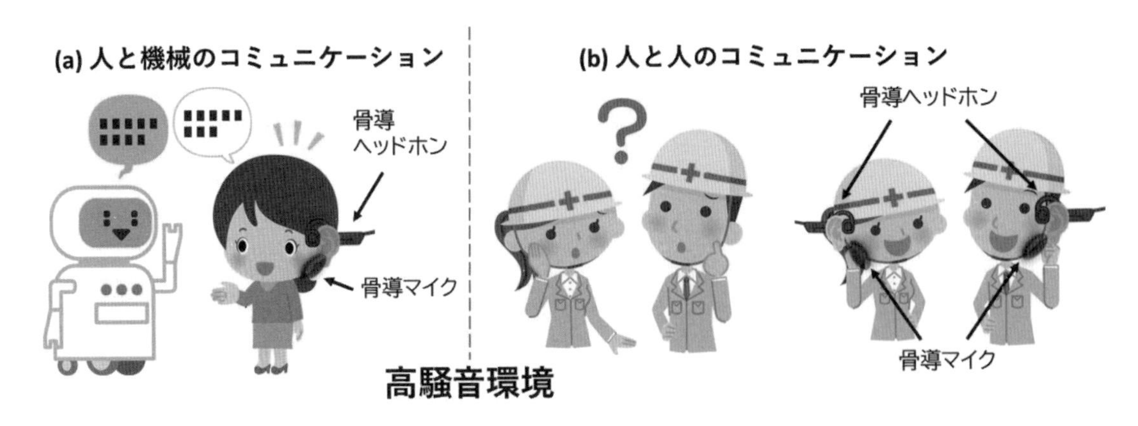

図１　高騒音環境におけるマン・マシン/マン・マン音声コミュニケーション

本節では，骨導デバイスを利用した音声コミュニケーションにおいて，人と機械による音声認識の観点から，発話者からどのように正確に骨導音声を集音するかという課題と受聴者にどのように正確に骨導音声を提示するかという課題について説明し，それらの改善方法について紹介する。

2. 骨導音声の伝搬[2)]

2.1　骨導音声の集音

私たちは，喉から唇にかけての器官を使っていろいろな音を出すことができる。**図２**（a）に示すように，声帯（左右２枚の膜）が呼気流の通過により振動することで，声の元となる音が発生する。この音は声帯音源波と呼ばれ，「喉から唇までの空間」を指す声道を経て，口唇から放射される。声道は共鳴腔であり，喉頭，咽頭，口腔，鼻腔で構成され，音響フィルタの役割を担う。私たちは舌や唇といった調音器官を利用して声道の形を変えることで，声道フィルタの特性を変え，生成される音の音韻や声色を変える。口唇から放射される音は，一般的に音声と呼ばれるが，空気中を伝播するという意味で，気導（AC）音声とも呼ばれる。気導音声は，口唇近くに設置したマイクにより集音可能である。これに対して，音源ならびに口腔・鼻腔から頭骨全体（頭蓋骨や下顎など）を振動して伝わる音は骨導（BC）音声と呼ばれ，骨導トランスデューサ（骨導マイク）を利用して集音可能である。頭骨と骨導マイクの間には，皮膚など軟組織があるため，厳密にいえば，骨導音声はこれらの伝達経路の影響を含むことになる。

骨導音声の集音箇所については，いくつかの報告がある[3)4)]。音声明瞭度の観点から，最も良好に集音できる箇所として鼻骨が取り上げられている[3)]。これ以外にも比較的良好に集音できる箇所として，頭頂部，側頭骨（こめかみ付近），前頭骨（額），上顎骨（頬骨），下顎骨が報告されている[4)]。いずれも後述する骨導受聴の設置点にも深く関係する。骨導マイクの性能や接触，軟組織の伝達特性

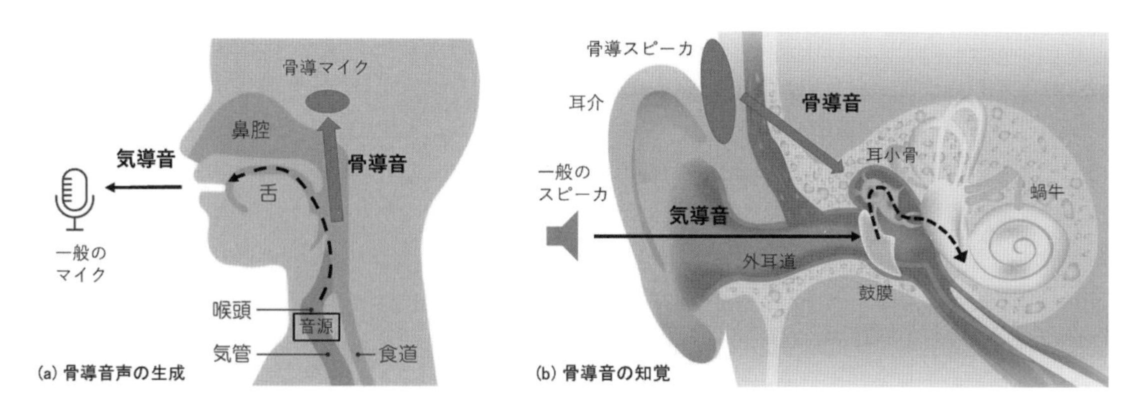

図２　骨導音声の集音と骨導音声の提示[2)]

の影響も含まれることに注意して判断する必要がある。

2.2　骨導音声の受聴

図２（b）に気導・骨導音の提示と聴覚知覚における伝達経路の概要を示す。気導音は音響スピーカで提示されるが，骨導音は骨導スピーカで提示され，骨を伝搬する音である。厳密にいえば，骨導スピーカの伝達特性の他，軟組織（骨導スピーカと頭骨の間にある皮膚など）の伝達特性を加味したものが骨導音として知覚される。音響スピーカによって提示された音は，外耳・中耳を経て，音の圧力変動から骨による機械振動に変換され，内耳で進行波として基底膜振動に変換される。基底膜振動はコルチ器とその後段にある聴神経群によって電気的神経信号に変換され，中枢神経系（脳）へと伝わる。このような複雑な処理過程を経て，私たちは気導音を知覚することになる。一方，骨導スピーカを利用して提示された音は，頭骨を経て中耳・内耳へと骨伝導として伝搬し，骨導音として知覚される。このとき，頭骨から外耳へ伝播される外耳内放射，頭骨から中耳へ伝播される耳小骨の慣性振動，蝸牛へ伝播される蝸牛内液の慣性振動と蝸牛容積の変化，脳髄液からの蝸牛への圧力といった５つの経路があると報告されている[5)]。骨導音の聴取において，どの経路が主要なものであるかについてはいまだ解明されていない。

骨導音の受聴の良否に関わる提示箇所については，いくつか検討報告がある。１つは気導音と骨導音の等価音量計測に基づくものであり，歯や乳様突起が最良箇所であるという報告がある[6)]。もう１つは，骨導補聴器による音提示として，振動音が頭骨をどのように伝搬するか，その仕組みを三次元分析したもの[7)]である。これらの検討においても，骨導スピーカの性能や接触状況，軟組織の伝達特性の影響も含まれることに注意して判断する必要がある。

3. 集音した骨導音声の認識

集音した気導音声と骨導音声に対する音響分析や音声認識実験の結果がいくつか報告されている。

多くの方法は，気導音声と骨導音声の関係を，音源信号と気導音声の関係（声道伝達特性）と音源信号と骨導音声の関係（骨伝導特性）から音源信号を介してまとめており，骨導音声に補償フィルタ（骨導伝導逆特性）と声道伝達特性を付与することで気導音声に復元できると仮定している。そのため，気導音声と骨導音声を同時収録し，両者の関係を調査することで，骨導音声から気導音声への変換処理を導出している。

一般に，骨伝導特性は低域通過特性を有しており，骨導音声はおおむね2kHz以下の成分に制限される。そのため，骨導音声は気導音声に比べ，くぐもった音に聞こえ，その音質も悪く，音声認識性能（音声明瞭度・了解度）も低下する。このような問題を解決するために，上述したような，集音した骨導音声から気導音声へ変換する方法が提案されている[8]。たとえば，骨導音声に長時間観測で得られた骨導伝達特性の逆特性を利用するものである。客観評価では十分な改善が得られるが，了解度といった主観評価では問題が残ることが知られている。これは，厳密には骨導伝達特性の精密測定がなされていないことや，音源信号に施す声道伝達特性が発話内容によって動的に変化することに起因する。そのため，長時間パワースペクトル処理では，聴感上，骨導音声を適切に回復するには限界がある。

最近では，騒音下で収録された気導音声と骨導音声に対し，長時間収録された気導/骨導音声データベースを構築したうえで機械学習を利用した音声回復法や音声認識のフロントエンドも提案されている[9)-11)]。これらの方法は，人による音声認識（音質と了解度試験）や機械による音声認識（単語エラー率）で大幅な改善が得られていることが報告されている。骨導音声回復に気導音声を併用している点が従来と異なる。

ここでは筆者の研究グループで提案した2つの方法について紹介する。

3.1 線形予測に基づく骨導集音音声の回復

図3に示すように，線形予測（LP）分析に基づいた骨導集音音声の回復法（LP法）が提案されている[12]。この方法では，集音した骨導音声と気導音声のLP残差が等しいと仮定し，それぞれの伝達関数をLP係数で構成されるIIRフィルタで表現し，骨導音声から気導音声に回復するものである。回復処理全体の逆フィルタは，安定性・最適性などを考慮するため，LP係数を直接扱わず，線スペクトル周波数（LSF）に変換し，シンプルリカレントニューラルネットワーク（SRN）を事前学習したうえで設計された[12]。

LP法の有効性を評価するために，音声了解度試験の1つであるModified Rhyme Test（MRT）を行った。ここでは，6名の英語母語話者による気導/骨導音声を静音環境で同時収録したMRT用の300英単語を利用した（合計1,800個）。1名のデータをモデルの学習に，残り5名のデータを試験に利用した。その結果，気導音声に対し骨導集音音声の認識率は約25%低下することがわかった。また，長時間パワースペクトルを利用する従来法では約6%の改善が見られるが，LP法では約13%の改善が見られることがわかった。LP法はブラインド回復法であるため，ノンブラインド回復法にすれば（LSF）おおむね18%程度の改善が見込める。

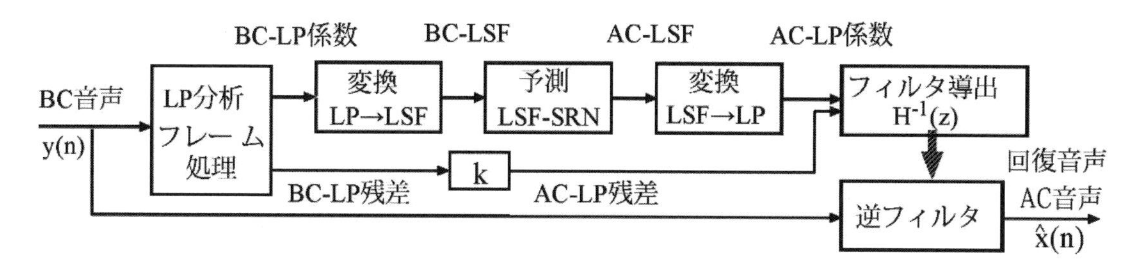

図3 線形予測に基づく骨導集音音声の回復[12)]

LP法に関する改善や高騒音環境における利用・評価も行われている[13)]。75 dBの工場騒音環境下において，ロンバード効果の影響により，骨導集音音声の了解度が静音環境のときよりも約20%上昇すること，さらに提案法を利用することでその了解度を約20%改善できることが報告されている[13)]。

3.2 ベクトル量子化VAEを利用した骨導集音音声の回復

図4に示すように，ベクトル量子化変分オートエンコーダ（VQVAE）を利用した骨導集音音声の回復法も提案されている[14)]。ここでは，図4（左）に示すように短時間Fourier変換からGammachirp聴覚フィルタバンクを導出して得られる出力（周波数軸がERBスケールに変換された聴覚スペクトル）にて，一種のケプストラム係数として得られるGCFCCが利用されている。また基本周波数（F0）は，確率的YIN（PYIN）法により推定され，もう1つの特徴としてVQVAEで利用される。この方法の主なアイデアは，気導音声の特徴（GCFCC）から固定辞書を構築し，骨導集音音声の特徴（GCFCC）を辞書内の正しい項目にマッピングすることである。VQVAEは，有限離散潜在空間によってデータ分布を捉えることができる生成モデルであるため，図4（右）に示すように，VQVAEを使用して，適切に骨導集音音声の回復モデルを設計できる。

3つの客観評価尺度（PESQ, STOI, SER）[15)]を利用してGCFCC-VQVAE法を評価した。ここで

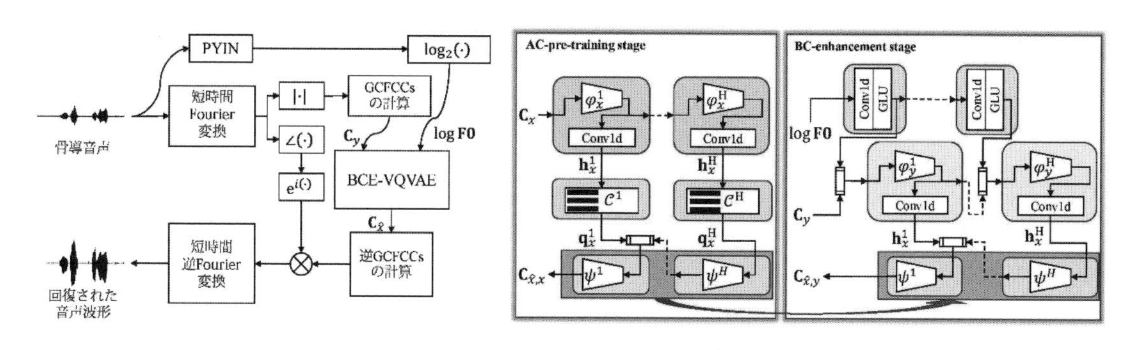

図4 GCFCC-VQVAEを利用した骨導集音音声の回復[14)]

回復法の構成（左）とVQVAEの処理構成（右）

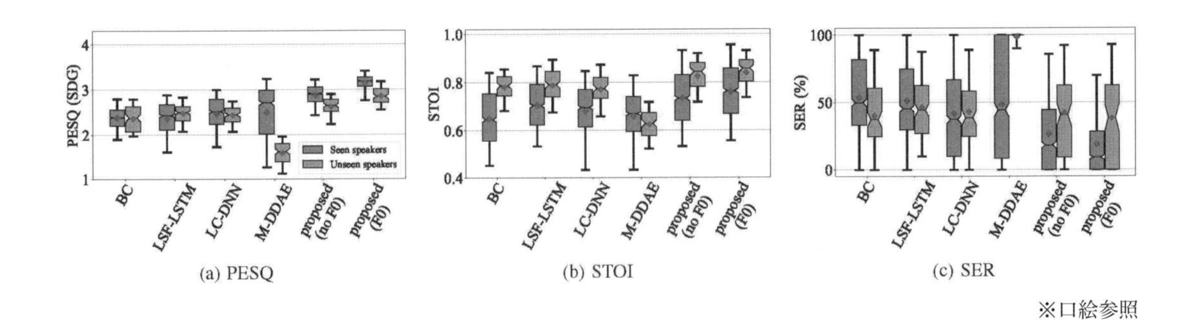

※口絵参照

図５　さまざまな方法を利用した骨導音声回復の評価結果[14)]

は，14 名の日本語母語話者による気導/骨導音声を静音環境で同時収録した音声データベース[4)]を利用した。14 名のうち 12 名の音声を BC-enhancement stage のトレーニングに，残り２名を評価に利用した。また気導音声のための AC-Pre-training stage では，JVS dataset にある parallel100 と nonpara30 にあるクリーン音声をトレーニングに利用した。

図５は，GCFCC-VQVAE 法に対する評価結果を示す。ここでは比較のため，LSF＋LSTM 法，低次ケプストラム（LC）＋DNN 法，メルスペクトログラム（M）＋DDAE 法といった最先端の手法を利用して評価した[14)]。GCFCC-VQVAE 法（proposed）では，F0 の利用あり/なしを用意した。結果は，既知データと未知データの両方に対して示されている。各ボックスの切り欠き，下端，上端の線は，データの中央値，第１四分位値，第３四分位値を示す。上下のひげは５パーセンタイルと 95 パーセンタイルを示す。平均値は赤いひし形のマーカーで示されている。

図５から，GCFCC-VQVAE 法（proposed）は骨導音声を大幅に改善している。特に PESQ と STOI で見ると，既知データと未知データの両方に対して，現行の方法を上回る結果となった。また，GCFCC-VQVAE 法において，F0 情報を利用しないものよりは F0 情報を利用した方が良い性能であることがわかった。

4. 骨導提示した音声の認識

骨導ヘッドホンの利点は，耳をふさがずに音を提示できることであり，周囲の環境音を気導で聴取しながら骨導提示音声を同時に聴取できることである。しかし，骨導集音音声の了解度が気導音声に比べて著しく低下するように，骨導提示による音声聴取においても同様の状況が起こる。さらに，高騒音環境下での骨導音声の聴取では，騒音（気導音）が骨導音声をマスクすることになりその聴取が困難になる。そのため，多くの研究では耳栓など聴覚保護具を利用することで音声了解度の向上を狙っている（特に耳栓を利用した場合は耳閉塞効果により可聴域で 10～20 dB の増幅が見込まれ，音聴取が向上する）。この方法は確かに改善策にはなるが，骨導ヘッドホンの持つ最大の利点（耳を開放できること）が損なわれてしまう。

ここでは，日常生活の環境下における骨導提示音声の認識性能についてどの程度になるのか，さらにはその認識性能を改善する方法について紹介する。

4.1　高域強調処理を利用した骨導提示音声の了解度改善

骨伝音声の伝達経路には，頭部の振動が中耳や内耳に直接伝達される経路や，頭部の振動が外耳道内に空気振動として漏れ出る経路（外耳道内放射）が存在する[15]。このような複雑な伝達過程の影響により，気導音声と骨導音声のスペクトル特徴は大きく異なる。

筆者の研究グループでは，観測可能な2種類の骨導音声（側頭部振動・外耳道内放射音）に着目し，気導音声を基準とした側頭部振動（RT）・外耳道内放射音（EC）の伝達特性を測定した[16]。その結果，RT・ECのいずれも，大域的には気導音声を基準として高域成分が減衰する特性を有していることがわかった。また，骨導伝達特性の直線的な高域減衰あるいは微細なスペクトル変形が骨導提示音声の了解度低下の主要因であることがわかった。そこで，RTおよびECの2種類の骨導伝達特性の逆特性を用いて，骨導デバイスに入力される音声信号の周波数特性を事前に補償する高域強調処理法が提案された[17]。この処理の概略を**図6**に示す。ここでは，高域減衰の補償と微細なスペクトル変形の補償の両方に着目するため，1次強調（FOE）と高次高域強調（HOE）の2種類の強調処理をIIRフィルタで実現した[17]。

骨導音声の聴取を評価するために，親密度別単語了解度試験を行った[17]。この実験には，正常聴力を有する日本語母語話者（大学院学生，男性10名，23～26歳）が参加した。騒音環境を模擬するため，3種類の提示音圧レベル（55, 65, 75 dB）のピンク雑音を用いた。評価対象は5つ（フィルタ処理なしと4つの提案法（RT-FOR, RT-HOE, EC-FOE, EC-HOE））であった。条件数は合計60（処理タイプ5種類×親密度4ランク，雑音レベル3種類）であった。

図7に実験結果を示す。図中の＊（$p<0.05$）と＊＊（$p<0.01$）は3要因分散分析の結果，有意差が見られた組み合わせを示す。この図から，骨導音声の了解度は騒音環境下・低親密度単語において低下することがわかる。主な要因は，骨伝導による高域減衰の影響と雑音提示によるマスキングの影響であると考えられる。

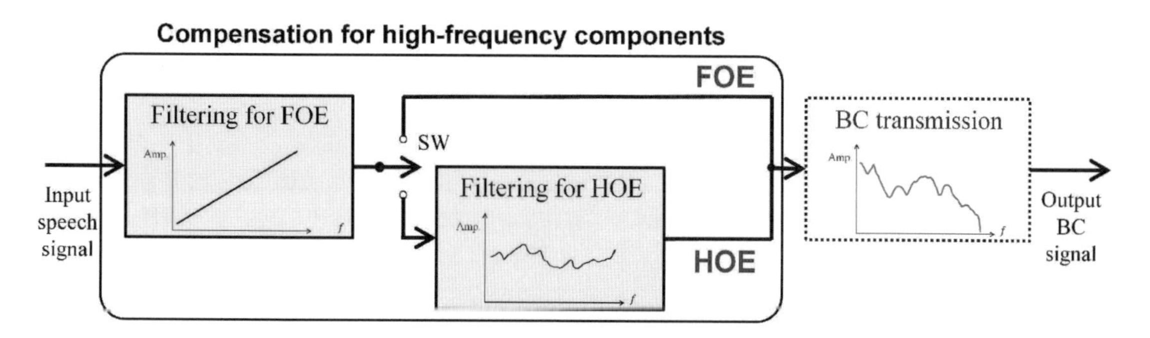

図6　高域強調処理を利用した骨導提示音声の了解度改善[17]

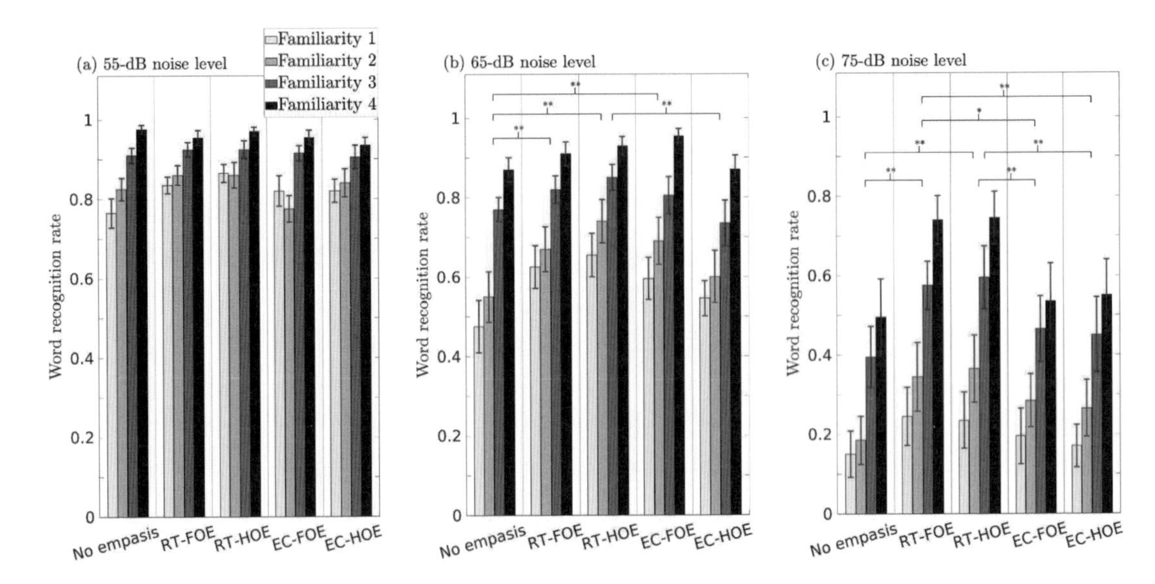

図7　骨導提示音声の親密度別単語了解度試験

(a) 雑音レベル　55 dB，(b) 雑音レベル　65 dB，(c) 雑音レベル　75 dB の結果[17)]

次に処理なしに対し，RT/EC の特性を利用した高次高域強調の場合，RT を利用した場合に有意な改善が見られたが，EC を利用した場合に有意な改善は見られなかった。また RT における 1 次高域強調と高次高域強調の間には有意な差が見られなかった。このことから，RT の 1 次高域強調（RT-FOE）が最善な方法であると判断できる。

4.2　子音強調処理を利用した骨導提示音声の了解度改善

筆者の研究グループでは，子音強調処理による了解度改善法も提案している[18)]。これは骨伝導の特性から音声の子音が最も影響を受け，異聴を招いていることに着目したものである。**図8**に子音強調処理の処理概要を示す。ここでは，ロバスト子音検出処理，子音の強調処理区間の拡張，テーパー処理，子音部の強調処理の 4 つを行う。ロバスト子音検出処理では，有声子音，無声子音を周波数帯域間のパワー比から推定し，それらの統合処理から子音区間検出を行う。子音の強調処理区間の拡

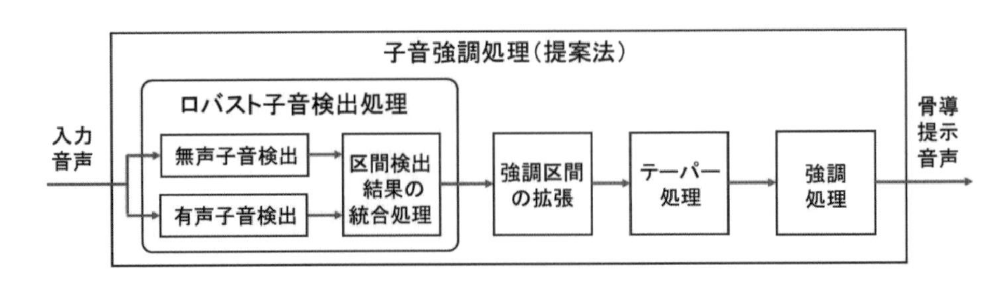

図8　骨導音声提示における音声強調法[18)]

張では，子音の知覚に重要なフォルマント遷移部分を強調するための後処理を行う。テーパー処理では，強調処理の実施による急激な時間振幅の変化が生じないように 10 ms の cos ランプ関数を乗じるものである。最後に選択された子音区間に対して 12 dB の増幅処理を行う。

骨導提示音声の聴取を評価するために，**4.1** で説明した同様の親密度別単語了解度試験を行った[18]。この実験には，正常聴力を有する日本語母語話者（大学院学生，男性5名，女性5名，23～26歳）が参加した。騒音環境を模擬するため，2種類の提示音圧レベル（55, 75 dB）のピンク雑音を用いた。評価対象は4つ（処理なし，RT-FOE，簡便な子音強調：CE，提案した子音強調：CE-IMP）であった。条件数は合計32（処理タイプ4種類×親密度4ランク，雑音レベル2種類）であった。

図9 に実験結果を示す。図の表示は **4.1** で説明した図7と同様である。3要因分散分析の結果，単語正答率に対して強調タイプ [$F(3,27)=30.13$, $p<0.01$]，親密度ランク [$F(3,27)=177.29$, $p<0.01$]，雑音レベル [$F(1,9)=127.08$, $p<0.01$] の主効果が認められた。また，強調タイプと雑音レベルの間に交互作用が認められた [$F(3,27)=30.06$, $p<0.01$]。強調タイプと雑音レベルの交互作用に対する下位検定の結果，雑音レベル 75 dB の下で強調タイプの単純主効果が認められた [$F(3,54)=59.10$, $p<0.01$]。雑音レベル 75 dB での結果について，Holm 法による多重比較検定を行ったところ強調タイプ間で有意差が見られた。

CE-IMP と CE の間に有意差が見られたことから，筆者の研究グループで提案した子音強調処理の効果を確認できた。これは，子音区間検出法の改善効果に起因するものである。また CE-IMP と RT-FOE の間に有意差が見られたことから，時間全体にわたり一貫して高域強調するよりも，子音部のみを選択的に強調する方が，高騒音環境下における骨導提示音声の了解度改善に有効であると考えられる。なお，紙面の制約から CE-IMP の子音区間検出の性能を割愛するが，詳細な性能評価は文献 18）にて実施されている。

今後は，子音強調 CE-IMP と1次高域強調 RT-FOE を組み合わせた強調法などの検討が考えら

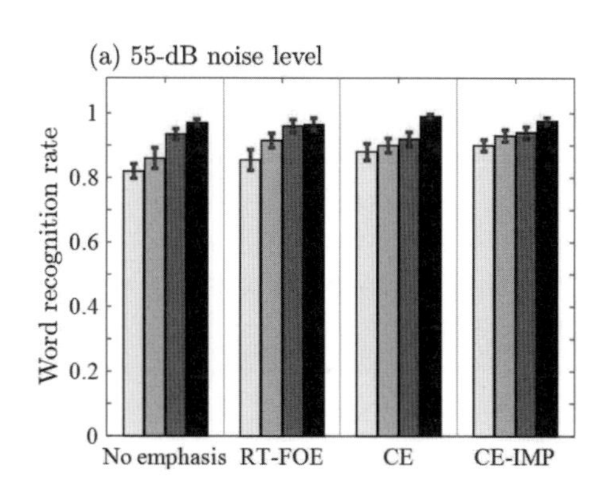

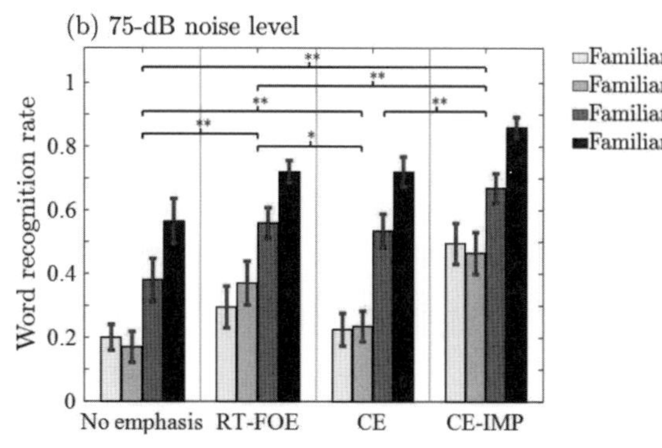

図9 骨導提示音声の親密度別単語了解度試験

雑音レベル（a）55 dB と（b）75 dB の結果[18]

れる。現時点では，深層学習を利用した骨導提示音声の改善法は提案されていないようである。深層学習では，大規模な気導/骨導音声データが必要であるため，ゼロショットのような改善法も難しいかもしれない。

5. おわりに

本節では，骨導デバイスを利用した音声コミュニケーションにおいて，人と機械による音声認識の観点から，人と機械による骨導音声の認識について最新の話題を提供した。特に，発話者からどのように正確に骨導音声を集音するかという課題と受聴者にどのように正確に骨導音声を提示するかという課題について説明し，それらの改善方法について紹介した。題材に挙げた認識は，人による音声認識（音声了解度）が中心であったが，集音した骨導音を利用した機械による認識への応用もある。今後はいずれの方法についても深層学習によるアプローチで検討されることになるだろう。

文 献

1) 伊藤勲，沖由香，黒田英一：骨伝導マイクイヤホン，テレビ誌，**50**(3), 351-357 (1996).
2) 鵜木祐史：骨導音の考え方とその応用，騒音制御，**46**(2), 53-58 (2022).
3) 北守進，滝沢正浩：明りょう度試験による骨導音声の分析，信学論A，**J72-A**(11), 1764-1771 (1989).
4) T. T. Vu, K. Kimura, M. Unoki and M. Akagi: A Study on Restoration of Bone-conducted Speech with MTF-based and LP-based Models, J. Signal Processing, **10**(6), 407-417 (2006).
5) S. Stenfelt: Acoustic and physiologic aspects of bone conduction hearing, *Adv. Otorhinolaryngol.*, **71**, 10-21 (2011).
6) 伊藤憲三，坂本真一：骨導受聴の現状と新しい応用への可能性，日本音響学会聴覚研究会資料，**39**(8), 587-592 (2009).
7) I. Dobrev et al.: Dependence of skull surface wave propagation on stimulation sites and direction under bone conduction, *J. Acoust. Soc. Am.*, **147**(3), 1985 (2020).
8) H. S. Shin, H. G. Kang and T. Fingsheidu: Survey of Speech Enhancement Supported by a Bone Conduction Microphone, *ITG-Fachbericht,* **236**, 26-28 (2012).
9) M. Wang et al.: Multi-modal speech enhancement with bone-conducted speech in time domain, *Appl. Acoust.*, **200**, 109058 (2022).
10) J. Chen et al.: End-To-End Multi-Modal Speech Recognition with Air and Bone Conducted Speech, Proc. ICASSP2022, 6052-6056 (2022).
11) B. Huang et al.: Online bone/air-conducted speech fusion in the presence of strong narrowband noise, *Signal Process.*, **225**, 109615 (2024).
12) T. T. Vu, G. Seide, M. Unoki and M. Akagi: Method of LP-based blind restoration for improving intelligibility of bone-conducted speech, Proc. Interspeech2007, 966-969 (2007).
13) P. N. Trung, M. Unoki and M. Akagi: A Study on Restoration of Bone-Conducted Speech in Noisy Environment with LP-based Model and Gaussian Mixture Model, *J. Signal Process.*, **16**(5), 409-417 (2012).
14) Q. H. Nguyen and M. Unoki: Bone-conducted speech enhancement using vector-quantized variational autoencoder and gammachirp fil-

terbank cepstral coefficients, Proc. EUSIPCO2022, 21-25 (2022).

15) X. Dong and D. S. Williamson: Towards real-world objective speech quality and intelligibility assessment using speech-enhancement residuals and convolutional long short-term memory networks, *J. Acoust. Soc. Am.*, **148**, 3348-3359 (2020).

16) T. Toya, P. Birkholz and M. Unoki: Measurements of transmission characteristics related bone-conducted speech using excitation signals in the oral cavity, *J. Speech Lang. Hear. Res.*, **62**(12), 4256-4264 (2020).

17) T. Toya, M. Kobayashi, K. Nakamura and M. Unoki: Methods for improving word intelligibility of bone-conducted speech by using bone-conduction headphones, *Appl. Acoust.*, **207**, 109337 (2023).

18) Y. Uezu, S. Wang, T. Toya and M. Unoki: Consonant-emphasis method incorporating robust consonant-section detection to improve intelligibility of bone-conducted speech, Proc. Interspeech2023, 849-853 (2023).

第３節

読唇技術：音声情報を利用せずに映像情報のみを用いた音声認識技術

九州工業大学　齊藤　剛史

1. はじめに

音声認識技術の実用化によりPCなどの入力装置は，キーボードやマウスだけでなく音声による選択肢が増えている。これにより両手が使えない状況でも入力が可能となり，全世界の人々の生活が大きく変化した。しかし，喉頭摘出などにより声を出せない人，自動車内や工場内，にぎやかな場所など騒音環境のある場所，公共の場所など声を出しづらい場所，会議など複数人が同時に発話する場所など，音声認識技術の利用が難しい状況が残っている。この問題を解決する手段の１つとして，発声時に口が動くことを利用して，音声情報を用いずに映像情報のみを用いた音声認識技術（読唇技術）がある。

読唇技術は，学術的な枠組みとしては動画像データに対する教師あり学習に分類される。読唇技術の研究対象には，正面顔/横顔などの撮影方向や単音/単語/文章（音素）の認識対象単位などがある。本節では最も研究が進んでいる単語読唇を題材とする。

単語読唇に関しては，読唇技術の黎明期より取り組まれているが，OuluVS[1)]，CUAVE[2)]，SSSD[3)]，LRW[4)]などのデータセットが公開され，深層学習が導入されたことにより，研究が活発になっている。特に大規模データセットの１つであるLRWを用いた研究に関しては，近年，各研究グループが数％の精度を競い合っている。筆者の研究グループもLRWを対象として，読唇に有効な深層学習モデルを検討した。本節では，さまざまな深層学習モデルと，単語読唇におけるその有効性を探ることを目的とし，４つの公開データセットLRW，OuluVS，CUAVE，SSSDに対する実験を報告する。

2. 関連研究

読唇技術に関する研究は数多くあるが，ここでは，LRW[4]を対象とした研究についてまとめる。

LRW は Lip-Reading in the Wild の略であり，2016 年に英国オックスフォード大学の Chung らの研究グループによって公開された英単語データセットである。LRW は，2010～2016 年に放送された英国放送協会（British Broadcasting Corporation: BBC）のニュース番組や討論番組などから切り抜いた発話シーンを収録している。多くのデータセットは，話者がおおよそ指定された姿勢で撮影された発話シーンであるのに対し，LRW はテレビ番組であるものの自然な姿勢の発話シーンが収録されている特長を持つ。話者数は 1,000 名以上であり，英語 500 単語が用意されている。LRW は，学習データ 488,766 シーン，検証データ 25,000 シーン，テストデータ 25,000 シーンの 3 種類の音声を含むビデオデータおよび正解単語ラベルから構成されている。学習データは 1 単語に対して 800～1,000 シーン，検証データおよびテストデータは 1 単語に対して 50 シーンずつ収録されている。全てのシーンには画像サイズ 256×256 画素で切り出された顔画像が提供されている。ビデオのフレームレートは 25 fps，シーン長は 1.16 秒，フレーム数は 29 である。3 種類のデータを合わせた総収録時間は約 173 時間である。

単語発話シーンを収録している大規模公開データセットとして，中国語 1,000 単語を収録している CAS-VSR-W1k（LRW-1000）[5]がある。2024 年 9 月 1 日時点における LRW と CAS-VSR-W1k の State-of-the-art（SOTA）の認識精度はそれぞれ 95.0%，58.2% である。学術的にはタスクの難易度が高い CAS-VSR-W1k を対象とすることが望ましいが，ここでは入手のしやすさを考慮して LRW を対象とする。

3. 基本モデル

ここでは本節で紹介する深層学習の基本モデルなどについて概説する。

前処理：既存手法[3]と同じ前処理を適用する。OuluVS と CUAVE には，話者の顔だけでなく，上半身や背景も含まれている。そこで，まず顔検出器によって入力画像から顔矩形（Region of Interest: ROI）を抽出する。Haar 類似特徴量や HOG（Histograms of Oriented Gradients）を用いた非深層学習のアプローチや RetinaFace のような深層学習モデルなど，さまざまな顔検出器が提案されている。本節では，dlib ライブラリ[6]に実装された顔検出器を使用する。読唇技術では顔全体を用いずに口唇周辺の ROI を利用する。ROI 抽出には，顔特徴点を利用する。dlib ライブラリに実装されている顔特徴点検出器を適用して 68 個の顔ランドマークを検出する。検出された顔特徴点に基づいて，サイズと回転の正規化処理を適用して ROI を抽出する。

3D Convolution：**4.** で後述する検討モデルの多くは ResNet などにより画像特徴を抽出する。入力データは時系列画像データである。このため，最初に三次元の畳み込みを適用する。

ResNet（Residual Network）[7]：既存の CNN モデルに残差ブロックと，Shortcut Connection

を導入したモデルである。CNNの畳み込み層は，Pooling層と組み合わせることで特徴を抽出する役割を持っており，層を重ねることにより高度で複雑な特徴を抽出すると考えられている。しかし，深い構造を用いると勾配消失や勾配爆発により学習が進まなくなる問題が生じる。そこでResNetでは，ある層で求める最適な出力を学習するのではなく，層の入力から参照した残差関数を学習することで問題を解決する。残差ブロックは，畳み込み層とSkip Connectionの組み合わせであり，2つのルートの出力を足し合わせる。残差ブロックの1つは畳み込み層の組み合わせであり，もう1つはIdentify関数である。この構造によって追加の層で変換が不要な場合は，重みを0にすることで対応できる。

WideResNet[8]：ResNetを改良したモデルである。ResNetは層を深くすることを目的としているが，層を深くするにつれて性能に対する計算効率が低下する問題を抱えている。これは特徴再利用の減少問題と呼ばれる層の重みの多くが無意味になってしまうことに原因があると考えられ，WideResNetはこの問題の解決手法として提案された。WideResNetは残差ブロック内の畳み込みに対してチャネル数を増やすことや，ドロップアウトを導入することで計算効率および性能を向上させている。

EfficientNet[9]：画像分類モデルでは精度を向上させるために，層を増やす，モデルの幅（チャンネル）を広げる，入力画像の解像度を上げるなどの工夫が1つずつ独立に実施されていた。一方，EfficientNetは，3つの変更をバランス良く同時に行うCompand Coefficient（複合係数）を導入したモデルである。またEfficientNetでは，Neural Architecture Search（NAS）を用いて自動的にデザインされたEfficientNet-B0～EfficientNet-B7の8つのモデルが提案されている。NASはバランス良く複合係数をスケールさせるための専用のネットワーク構造を自動的に最適化する手法である。

Transformer[10]：RNNやCNNを用いずにAttentionのみを用いたモデルである。Transformerはエンコーダ・デコーダモデルをベースとしており，Self-attentionとPosition-wise Feed-forward Networkが組み込まれている。Self-attentionでは，自分自身のデータ間の類似度，重要度を計算する。Transformerの入力をQuery，Key，Valueに分け，全結合層で特徴量を変換し，KeyとValueの内積を取る。その後，1つのQueryに対して重みの合計が1になるように内積をSoftmaxで規格化する。最後に，得られた重みをValueと掛け合わせることで出力を得る。Position-wise Feed-forward Networkは，データの位置ごとに独立したニューラルネットワークであり，2つの全結合層で構成される。Attention層の後に入っており，Attention層の出力を線形変換する。

Vision Transformer（ViT）[11]：画像をパッチに分けて各パッチ画像を単語のように扱ったモデルである。TransformerはMulti-head Self-attention（MSA），Layer Normalisation（LN）とMultilayer Perceptron（MLP）から構成される。

Video Vision Transformer（ViViT）[12]：三次元データを取り扱うための動画から入力トークンを構成するパッチの取得方法がViTと異なる。ViTでは，画像をパッチに分けて入力トークンを取得していたのに対し，ViViT では時空間軸にパッチをまとめたタブレットを取得する。また，時系列情報を捉える工夫として，２つの異なる役割のエンコーダを持つ。1 つは，空間情報を捉えるためのエンコーダである。これは，同時刻のフレームからトークンを抽出し，相互作用を行い Transformer を通して全体の平均となる分類トークンを作成する。この各時刻の表現を連結したものを２つ目の時系列エンコーダに入力する。２つ目のエンコーダの出力を分類器に用いてクラス分類を実現する。

MS-TCN[13)]：Temporal Convolutional Network（TCN）は系列データに対して CNN を用いたネットワークであり，自然言語や音楽などの時系列データに対するタスクにおいて，LSTM などの RNN よりも高い精度を得ている。TCN は，1D Fully-convolutional Network と Casual Convolutions の組み合わせで構成されている。さらに Martinez らは，Multi-scale Temporal Convolutional Network（MS-TCN）を利用するモデルを提案している。MS-TCN は特徴量のコーディング中に短期情報と長期情報を混同するために，ネットワークに複数の時間スケールを組み込んだものである。

データ拡張：画像認識分野では，画像データに対して，画像を少し回転させたり左右反転させたりなどの操作を適用することで画像データ数を増やすデータ拡張（Data Augmentation: DA）が広く使われている。本節では，ランダムに DA の手法を選択する RandAugment（RA）[14)]を適用する。具体的には，コントラスト強調，色分布の均一化，回転，ソラリゼーション，鮮やかさ調整，ポスタリゼーション，コントラスト調整，明るさ調整，シャープネス調整，水平方向平行移動，垂直方向平行移動，水平方向せん断，垂直方向せん断などの変形処理を適用し，複数枚の画像を生成する。

Fine-tuning（FT）：学習済みネットワークの重みを初期値としてモデル全体の重みを再学習させ，高精度なモデルを構築するために用いられる。本節では４つの公開データセットを用いる。このうち，LRW は他のデータセットよりも規模が大きい。そこで，LRW で学習したモデルを用いて LRW を除く３つのデータセットに FT を適用する。

4. 検討モデル

本項では**図１**に示す６つの深層学習モデルを検討する。

(a) 3D-Conv＋ResNet18＋MS-TCN：3D-Conv＋ResNet で入力フレーム画像から 512 次元の特徴量を抽出する。その後，MS-TCN で得られた特徴の時間的変化を学習する。MS-TCN では，カーネルサイズが3，5，7の３つの畳み込み層を持っており短期情報と長期情報を得ている。

(b) 3D-Conv＋ResNet18＋ViT：3D-Conv＋ResNet で入力フレーム画像から 512 次元の特徴量を抽出し，その後 ViT を用いて時間的変化を学習する。通常では ViT の入力は画像であるが，本モデルでは，抽出した特徴量を画像パッチに見立てて ViT に入力し学習を行う。

(c) 3D-Conv＋WideResNet18＋MS-TCN：(b）のモデルと異なり WideResNet を使用する。ただし活性化関数は ReLU から swish（SiLU）に変更する。学習は，ResNet＋MS-TCN と同

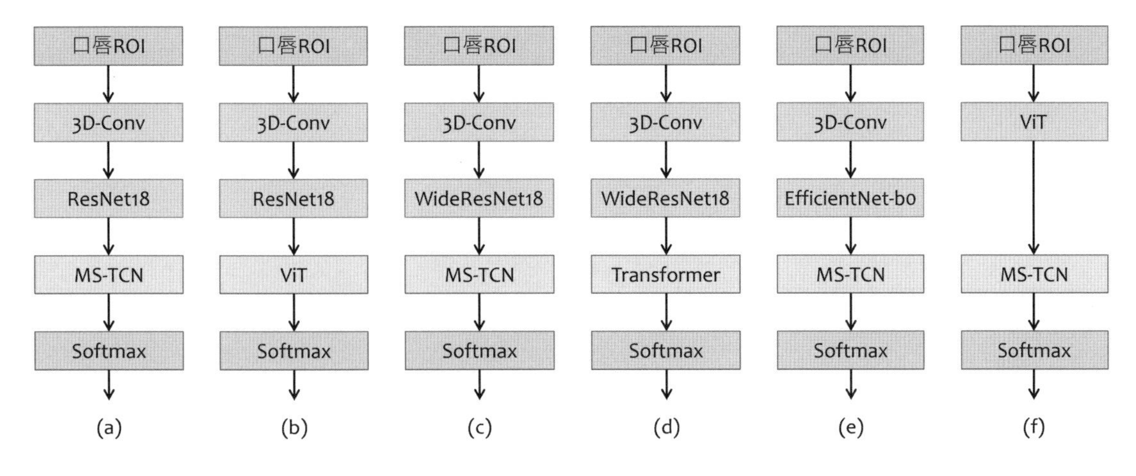

図１　検討モデル

様に行う。

(d) 3D-Conv＋WideResNet18＋Transformer：3D-Conv＋WideResNet で，入力フレーム画像から 768 次元の特徴量を抽出し，その後 Transformer を用いて時間的変化を学習する。Transformer は本来 Multi-head Self-attention であるが，ここでは Single Attention を使用する。

(e) 3D-Conv＋EfficientNet-b0＋MS-TCN：3D-Conv＋EfficientNet-b0 で入力フレーム画像から 512 次元の特徴量を抽出し，MS-TCN で時間的変化を学習する。

(f) ViT＋MS-TCN：ViT で各フレーム画像から 100 次元の特徴量を抽出し，MS-TCN で時間的変化を学習する。ViT では，特徴量として各フレーム画像の先頭に挿入したクラストークンと呼ばれる特徴ベクトルを各フレーム画像の特徴量として抽出する。

5. 評価実験

読唇分野ではいくつかのデータセットが公開されている。本実験では**表１**に示す４つの公開データセットを用いる。

3. で述べた前処理を行い，グレースケールの口唇 ROI を抽出した。LRW，OuluVS，CUAVE，SSSD の口唇 ROI の画像サイズは，それぞれ 96×96 画素，64×64 画素，64×64 画素，64×64 画素である。3D-Conv，ViT，ViViT の入力は，それぞれ 88×88 画素，90×90 画素，87×87 画素からランダムに抽出した画像データである。

各モデルの実装には PyTorch を用いた。学習条件として，最適化手法は AdamW，エポック数は 80 とした。またバッチサイズは ResNet18 および WideResNet18 を用いるモデルに対しては 32，その他のモデルに対しては 16 とした。

表1　実験に使用したデータセット

データセット名	公開年	言語	話者数	発話内容
LRW[4)]	2016	英語	1,000以上	500単語
OuluVS[1)]	2009	英語	20	10挨拶文
CUAVE[2)]	2002	英語	36	10数字
SSSD[3)]	2018	日本語	72	10数字＋15挨拶文

5.1　LRW

表2の上段に他の代表的な論文の認識率，下段に本節の各モデルの認識率を示す。本節のモデルの認識率はSOTAの認識精度には届かなかったが，さまざまなモデルを検討することで以下のことが明らかになった。

特徴抽出器としては，ResNet18が他のモデルに比べて優れていることが確認できる。これは本実験で対象とする口の動きの解析には，人間行動認識など他の動画分類タスクに比べて動きの違いが小さいことが推測できる。また，その他の特徴抽出器で期待した精度が得られなかった要因として，画像の解像度が小さいため，深い層では効果的な特徴量が得られなかったと推測する。本実験で用いた

表2　認識結果（LRW）

モデル構造	認識率［%］
Multi-Tower 3D-CNN	61.1
WLAS	76.2
3D-Conv＋ResNet34＋Bi-LSTM	83.0
3D-Conv＋ResNet34＋Bi-GRU	83.39
3D-Conv＋ResNet18＋MS-TCN	85.3
3D-Conv＋ResNet18＋MS-TCN＋MVM	88.5
3D-Conv＋ResNet18＋MS-TCN＋KD	88.5
Alternating ALSOS＋ResNet18＋MS-TCN	87.0
Vosk＋MediaPipe＋LS＋MixUp＋SA＋3D-Conv＋ResNet18＋BiLSTM＋Cosine WR	88.7
3D-Conv＋EfficientNetV2＋Transformer＋TCN	89.5
3D-Conv＋ResNet18＋{DC-TCN, MS-TCN, BGRU}（ensemble）＋KD＋Word Boundary	94.1
3D-Conv＋ResNet18＋MS-TCN (ours)	87.4
3D-Conv＋ResNet18＋MS-TCN＋RA (ours)	85.3
3D-Conv＋ResNet18＋ViT (ours)	83.8
3D-Conv＋WideResNet18＋MS-TCN (ours)	86.8
3D-Conv＋WideResNet18＋Transformer (ours)	79.2
3D-Conv＋EfficientNet-b0＋MS-TCN (ours)	80.6
ViT＋MS-TCN (ours)	79.9
ViViT (ours)	72.4
ViViT＋RA (ours)	75.6

モデルは画像認識で高い精度を出しているモデルであるが，通常は 224×224 画素などの高い解像度の画像が入力されている。

後段の推論部では，MS-TCN を適用することで高い認識精度が得られる傾向にあることが判明した。MS-TCN に関して，RA を適用した実験を実施したが，認識精度が低下した。これは RA の適用によりタスクに合わない画像データが生成されたり，学習データに適用しすぎて，モデルの汎化性能が低下したためと推測する。

5.2　OuluVS

OuluVS は，男性 17 名，女性 3 名，計 20 名の話者から撮影した 10 文の発話シーンが収録されている。10 文の発話内容は “excuse me”，“good bye”，“have a good time”，“hello”，“how are you”，“I am sorry”，“nice to meet you”，“see you”，“thank you”，“you are welcome” である。各話者は 1 文につき 5 回の発話シーンが収録されている。画像サイズは 720×576 画素，フレームレートは 25 fps であり，話者は白色背景の前で発話している。

評価実験では，話者 20 名に対する一人抜き法を適用し，平均認識率を求めた。ここで，話者 1 名あたりの学習データとテストデータはそれぞれ 19 名×10 文×5 シーン=950 シーン，1 名×10 文×5 シーン=50 シーンである。4 つの学習条件および他手法の認識率を**表 3** に示す。他論文の AE，MF，AU はそれぞれ auto encoder，motion feature，action unit に基づく特徴量を意味する。表 3 より，ResNet18+MS-TCN+RA+FT で最も高い認識精度 97.2% を得た。LRW による FT により認識精度が向上していることが確認できる。

5.3　CUAVE

CUAVE は，男性 19 名，女性 17 名，計 36 名の話者から撮影した発話シーンである。発話内容は “zero”，“one”，“two”，“three”，“four”，“five”，“six”，“seven”，“eight”，“nine” の 10 数字単語である。CUAVE の特長は，正面顔の静止した姿勢における発話だけでなく，話者が左右に動きながら発話したり，横を向いて発話したり，カメラに近づいたり遠ざかったりしながら発話して

表 3　認識結果（OuluVS）

モデル構造	認識率［%］
Multi-Tower 3D-CNN	91.4
AE+GRU	81.2
FOMM_AE+GRU	86.5
{MF+AE+AU}+GRU	86.6
3D-Conv+ResNet18+MS-TCN (ours)	90.1
3D-Conv+ResNet18+MS-TCN+RA (ours)	93.1
3D-Conv+ResNet18+MS-TCN+FT (ours)	95.1
3D-Conv+ResNet18+MS-TCN+RA+FT (ours)	97.2

いるシーンが収録されていることである。さらに2名の話者が同時に発話するシーンも含まれている。画像サイズは720×480画素，フレームレートは29.97 fpsであり，話者は緑色背景の前で発話している。本実験では，話者が静止した姿勢で1名ずつ1単語につき5サンプルずつ発話しているシーンを用いる。

評価実験では，話者36名に対する一人抜き法を適用し，平均認識率を求めた。話者1名あたりの学習データとテストデータはそれぞれ35名×10文×5シーン=1,750シーン，1名×10文×5シーン=50シーンである。4つの学習条件および他手法の認識率を**表4**に示す。表4より，OuluVSと同様に3D-Conv+ResNet18+MS-TCN+RA+FTにおいて最も高い認識精度を得た。

表4　認識結果（CUAVE）

モデル構造	認識率[%]
AE+GRU	72.8
FOMM_AE+GRU	79.8
{MF+AE+AU}+GRU	83.4
3D-CNN (ours)	84.4
3D-Conv+ResNet18+MS-TCN (ours)	87.6
3D-Conv+ResNet18+MS-TCN +RA (ours)	90.0
3D-Conv+ResNet18+MS-TCN +FT (ours)	93.7
3D-Conv+ResNet18+MS-TCN +RA+FT (ours)	94.1

5.4　SSSD

SSSDは，日本語の10数字単語と15挨拶文を合わせた25単語の発話内容に対して，男性38名，女性34名，計72名の発話シーンが収録されている。25単語は「ぜろ」，「いち」，「に」，「さん」，「よん」，「ご」，「ろく」，「なな」，「はち」，「きゅう」，「ありがとう」，「いいえ」，「おはよう」，「おめでとう」，「おやすみ」，「ごめんなさい」，「こんにちは」，「こんばんは」，「さようなら」，「すみません」，「どういたしまして」，「はい」，「はじめまして」，「またね」，「もしもし」である。SSSDはOuluVS，CUAVE，LRWと異なりスマートデバイスを用いて撮影されている。スケールと回転に対して正規化処理を適用された後に抽出された300×300画素の顔の下半分の画像が提供されている。フレームレートは30 fpsである。提供シーン数は72名×25単語×10サンプル=18,000シーンである。また，SSSDに関しては，2019年に第2回機械読唇チャレンジが実施されて，テストデータ5,000シーンも公開されている。

精度評価は第2回機械読唇チャレンジと同じタスクとして，18,000シーンを学習データとして用いて，5,000シーンをテストデータとして用いて認識精度を求めた。その結果を**表5**に示す。表5より，ResNet18+MS-TCN+FTにおいて最も高い認識精度95.14%を得た。OuluVSとCUAVEではRAを適用した場合に高い認識精度を得たのに対し，SSSDはRAを適用しない場合で最高認識率を得ている。これは，OuluVSとCUAVEに比べてSSSDの学習データ数が多く，RAを適用しなくても十分に学習できているためと推測する。

表5　認識結果（SSSD）

モデル構造	認識率［%］
LipNet	90.66
3D-Conv+ResNet18+MS-TCN (ours)	93.08
3D-Conv+ResNet18+MS-TCN+RA (ours)	93.68
3D-Conv+ResNet18+MS-TCN+FT (ours)	95.14
3D-Conv+ResNet18+MS-TCN+RA+FT (ours)	94.86

6. おわりに

本節では深層学習モデルを用いた単語読唇を報告した。筆者らの目標は，このタスクに効果的なモデルを見つけることであった。SOTAモデルを参考に，ResNet，WideResNet，EfficientNet，Transformer，ViTなどのモデルのさまざまな組み合わせを探索した。さらに認識実験ではサイズや言語の異なる４つの公開データセットを用いた。その結果，特徴抽出には3D-Conv+ResNet18，推論にはMS-TCNが適していることがわかった。SOTAを超えるモデルは提案できなかったが，これらのモデルの有効性は確認できた。

本節では，４つの公開データセットを用いて，効果的な単語読唇モデルを検討した。本節で使用しなかった読唇データセットもある。今後，他のデータセットも含めた実験を行う予定である。また，本モデルの構造が読唇に有効であることが明らかになったので，今後はモデルの学習方法についても検証を行う。本節の認識対象は単語であるが，文読唇も近年盛んに研究されている。文の読唇も今後の課題である。

謝　辞

本研究の一部は，JSPS科研費16H03211，19KT0029，23H03787などの助成によるものである。

文　献

1) G. Zhao et al.: *IEEE Trans. Multimedia*, **11**(7), 1254-1265 (2009).
2) E. K. Patterson et al.: *EURASIP Journal on Advances in Signal Processing*, 2002, 1189-1201 (2002).
3) T. Saitoh et al.: 24th International Conference on Pattern Recognition, 3228-3232 (2018).
4) J. S. Chung et al.: 13th Asian Conference on Computer Vision (2016).
5) S. Yang et al.: 14th IEEE International Conference on Automatic Face & Gesture Recognition (2019).
6) dlib library: http://dlib.net/
7) K. He et al.: IEEE Conference on Computer Vision and Pattern Recognition, 770-778 (2016).

8) S. Zagoruyko et al.: 27th British Machine Vision Conference, 87.1-87.12 (2016).
9) M. Tan et al.: 36th International Conference on Machine Learning (2019).
10) A. Vaswani et al.: 31st Conference on Neural Information Processing Systems (2017).
11) A. Dosovitskiy et al.: 9th International Conference on Learning Representations (2021).
12) A. Arnab et al.: IEEE/CVF International Conference on Computer Vision, 6816-6826 (2021).
13) B. Martinez et al.: IEEE International Conference on Acoustics, Speech and Signal Processing, 6319-6323 (2020).
14) E. D. Cubuk et al.: *Advances in Neural Information Processing Systems 33*, 18613-18624 (2020).

第１節

脳活動信号を用いた言語情報の抽出と音声合成技術の動向

東京科学大学　吉村　奈津江

1. はじめに

私たちの生活のなかで，頭で考えるだけで人と対話ができたり，モノを操作することができたりしたら，どんなに便利だろうと考えたことが誰しも一度はあるかもしれない。そのような世界は1990年代ごろからSF映画で描かれ始め，今や本当に実現できるかもしれないと思わせるニュースや記事が発表される機会が増えている。この背景には近年のITやAI技術の飛躍的な発展が大きく貢献しており，Brain（脳）とTechnology（技術）を掛け合わせた「ブレインテック」分野としてさまざまな学術や産業分野にすさまじい速さで広がっている。頭で考えるだけで対話や操作をするために，私たちの「脳」から何らかの信号を記録することが試みられているわけだが，本節ではこのアプローチについて概説するとともに，脳活動信号から言語情報の抽出や音声合成を行う技術についてその動向と将来展望を紹介する。

2. 脳活動信号の計測方法

脳から計測できる信号にはどのようなものがあるだろうか。私たちが見たり，聞いたり，何か考えたり，寝ているときでさえ，脳は常に活動している。脳は役割によっておおむね領域が分かれており，何か音を聞いたときには耳に近い聴覚野と呼ばれる領域にある神経細胞が発火する（**図１**）。この活動を捉える手法はいくつか存在する（**図２**）。

たとえば，神経細胞の発火は電気的なスパイク信号であるため，その神経細胞に直接電極を刺せばスパイク信号を検出することができる。この手法は単一ニューロン記録法（single unit recording: SUR）と呼ばれる。また，音を聞いたときに聴覚野にある多数の神経細胞が発火した結果として生じた多数のスパイク信号は，それぞれ混ざり合いながら脳内を伝搬し，頭蓋骨などの脳内組織を通過

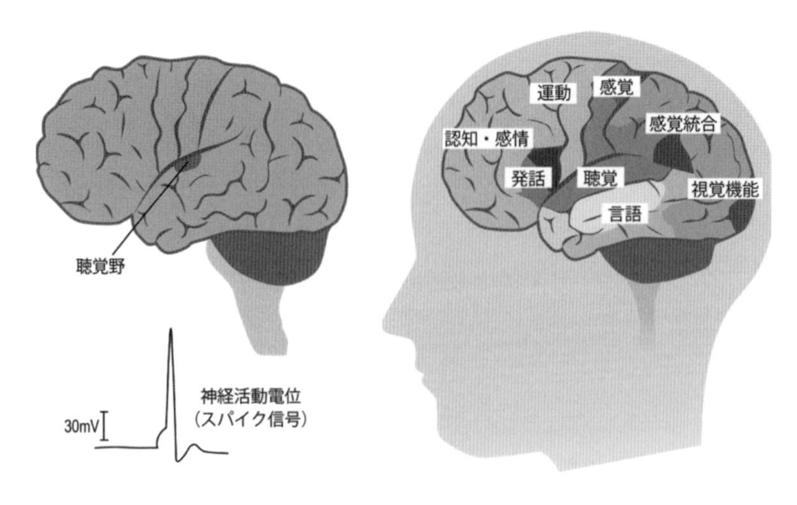

図１　神経細胞の発火と脳の役割分担

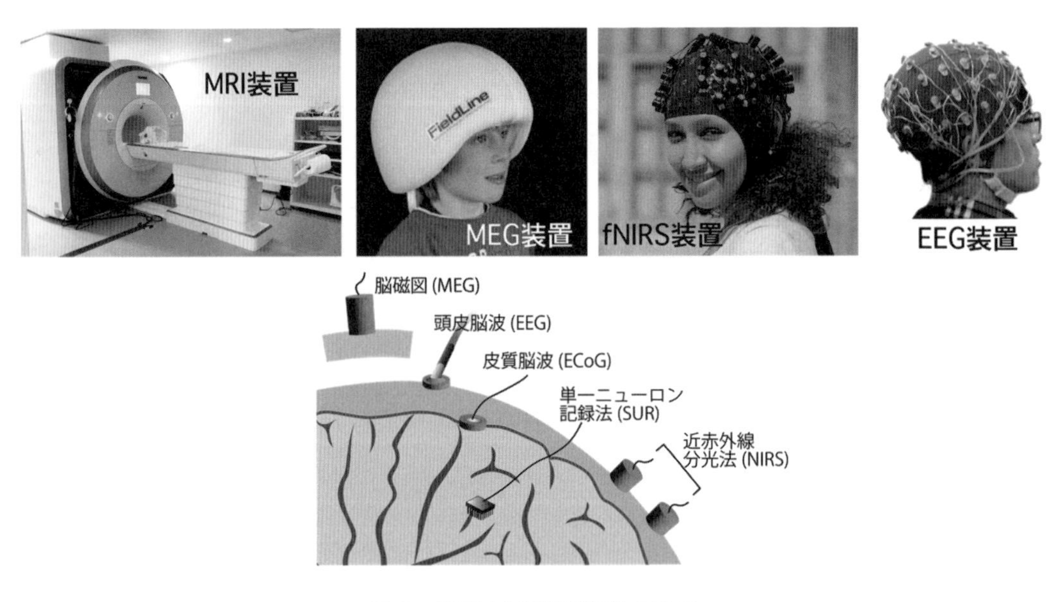

図２　脳活動信号計測手法と装置

して頭皮に到達する。したがって，電気信号を検出できるセンサを頭皮に接触させることで時々刻々と変化する脳活動信号を記録することができる。これが頭皮脳波（electroencephalography: EEG）である。一方，電気信号が検出できるということは，同時に磁場も形成されているため，微小な磁場が検出できるセンサを頭皮付近に配置することでEEGと同じように時系列信号として記録できる。これが脳磁図（magnetoencephalography: MEG）である。しかし，神経細胞の発火が頭皮の外側にもたらす磁場の大きさは10^{-13}～10^{-15}テスラといわれ，地磁気（10^{-5}テスラ）と比較すると極めて微弱なため，脳活動由来の信号を検出するためには超高感度なセンサと装置が必要となる。

さらに電場と磁場以外にも，神経細胞の発火に起因する脳内の血流変化を捉える手法も脳活動信号の計測手法として2種類存在する。1つは機能的磁気共鳴画像法（functional magnetic resonance imaging: fMRI），もう1つは機能的近赤外線分光法（functional near-infrared spectroscopy: fNIRS）である。発火した神経細胞の場所やタイミングを血流変化で捉えられるのは，神経細胞の発火による代謝活動を補うために，酸素を多く含んだ酸化ヘモグロビンを血流に乗せて，発火した場所に届ける必要があるためといわれている。fMRI，fNIRSいずれも，酸化ヘモグロビン量の変化を検出することができるシステムである。

これらの脳活動信号の計測手法のなかで，どの手法が脳内の言語情報の抽出や音声合成に適しているだろうか。私たちの日常生活における人とのコミュニケーションを思い浮かべると，相手の言葉を聞き，意味を理解し，返答を返す，という一連のサイクルが脳内で半ば並行して行われていることが想像できる。この一連の脳内機構は未解明であるものの非常に速い神経伝達が行われていると考えられることから，血流変化を捉える手法よりも電場や磁場を捉える手法の方が適していると予想される。しかし，頭の外側から計測する電場や磁場，つまり脳を傷つけない非侵襲的と呼ばれる手法で脳内のどの領域が活動しているのかを精密に捉えるのは原理的に難しいことが知られている。そのため，欧米では外科的手術により脳の神経細胞に直接電極を刺すSURや，てんかんという疾患患者に対する臨床的な治療の一環として行われる外科的手術において，頭蓋骨の下にある大脳皮質上に数週間留置される皮質脳波（electrocorticography: ECoG）などの，いわゆる侵襲的と呼ばれる手法で計測した時系列信号を用いて音声や言語情報の抽出を試みる研究が中心となっている。次項では欧米での取り組みも踏まえた具体的な例と，非侵襲的な信号を用いた例や可能性について議論していく。

3. 意思伝達を目的としたブレイン・マシン・インタフェース（BMI）

ブレイン・マシン・インタフェース（BMI）またはブレイン・コンピューター・インタフェース（BCI）は，何らかの手法で記録した脳活動信号の解析結果をコンピューターやロボットの動作コマンドとして利用することで，頭で考えただけで操作できるシステムである（**図3**）。脳機能解明が主に運動機能で先行してきたことや，脳の一次運動野と呼ばれる場所は個人差が少なく特定が容易であるため，BMIは主に運動機能の補完を目的に発展してきた。考えるだけでパソコンのカーソルを動かす，ロボットアームを動かす，などである[*1]。これらは脳卒中後や事故で四肢麻痺となったユーザーの生活の質（QOL）向上に役立つものとして，現在でもEEGや筋電信号（EMG）を利用したものの実用化が進められている。

その一方で，近年のAI性能の大幅な向上による大規模言語モデル（LLM）の出現により，BMIのターゲットも運動から言語情報の抽出に大きくシフトし加速している。この動向にはイーロン・マ

[*1] https://www.youtube.com/watch?v=QRt8QCx3BCo

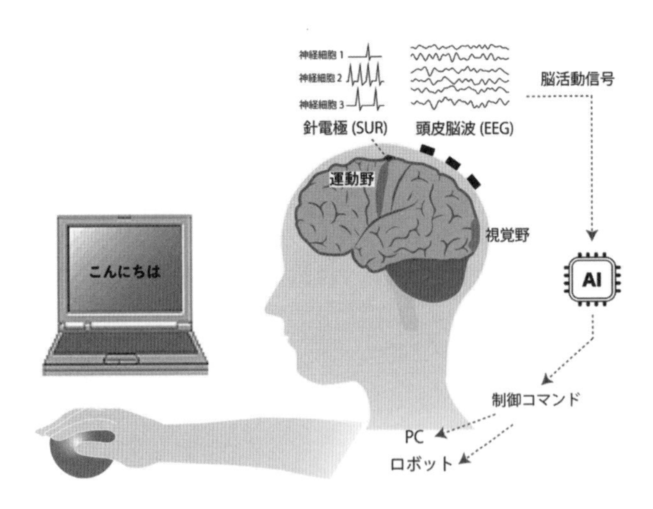

図3 ブレイン・マシン・インタフェース（BMI）・ブレイン・コンピュータ・インタフェース（BCI）

スク氏が経営するNeuralinkにおける，人の脳への電極埋め込みに関する取り組みが大きく影響している。それぞれの脳活動信号計測法を用いて，どのように言語情報の解読が試みられているかを次にまとめる。

• SURを用いたBMI

脳皮質の神経細胞の活動電位を直接記録できるため，最も正確に活動の有無を記録できる手法である一方で，記録できる信号が局所的なため，どの神経細胞をターゲットとして電極を刺すかが重要となる。前述したように一次運動野の場所は個人差が少なく，特に手の運動にかかる領域は外見的形状から特定が容易であるために（**図4**），最も多く針電極が留置されてきた。この信号を用いてロボットアームを動かした研究は著名であり[1)]，手の動きを解読する場合にはこの場所を利用するのが最も確実である。この信号を言語情報の解読に応用する場合には，手でパソコンのカーソルを動かすイメージでキーボード入力を行う手法が利用されてきたが[2)]，2021年にはアルファベットの文字を手書きする際の手の動きを用いることで，飛躍的に文字入力速度を向上させた“brain-to-text”研究が発表され，大きな話題となった[3)]。1分間に90文字の入力が94.1%の正解率ででき，この研究グループの調査によるとスマートフォンでの平均入力速度が1分間に115文字であること

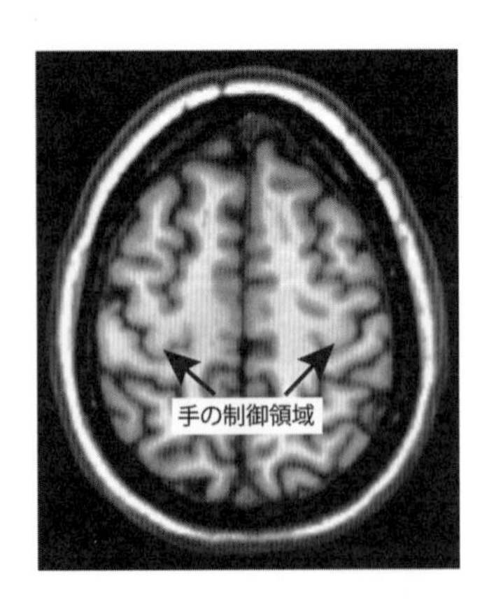

図4 手の運動制御領域

を考慮してもほとんどストレスがないレベルとなっている*2。brain-to-text ができればその後に text-to-speech 技術を適用することで，SUR 信号から意図した言葉を合成音声として出力することは可能であろう。

• ECoG を用いた BMI

ECoG 電極は，てんかんと呼ばれる疾患において発作が発生する脳領域を特定する目的で一時的に留置される。言語機能に関する領域が多い側頭部に電極が留置される症例が多いことから，言語情報を抽出するための BMI 研究に ECoG データが利用されることも多い。最近の例では，2023 年に Metzger らが，患者の ECoG 信号を用いてアバターが話す，という研究を発表している[4]。この仕組みも brain-to-text 技術であり，患者が文章を無声発話（口パク）中の信号から音韻を推定して text-to-speech 技術で音声合成をする一方で，患者の口の動きをアバターに搭載し，1 分間に 78 単語（中央値）を 75％程度の正解率（中央値）でリアルタイムにアバターが話す技術を確立している。アバターに患者自身の声質も搭載することで，頭で考えた言葉をアバターが代わりに話してくれる未来の可能性を示している*3。

• fMRI を用いた BMI

fMRI は医療機関で精密検査や脳ドックに用いられる大型の装置であり，外科的手術を利用しない非侵襲的な脳活動信号計測の手法のなかで最も空間分解能が高いことが知られている。そのため言語機能の解明に向けてこれまで多くの研究で fMRI が利用されてきた。しかし fMRI では，神経細胞の発火に伴い局所的に消費される酸素を補うための血流量の増加を捉えているため，神経伝達からの時間的遅れがあることから，脳内の音声処理解明との相性は低いといえる。代わりに視覚情報処理の理解や解読の目覚ましい発展に貢献し，人が見た画像や思い出した画像を fMRI から再構成する，いわば brain-to-image の実現可能性が示されている[5][6]*4。現在の AI で実現している image-to-text 技術と組み合わせれば，人が思い出した画像の内容が AI によりテキスト化され，それを text-to-speech 技術で音声化することが可能であろう。

• fNIRS を用いた BMI

fNIRS は fMRI と同様に，脳内の血流変化を検出する手法である。fMRI よりも簡易的に計測できる分，空間分解脳は低くなる。また，頭皮から近赤外光で血流内の酸素化・脱酸素化ヘモグロビンの変化量を測定するため，外部の光，毛髪，頭皮の色，厚さの影響を受けやすい。そのため額にセンサを設置するタイプの需要が高く，BMI の観点からは精神疾患の種類の判別を目的とする流れが主流である。しかし，音声情報の抽出ではないものの言語や意思抽出の精度向上をサポートする目的で，

*2　https://www.youtube.com/watch?v=mLF7B1Bwi4E
*3　https://www.youtube.com/watch?v=iTZ2N-HJbwA
*4　https://www.youtube.com/watch?v=jsp1KaM-avU

EEGとの併用を提案する研究も出てきている[7]。

・MEGを用いたBMI

MEGは神経細胞の発火に伴うスパイク信号が頭皮まで伝達した際に作られる磁場を検出するものである。空間分解能は非侵襲的手法のなかでfMRIに次いで高いとされており，fMRIのような時間的遅れもないことから，さまざまな機能解明だけでなく運動情報の解読を目的としたBMIでも高い精度を実現してきた[8]。言語情報の解読においても，5種類のフレーズを有声（声に出して）および無声発話（口パク）中の信号に，時空間および周波数情報を組み込んだ畳み込みニューラルネットワーク（CNN）を適用することで80%以上の精度で識別できることを示す研究が発表されている[9]。これまでのMEG装置は，極めて微弱な磁場を検出するSQUIDセンサが超電導状態の維持に液体ヘリウムを要するため大型であり，BMIの利用としては他の装置と比較して不向きと考えられていた。しかし近年では室温で計測可能なセンサが開発され始めていることから，今後はMEGを用いた言語や音声の解読もさらに進むであろう。

・EEGを用いたBMI

EEGはこれまで紹介してきた計測手法と比較して低価格化が現在最も進んでおり，ブレインテックの今後の発展を左右するものといっていいだろう。神経細胞によるスパイク信号が頭皮まで到達した微弱な電気信号を記録するため，EEG電極と頭皮との間の接触抵抗の影響を大きく受ける。近年の脳波計開発技術の発展によりかなり改善はされているものの，毛髪が接触抵抗の安定の妨げとなり信号の再現性確保が困難なことは依然として課題である。そのような状況でも，EEGを利用したBMI研究は増加の一途をたどっており，特に近年ではAI業界の研究者の参入が盛んである。

EEGを利用した言語を伝えるBMIで最も古くからあるものは，点滅光に対する反応波を利用したものである。本節の主旨から外れるため詳細は割愛するが，点滅する文字盤のなかから入力したい文字を見つめることで入力できるシステムである[10]。反応波を利用するため高精度で個人差も少ないが，点滅刺激を見つめることに抵抗を訴える声もある。点滅刺激を用いたBMIの次に伝統的で今でもポピュラーなものはSURと同様に運動方向の意図を解読するものであり，右左の判別で9割近い正解率を出せるとして，深層学習でいかに安定した精度を出せるかの競争が激しくなっている。個人差の影響で3割程度の人では正解率が上がらないという報告もあるが，SURのケースと同様にパソコンの文字盤のカーソルをEEGで操作することで文字を伝えるbrain-to-textの方向性が主流である。この精度が向上し安定すれば，SURやECoGと同様にtext-to-speech技術で音声合成が可能である。その他にも，EEGでは直接音声合成brain-to-soundを行う取り組みも存在するがそれについては次項で紹介する。

以上の例をまとめると，現在のBMIでは言語情報の抽出に口や手の運動情報を使っていること，そしてLLMを利用したbrain-to-textで脳活動情報をテキスト文字に変換し，それをtext-to-speech 技術を使って音声に変換することで，脳活動信号から音声合成をしていることがわかる。では，言語モデルや text-to-speech 技術を使わずに，脳活動信号から直接音声や言語を合成することは可能だろうか？　次項ではそれらの取り組みの意義と現状について記述する。

4. 脳活動信号を用いた音声・言語情報の抽出

脳活動信号から直接音声や言語の合成を行う取り組みは現在世界的なブームになっているが，厳密に言うとほとんどが brain-to-text であり，brain-to-sound の観点では EEG 以外の脳活動信号計測を含めてもいまだ実現できていない。以下に示す２つの理由のために，脳活動信号からの直接的な解読は技術的にまだ困難であるのが現状である。

- 運動制御と比較して，音声や言語に関する脳内信号伝達の解明が遅れている
- 運動制御と比較して，音声や言語に関する脳領域は広範囲で，個人差も大きい

そのため，BMI の構築という観点でコミュニケーションが成立することが主眼であれば，音声そのものを脳活動から合成せずとも前項のように高精度な brain-to-text モデルを構築する方が近道であるといえる。

では，脳活動信号から直接音声や言語の合成を行う意義は何か？　この技術が確立すれば，その人が聞こえている音そのもの，あるいは頭に浮かんだ表現そのものが，音声として出力できる可能性がある，ということが最大のポイントとなる。つまり，きちんと聞こえている人からは意味のある言語として出力され，聞こえなかった，理解できなかったという人からは曖昧な言語として出力されるのである。これができれば，難聴や認知症など，客観的に聞こえ方のレベルを把握することができない対象者の状況を理解できる技術確立につながるという意義がある。また，随意運動機能が失われる症状がある筋萎縮性側索硬化症（ALS）患者では，運動機能に関する脳活動信号が利用できない可能性があるため，このようなユーザーにも利用可能な BMI が確立できる可能性がある。

実際，脳活動信号から直接音声合成，つまり brain-to-sound を試みる論文も増えてきた。音声信号は**図５**に示すように高周波成分の多い波形のため，脳活動信号から合成するためには，元の音声をメルケプストラム係数という低周波成分で構成された波形群に分割し，その波形群を推定するという手法が通常採用される。したがって，この波形にいかに近い波形が推定されたかで合成

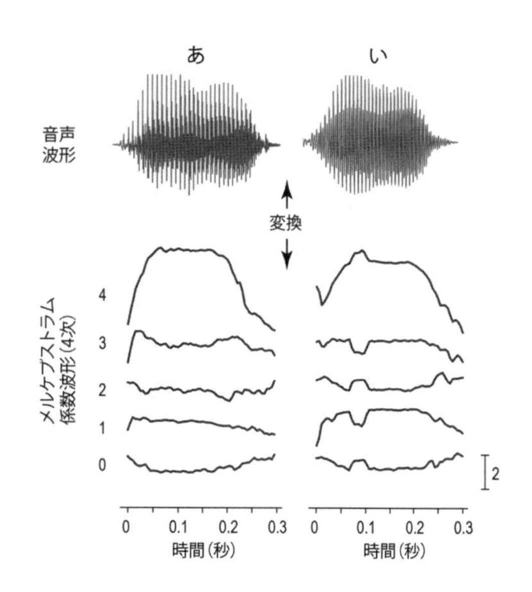

図５　音声波形とメルケプストラム波形の相互変換例

モデルの性能を評価し，ほとんどの研究では目標波形と推定波形の2本の波形の類似度を示すピアソンの相関係数で評価されている。しかし，ここで1点注意すべき点がある。それは，確かに相関係数が高ければモデルの性能が高いことになるのだが，推定された波形から音声に戻した際にどの程度内容が聞き取れるかという点もモデル性能を評価するうえで重要だという点である。元に戻した音声の聞き取り評価まで行っている論文はほとんどないが，ECoG電極を用いた論文で行われているので以下に紹介する[11)12)]。

ECoG電極はてんかん患者に対して臨床上必要な脳領域に一時的に留置され，主に側頭部の言語関連領域に限定して電極が設置されることが多い。Anumanchipalliらの研究[11)]でもてんかん患者を対象として，指定された文章を有声あるいは無声で読み上げているときのECoG信号を記録し，その信号とともに患者の口の動きの情報を双方向型のLSTMモデルに入力して音声合成器を学習させている。その結果，実際に読み上げた文章に近い音声で構成される音が合成されることを示している[*5]。一方，Angrickらの研究[12)]でもてんかん患者が単語を有声で読み上げる際のECoG信号を記録し，CNNの一種であるDenseNetモデルを用いて音声合成を試みている。いずれの研究でも生成された音声の明瞭性についてはさらなる検討が進められると思われるが，Angrickらの手法では話し始めのタイミングが再現できていることは特筆すべき成果である。またいずれも精度の評価は波形の相関係数（r）で行っており，精度が高い患者でr=0.65～0.70程度となっている。

Anumanchipalliらの研究を例に相関係数と合成音声の質との関係について考える。有声時のECoG信号から合成した波形と目的波形との相関係数はr=0.35～0.65程度であり，統計的に有意な相関があると記されている。その一方で，聞き取り評価については，文章の合成音では90%近い確率で内容が聞き取れているのに対して，単音の合成音では60%未満となっている。これは相関係数が比較的高いr=0.6であっても耳で聞き取れるほどの明瞭さは実現できていないことを示している。さらに，無声時の信号では相関係数はr=0.05～0.5と低下し，合成した音声もかなり不明瞭になっていることも論文に示されており興味深い。つまり，口の動きだけでなく発話に関する声帯や舌など全体の運動に関する信号が合成精度に大きく貢献しており，発話を伴わず聞いているだけのような脳活動信号ではまだ音声合成が難しいことを示唆している。これは前項で紹介した文字を入力するBMIでも同様で，手の動きや発声時の口の動きに関する脳活動信号を使うことで高い精度を実現していることが理解できる。

では，運動情報が含まれていない脳活動信号からは音声合成はできないのだろうか？　筆者らは発話を伴わずに聞いているだけのEEGから音声合成brain-to-soundができる可能性を2021年に発表している[13)]。この研究では，日本語の「あ」「い」2種類の母音の音声とホワイトノイズを聞き，その音を思い出すという課題を参加者が実施している際のEEGを計測し，そのEEG信号から聞かせた音（あ，い，ホワイトノイズ）を音として合成した。合成した音声は耳で聞いて違いがわかるほど明瞭であったことから，頭皮から計測したEEGの可能性を示すものと考えられる。

*5　https://www.youtube.com/watch?v=kbX9FLJ6WKw

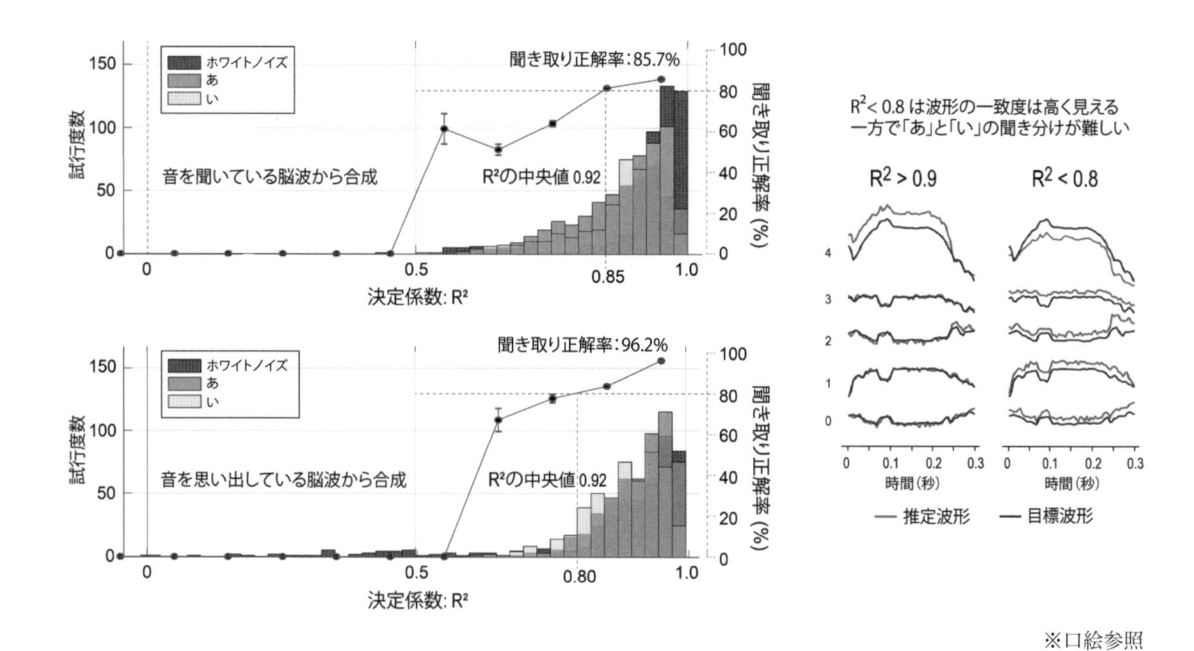

※口絵参照

図６　Akashi らの研究[13]で行われた母音音声の傾聴・想起時の EEG による音声合成結果

（左）：全ての試行においてメルケプストラム波形の一致度を決定係数 R^2 として算出しヒストグラムで表示。傾聴（上），想起（下）いずれも中央値は 0.92 と高く，19 人の他者による聞き取り正解率は R^2 が 0.8 を超えると高い。（右）：決定係数 R^2 の違いによる波形比較と聞き分けの実態。R^2 が 0.8 未満の場合，波形の一致度は一見高く見えるが，合成した音声では「あ」と「い」の聞き分けは困難であった

この研究では目標波形と推定波形がどの程度一致しているかが音声の明瞭さに重要と考え，相関係数ではなく決定係数 R^2 を用いて精度を評価している（**図６**）。２つの波形が完全に一致していたら最大値 $R^2=1$ となる指標である。10 名の参加者が３種類の音声を 50 回ずつ聞いたため，合計で 150 試行分のデータがあり，その全ての決定係数をヒストグラムで示した結果が図６（左）である。これを見るとわかるように，聞いているとき（上），思い出しているとき（下），いずれの EEG で合成した場合も決定係数の中央値が 0.92 という高い一致度を示している。さらに，この全ての試行の合成データについて，別の参加者 19 人に「あ」と「い」の聞き分けテストを実施した結果（ホワイトノイズは聞き間違えることがないため除外），図６（左）の折れ線グラフに示す通り，決定係数が 0.8 〜0.85 程度あれば聞き分け成功率が 80％を超えるという結果となった。これは言い換えると，波形の一致度を見た限りでは精度が高いと思われる決定係数 0.7 程度（相関係数では 0.8 以上に相当）では聞き分け成功率は 60％程度になってしまうということになる。実際に筆者らのデータで決定係数 0.8 未満の音声を聞き比べてみると，「あ」と「い」の区別がしづらいことも確認している（図６（右））。このことから脳活動信号から直接音声合成を行う場合には，実際に耳で聞き取れるかどうかの評価が重要であることが理解できる。

このEEG研究ではシンプルな２母音「あ」「い」の音声合成ではあるが，Anumanchipalliらの ECoGの結果で単音の聞き取り精度が60%未満であることを考えると，音声や言語情報を合成するためには，側頭部の言語関連領域だけでなく広範囲な脳領域からの信号を使うことが有益である可能性が示唆される。したがって，脳活動信号から直接音声を合成するbrain-to-soundの確立においては，いずれの計測手法であってもいかに広範囲な脳領域から再現性の高い信号を多く計測できるかが重要と考えられる。

5. 脳活動信号を用いた言語情報抽出と音声合成の展望

今後brain-to-text/soundはどのように発展するであろうか？　まずbrain-to-textについては，LLMも並行してさらなる進化が期待できるため，文字の手書き運動や無声発話（口パク）時の脳活動を利用した手法の精度向上が進められると考えられる。侵襲的なSURではNeuralinkなどの企業による電極埋め込みが推進され，非侵襲的なEEGでは大規模データ計測によってLLMのように深層学習モデルの飛躍的な精度向上を狙う取り組みが加速するであろう。一方brain-to-soundでも同様に，広範囲な脳領域からの信号計測を目指して電極埋め込み数の増加や大規模データ計測の取り組みが行われると考えられる。しかし，非侵襲的な手法の場合には，同じ思考を行っていても同じ信号が計測できない再現性の問題が大きな課題となる。これは言語情報抽出や音声合成に限らず，かなりの高精度が出ている運動情報抽出においても同様の課題であり，現在でも課題克服に向けた取り組みが世界中で行われている。また，アルゴリズム開発だけでなく，特に非侵襲式の場合にはハードウェア開発も今後の発展に重要である。装着の容易性，外観，信号の質，コストの４要素を備えたヘッドセットが開発されれば，一般ユーザーへのヘッドセットの普及が進み，大規模データ収集が飛躍的に加速する。信号の再現性の低さを吸収できるだけの大規模なデータを得ることができれば，私たちの生活の一部となるようなbrain-to-text/sound技術が構築されるであろう。

文　献

1) L. R. Hochberg et al.: *Nature*, **485**, 372-375 (2012).
2) L. R. Hochberg et al.: *Nature*, **442**, 164-171 (2006).
3) F. R. Willett et al.: *Nature*, **593**, 249-254 (2021).
4) S. L. Metzger et al.: *Nature*, **620**, 1037-1046 (2023).
5) Y. Miyawaki et al.: *Neuron*, **60**(5), 915-929 (2008).
6) F. L. Cheng et al.: *Science Advances*, **9**, 16 (2023).
7) A. R. Sereshkeh et al.: *Brain-Computer Interfaces*, **6**(4), 128-140 (2019).
8) R. Fukuma et al.: *Scientific Reports*, **6**, 21781 (2016).
9) D. Dash, P. Ferrari and J. Wang: *Frontiers in Neuroscience*, **14**, 1-15 (2020).
10) X. Chen et al.: *PNAS*, **112**(44), E6058 (2015).
11) G. K. Anumanchipalli, J. Chartier, and E. F. Chang: *Nature*, **568**, 493-498 (2019).
12) M. Angrick et al.: *Journal of Neural Engineer-*

ing, **16**, 03619 (2019).
13) W. Akashi et al.: *Advanced Intelligent Systems*, **3**(2), 2000164 (2021).

第２節

口真似による模倣音声からの効果音合成技術

京都産業大学　平井　重行

1. はじめに

音響合成技術は，人の音声（話し声や歌声）や，音楽（楽曲や楽器音）が中心に扱われており，研究面でも実用面でも圧倒的にそれらが多い。そのようななか，本節においては非音声および非音楽な音響合成技術について，とりわけ「環境音」や「効果音」の合成技術について紹介する。ただし，ここでは人の音声を入力に用いて環境音や効果音を合成する深層学習技術を中心に挙げ，音声関連技術の１つと位置付けて述べる。以下，本節の前半は「環境音」と「効果音」の定義や環境音合成技術についてまとめる。後半は筆者が取り組む効果音を対象とした合成技術 PronounSE について紹介する。

2. 非音声・非音楽な音響合成関連技術

2.1　環境音と効果音の定義および制作技法

Bregman による音環境分析（Auditory Scene Analysis）の提案[1)]以降，音源分離や音響イベント検出の工学研究が行われ始め，環境音の検出や状況判別の研究が行われるようになった[2)]。2013 年からは音環境分析やイベント検出を対象とした DCASE[*1] にて技術コンテストと研究発表が毎年行われている。2019 年から環境音合成の研究発表も行われ，2023 年からは環境音合成の技術コンテストまで開かれている[3)]。ここでいう「環境音」（Environmental Sound）とは，自然現象で物理的に起こり得る音，動物の鳴き声，人の動作による音や雑踏などさまざまな環境・現象で聞こえる音全般を指す。たとえば，波の音や川の音，木の葉が擦れる音，風切り音，物が割れる音や擦れる音，

[*1] DCASE（Detection and Classification of Acoustic Scenes and Events）：https://dcase.community/

衣服の衣擦れ音や，足音，咀嚼音や嚥下音などがある。サイレンや自動車のエンジン音などの人工物から発する機械音をはじめ，社会で利用されている音も環境音に含まれる。

他方で，映画やアニメーション，ビデオゲームでは，音声や音楽とは別に「効果音」(Sound Effects: SFXs）を制作し，作品の世界観や状況を表現・演出するのに利用してきた。効果音は環境音だけでなく，SF やファンタジー作品などで多用される非現実な音も多数用いられ，そのための音響制作技法・手法が確立されてきた[4)]。非現実な音の例としては，レーザービームの音や魔法の音，デフォルメされた衝突音や爆発音などが挙げられる。さらに，電子機器やソフトウェア画面の操作時に鳴る UI（ユーザインタフェース）音なども効果音に含まれる。

これら環境音や効果音の制作では，目的のシーンに近い場所でのフィールド録音，スタジオで人が音を再現して演じる Foley（フォーリー）での録音，収録した音を加工・編集することなどで環境音や効果音を作り出してきた。シンセサイザーやサンプラー，音響編集ソフトウェア登場後は，それらを駆使して音を作り出すことも行われている[5)]。これら制作現場で取られる手法とは別に，最近は生成系深層学習技術で新たな音の制作手法が提案・実現されてきていることから，以降でそれらについて述べる。

2.2　環境音合成に関する技術およびデータセット

環境音合成の深層学習技術のうち，特に人のオノマトペ音声や口真似による模倣音声を入力として用いる手法についていくつか取り上げて紹介する。なお，最近は映像や画像，テキストを元に音響合成する，マルチモーダルもしくはクロスモーダルな生成系深層学習技術が多数登場していることにも注視すべきである。なお，本節執筆時点での，それら技術の概説や多数の研究例の詳細情報は，文献 6）を参照されたい。

2.2.1　環境音合成の深層学習技術

Onoma-to-Wave[7)]は，音声の音響信号は利用しないが，擬音語表現の音素（発音）記号列を元に環境音を合成する技術であり，RWCP 実環境音声・音響データベース[8)][*2]に音種別と発音記号を付与したデータセットを構築して実現している。同じ音種別でも入力する発音情報（音韻情報）を変えれば，それに伴う環境音が合成される。

Voice-to-foley[9)]は，環境音の模倣音声と音響イベントラベルを用いた環境音合成技術である。量子化器で抽出する環境音の特徴量と音響イベントラベルを元に，復号化器で環境音合成を行う。ここでは環境音に対する模倣音声を収録し独自データセット[10)]を構築している。模倣音声の音高やリズムを元に合成される環境音の制御が行える。

他に，詳細情報までは未公開なものの，Stability AI 社の Stable Audio 2.0[*3]は，拡散モデルを

[*2] RWCP 実環境音声・音響データベース：https://doi.org/10.32130/src.RWCP-SSD

[*3] Stable Audio 2.0：https://ja.stability.ai/blog/stable-audio-20

用いた音響合成手法で音楽や効果音を合成する。音種別を指定しつつ，プロンプトで音の鳴り方の指示が可能な他，楽器音や模倣音声を元にして合成する環境音や効果音の制御などが可能なマルチモーダル音響合成技術である。

2.2.2 環境音合成に利用できるデータセットについて

独自データセットを用いる環境音合成技術もあるが，合成目的に利用できる環境音のデータセットや，そのための模倣音声データセットが存在している。たとえば，環境音データセットには，RWCP 実環境音声・音響データベース[8]や，Google による Audio Set[11]*4，WavCaps[12]*5 が挙げられる。環境音の模倣音声データセットには，VocalSketch Data Set*6，Vocal Imitation Set*7 が挙げられるが，いずれもサンプリング周波数が低いことに注意が必要である。

環境音データセットでは，インターネット上の動画・サウンド共有サイト上のデータを元に構築されたものであれば，音素材として雑音や残響を含んでいたり，サンプリング周波数が低いものも多数ある。それらを元に合成すると，合成音の品質や表現力に影響が出る可能性がある。環境音認識の場合は音質が悪くとも検出・認識できるべきなので，さまざまな品質のデータを積極的にデータセットに含める意向がある。合成の場合は合成音の品質が悪いと，コンテンツ制作など利用目的によっては利用価値が低くなることも考慮して，既存データセットの利用はよく検討する必要がある。

2.3 効果音合成に関する技術

ゲームや映像作品のための効果音制作に関する技術や市販制作ツールについて述べる。特に，ゲーム業界や米国の映画業界で研究開発されてきたプロシージャル方式による合成手法が確立され，実用化されている。プロシージャル合成方式は，音素材の音高や音量，密度，周波数変化などをパラメータで制御していく方式で，効果音の種別ごとに用いる音素材や制御パラメータが違うため，種別ごとのツールや手法が用意されることが多い。大手のゲーム企業であれば内製した制作ツールとして保有している他，TSUGI 社の GameSynth*8 や KROTOS 社の REFORMER PRO*9 などが市販されている。特に REFORMER PRO では，入力する音響信号に対し，複数サウンドの混合や入力音声を元にしたパラメータで合成制御をリアルタイムに行うことができ，音声入力による制御が可能となっている。

---

*4 Audio Set：https://research.google.com/audioset/
*5 WavCaps：https://github.com/XinhaoMei/WavCaps
*6 VocalSketch Data Set：https://zenodo.org/records/1251982#.XI_YdtF7mCQ
*7 Vocal Imitation Set：https://zenodo.org/records/1340763#.XI8fV9F7mCR
*8 Tsugi, Game Synth：https://tsugi-studio.com/web/jp/products-gamesynth.html
*9 KROTOS, Reformer Pro：https://www.minet.jp/brand/krotos/reformer-pro/

3. 擬音的模倣音声のみに基づく効果音合成

ここでは，言語非依存な擬音的模倣音声のみから効果音を合成する手法 PronounSE[13]について紹介する。この技術は，生成系深層学習をベースにした研究中のもので，本節執筆時点では特に「爆発音」に焦点を当てて効果音合成に取り組んでいる。ここでの「爆発音」とは，爆弾やダイナマイトの爆発音以外に，大砲や花火の発射音，銃の発砲音など，火薬の爆発によって生じる大小や種類がさまざまな音全般を対象としている。それらは非現実ではないものの，日常で聞く音でもないが，映画やアニメ，ビデオゲームでは効果音として頻繁に利用される。フィールド録音やフォーリーで再現が容易ではないが，人がリアルな口真似で模倣音声としては発音表現が可能であることから，PronounSE の合成対象として取り上げている。

3.1　言語非依存な擬音的模倣音声の特徴と PronounSE の位置付け

人は，聞いた音や想像する音を口真似として模倣した音声をある程度発することができる。その発音能力は，言語で用いる発音の音素（シンボル表現可能な音韻の要素）に依存しない音も作り出すことができ，その能力を使ってリアルな口真似が行える。そこでは，連続的に音素や音量，ピッチの変化，それら要素の時間長を含め韻律の制御を意図的に行っている。言語に非依存なそれらの発音要素のさまざまな組み合わせや調整で，細かなニュアンスを表現できることが模倣音声の特徴といえる。具体的にはヒューマンビートボックスの他，サイレンや警告音，エンジン音の模倣音声を芸とするパフォーマーなどが例として挙げられる。また，ゲームや映像作品のサウンド制作現場などでは，効果音のイメージを模倣音声で表現して伝達していることもある。PronounSE は，特定言語には縛られない発音（音素）を含めてリアルな口真似の模倣音声を入力として利用し，その音韻や韻律に基づく効果音合成を行う技術である。人の発音技能を最大限生かした表現力を活用して，効果音合成の表現へと結び付けるものと位置付けている。加えて，映像制作やゲーム制作におけるサウンドデザインの一手法となることを目指している。**図１**に PronounSE の利用の概念を示す。

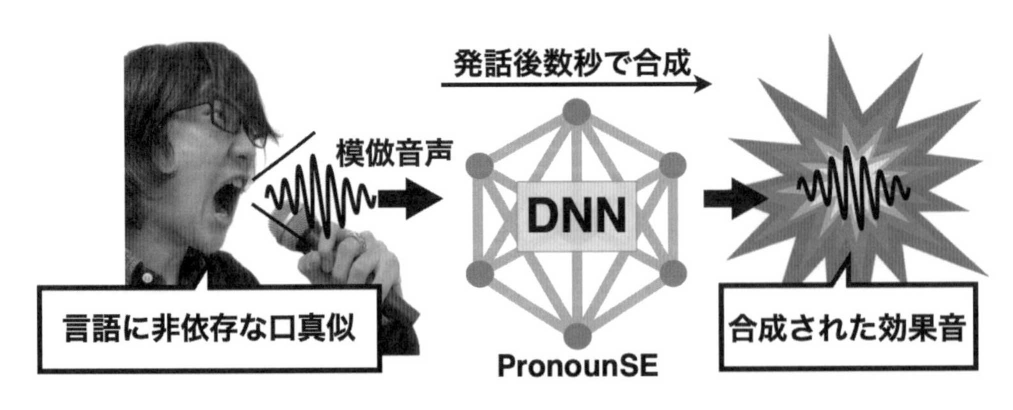

図１　PronounSE の位置付けと利用の概念

3.2　PronounSE の効果音合成手法

PronounSE は**図2**に示す通り，模倣音声の波形に対する前処理（Pre Processing），模倣音声から効果音への Transformer[14]による変換（Conversion），ニューラルボコーダ iSTFTNet[15]による波形合成（Wave Reconstruction）の3つの処理で構成される。

3.2.1　前処理（Pre Processing）

波形の前処理では，入力する音響波形を Transformer で学習するためのメルスペクトログラムへと変換する。ここでは，入力音響波形に対して短時間フーリエ変換（STFT）を行い，メルフィルタバンクを通して各メル周波数成分を求める。

3.2.2　模倣音声から効果音への変換（Conversion）

PronounSE における Transformer の構成と学習時の処理フローを**図3**に示す。模倣音声のメルスペクトログラムは Encoder に，模倣音声の元の効果音（参照音）のメルスペクトログラムは Decoder に入力して学習する。いずれのスペクトログラムもそれぞれが Prenet でメル周波数の次元を拡張し，位置符号の情報を付加したうえで，Encoder/Decoder で処理される。Encoder と De-

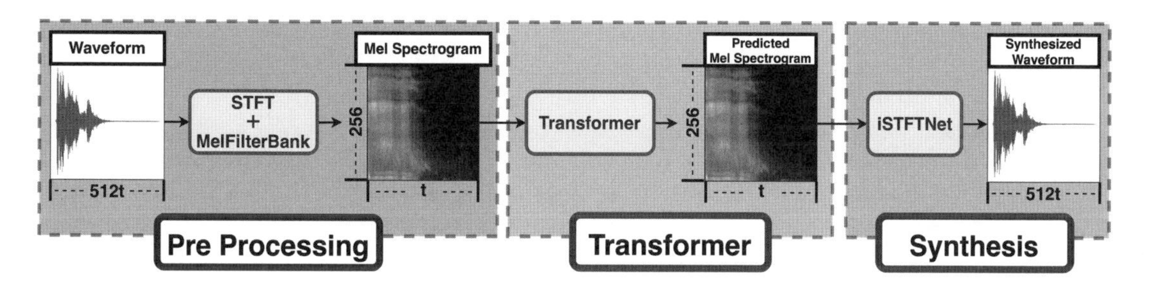

図2　PronounSE のモデル構成と合成時の処理フロー

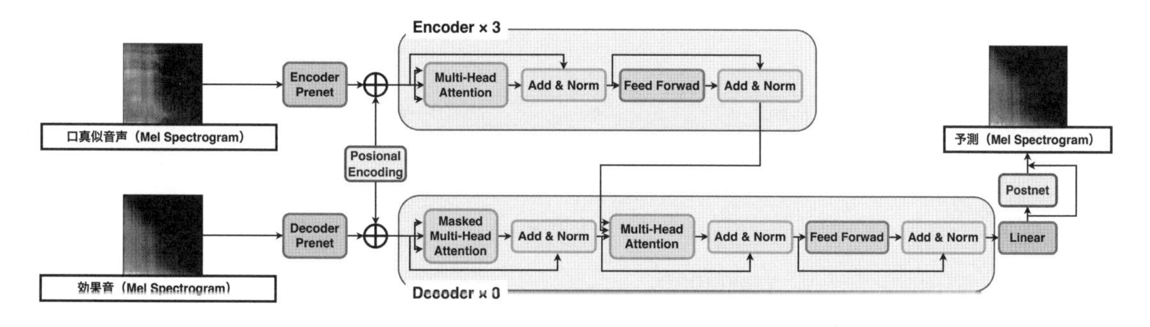

図3　PronounSE における Transformer の学習時の処理フロー

coderはそれぞれ3層あり，Encoderでは口真似模倣音声の特徴抽出を行い，DecoderではEncoderにて抽出された特徴量と効果音（参照音）メルスペクトログラムを入力を用いて出力の推定処理を行う。Decoderで推定された出力はLinear層とPostnetを通じて残差を元に模倣音声から効果音（参照音）への変換を学習する。この学習されたTransformerのパラメータを用いることで，図2のConversionパートにて未知の模倣音声メルスペクトログラムから，新規の効果音メルスペクトログラムを生成する。

Encoderへの入力をメルスペクトログラムのみとしているのは，言語非依存な発音を対象としているからである。たとえ言語的な発音であっても，PronounSEのTransformerは入力音のメルスペクトルの周波数成分のみを頼りに出力を推定することになる。また，前処理でのSTFTの窓の移動幅によって，発音の細かな時間変化をどこまで細かく学習するか調整することとなる。これらから，模倣音声の微細なニュアンス表現を合成音へと結び付けることを意図している。

3.2.3　波形合成処理（Wave Reconstruction）

メルスペクトログラムには位相情報がないため，位相を推定しつつ波形へと変換するためのニューラルボコーダとして，PronounSEでは本節執筆時点でiSTFTNetを使用している。iSTFTNetは，メルスペクトログラムをアップサンプリングして，通常の周波数軸の振幅と位相のスペクトログラムを推定する。そして推定された振幅と位相を元に逆短時間フーリエ変換（iSTFT）で波形を合成する。ここで利用しているiSTFTNetの学習には，後述の爆発音（参照音）データセットを用い，爆発音に特化した学習済モデルを利用している。これにより，Transformerで推定された爆発音のメルスペクトログラムから，振幅と位相のスペクトログラムを推定し，iSTFT処理により爆発音の合成を行う。PronounSEにおけるiSTFTNetの処理と波形合成までの流れを**図4**に示す。

3.2.4　模倣音声データセット

PronounSEの有効性を検証するために構築したデータセットは，本節執筆時点では「爆発音」に特化したものとなっている。これは，多種ある効果音のうち爆発音にはさまざまなバリエーションがあり，微細なニュアンスを含めて口真似で模倣しやすいことや，模倣するための参照音として収集し

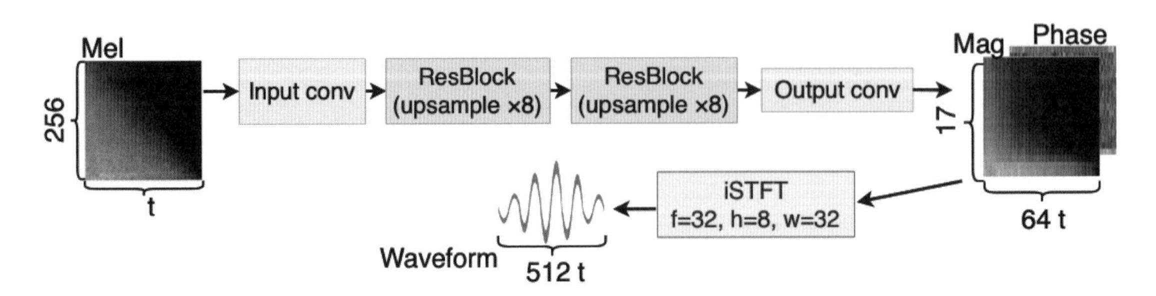

図4　PronounSEにおけるiSTFTNetの構成とiSTFTによる波形合成処理のフロー

やすかった点による。ここでは参照音として利用する爆発音を1,748種類収集し，それらに対して20代男性3名で複数回ずつ模倣音声を録音し，計7,768サンプルを収集した。これらにより，爆発音の参照音と模倣音声で構成する7,768ペアの爆発音データセットを構築した。

3.3　模倣音声からの波形合成の例

爆発音データセットを用いて，TransformerとiSTFTNetを学習した。学習はNVIDIA DGX A100環境で行い，Transformerは爆発音（参照音）と模倣音声を用い，バッチサイズ64，Epoch数20,000で学習した。iSTFTNetは爆発音（参照音）のみを用い，バッチサイズ64，Epoch数10,000で学習した。それら学習済モデルを用いて，未学習な爆発音模倣音声を元に合成した例を**図5**に示す。なお，4つの例はそれぞれ，結果1「風と共にフェードアウトする爆発音」を模倣した音声，結果2「終盤に風が吹き荒れる爆発音」，結果3「火が燃え上がる音」，結果4「ライフルの発砲音」をベースに，未学習の模倣音声を入力した結果である。

図5の結果1では，模倣音声の点線で囲った箇所で現れている3段階の時系列変化（風の表現）が，合成音でもスペクトルパターンの違いに表れている。図からでは音の聞こえはわかりにくいが，模倣音声で表現した風が靡くようなニュアンスが合成された爆発音でも反映されている。結果2では，1.8秒付近からの風の吹き上がるニュアンスを模倣音声で表現したものが，合成された爆発音でも特徴として反映されている。これは模倣音声および合成結果両方の波形の該当箇所で振幅が大きくなっていることでも確認できる。結果3においては，模倣音声のメルスペクトログラムの点線で囲った三角形の領域の周波数成分の変化が，合成音のメルスペクトログラムでも対応する周波数成分の変化として表れている。実際の合成音としても火が燃え上がるような音のニュアンスが表現されていた。結果4では，発砲音としてのアタック部分の発音が，合成音側でも特徴として反映されており，

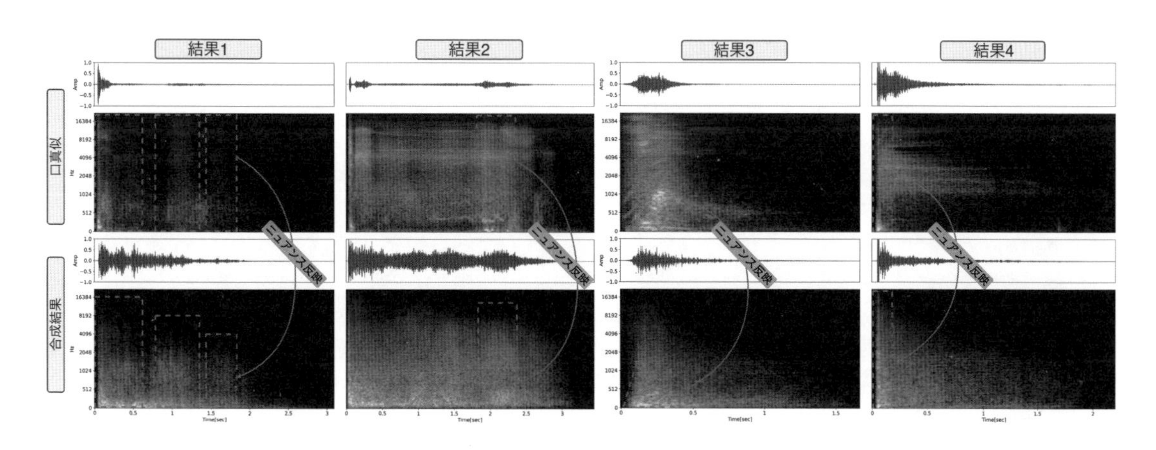

※口絵参照

図5　口真似による爆発音模倣音声4種と合成音のメルスペクトログラム

低域から高域にかけて周波数成分が強調されたアタック感のある発砲音として合成されている。ここでは特に，人が発音できていない高域の周波数成分においても合成音では周波数成分が強調されたアタック音となっている。

ここでは，４つの例のみ示したが，微細なニュアンス変化を含めた他の模倣音声でも，その表現に追従した音色や変化を持つさまざまな爆発音が高品質に合成できていることが確認できている。一方で，常にうまく合成できるとは限らず，全く意図しない別の音が合成されることもしばしば起こる。これは爆発音データセットの拡充や学習時のハイパーパラメータの調整などで改善できる見込みである。

3.4　PronounSE の考察と課題

3.4.1　サウンド制作ツールとしての PronounSE の利用方法

PronounSE の現状の実装でも，GPU（RTX3090 など）を用いれば模倣音声を入力してから合成音は数秒後に出力され，結果を聞くことができる。これは，自分が発音して結果が直後に聞けるため，言い直しを含めて試行錯誤がしやすい形で利用が可能である。このような使い方ができるため，PronounSE はサウンド制作ツールとして利用する際には**図６**に示すような使い方が有効であるとみている。ここでは，ユーザは合成したい音のイメージを頭の中で描いて，模倣音声として発音する。その模倣音声を元に PronounSE が効果音合成を行い，ユーザはそれを聞く。イメージと違う音であれば違う点について模倣音声として言い直してまた合成させる。これを繰り返すことで，ユーザがイメージする音に近づけていき，いずれイメージと同等か納得する音が得られる，という筋書きである。人が持つ身体的に制御可能な発音能力を最大限活用するサウンドデザイン手法といえる。

3.4.2　PronounSE の学習手法の改善について

PronounSE は効果音合成を目的としているが，言語的情報を一切用いていないとはいえ，入力音声の発音の変化を反映した音が合成される観点から，声質変換の技術と同様の位置付けと見なすこと

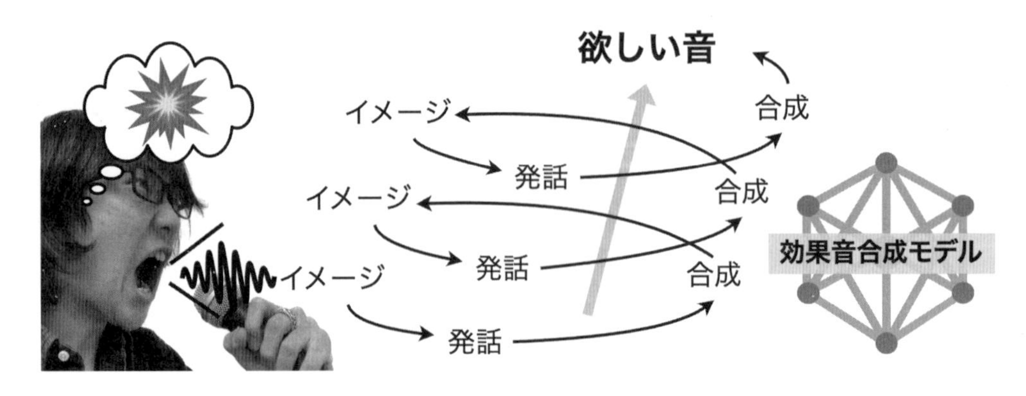

図６　PonounSE を活用して頭でイメージする音を得ていく様子

ができる。最近の音声認識や合成，声質変換などの手法では，大量のデータを元に自己教師あり学習による事前学習を行って何かしらの特徴量が学習されているうえで，その事前学習モデルに追加学習することで目的の処理を行うものが多い。PronounSE の Transformer においても，効果音（参照音）を元に事前学習を行い，効果音種別ごとの特徴を学習し，それに加えて口真似による模倣音声で追加学習をすることで，より表現力が増す形にできる見込みがある。

3.4.3　PronounSE の表現力および合成可能な音の拡充について

図4のように模倣音声の微細なニュアンス表現が合成音に反映されることは確認できているものの，いずれも単発の爆発音のみであり，マシンガンのように連発の模倣音声を入力してもうまく合成できない。ただし，それは基本的にはデータセットに，その音に近い発音の模倣音声および参照音が少ないことが主要因であることもおおむねわかっている。機械学習のスケーリング則の観点からデータを増やせば解消可能といえるが，一方で単発のサウンド素材が得られれば，それを元に連発の音を編集作業で作ることは可能であり，連続や断続的に鳴る音を学習に加えるかどうかは要検討である。

合成可能な音の拡充としては，非現実な効果音（たとえば魔法の音やレーザービームの音など）や，UI サウンドなど他の効果音でも試す必要がある。それらは，シンセサイザーなどを駆使して作り出すことがスキルや経験の面で容易ではないが，口真似で合成できれば素人でも思い通りの効果音制作が期待できる。それには効果音種別ごとにデータセット構築と学習を試みる必要があり，PronounSE の大きな課題でもある。多種多様な種別の効果音に対し，参照音は既存音源で収集できても，模倣音声のデータはひたすら人手で録音していく労力が要求される。音素材の収集は，マイクなど機材の性能や収録環境（雑音や残響など）で収録音の品質に大きな差が出るため，クラウドソーシングで大量に模倣音声をデータ収集する手段は取りにくい。それなりの品質で録音できる機材と環境で模倣音声を収録することが好ましいため，PronounSE の拡張性や応用性はデータセット構築が鍵になる。

3.4.4　合成音の評価手法について

環境音や効果音の合成音に対する評価手法はまだ確立されていない。MOS や FAD などの指標が音声合成の評価に使われることから，環境音の評価でも利用されつつある。ただ，環境音で FAD を試みた研究[14]では，FAD 指標に用いる音響埋め込みが評価対象の音の内容や分野に依存することを示しており，効果音合成にも有用かはこれから確認していく必要がある。また，PronounSE のようなコンテンツ制作を目指した効果音合成では，音の歪みや綺麗さが問われるとは限らず，逆に歪む音が望まれる場合や，変わった音づかいが求められる場合もあり，通常の音声や環境音合成の評価と同様には評価しきれない側面もある。これについてはクリエイティブな分野としての評価の在り方について検討していく必要がある。

4. おわりに

本節では，音声でも音楽でもない環境音や効果音の合成技術について，なかでも音声を入力に用いるものを中心に述べた。前半では環境音合成の技術や手法について活発に研究され始めた経緯などとともに紹介した。後半では，筆者らが取り組んでいる効果音合成手法 PronounSE について，その技術内容とデータセット，合成例について述べ，課題について考察した。環境音や効果音の合成技術は，動画共有サイトの浸透やさまざまなコンテンツの共有やその分析，またコンテンツ制作環境の発展・浸透に伴って，利用されるシーンが今後ますます増えていくことが想定できる。映画やアニメーション，ゲームなどの産業では環境音や効果音の制作は作業量が膨大で，クリエータとしても重要な仕事である。一方で，その生成やデザインの技術研究はまだ比較的最近に扱われ始めた状況であり，音声や音楽の分野に比べ研究者や技術者の数も少ない。今後は，環境音や効果音の生成技術を扱う人が増え，技術や評価手法が発展することで，より自由で容易，柔軟に音を作る技術・手法が浸透し，音の活用や，さまざまなコンテンツ制作が多様に行えるようになることが期待される。

文　献

1) A. S. Bregman: Auditory scene analysis: The Perceptual Organization of Sound, MIT Press (1990).
2) 大石康智：環境音分析の研究を促進させる競争型ワークショップ，日本音響学会誌，**75**(9)，519-524 (2019).
3) 井本桂右：DCASE Challenge：環境音分析・理解のための統合的コンペティション，日本音響学会誌，**79**(9)，470-476 (2023).
4) 木村哲人：音を作る―TV・映画の音の秘密 (1991).
5) 小川哲弘：効果音の作り方バイブル，技術評論社 (2023).
6) 岡本悠希，井本桂右：統計的手法による環境音・効果音合成，日本音響学会誌，**86**(12)，658-666 (2024).
7) Y. Okamoto et al.: Onoma-to-wave: Environmental sound synthesis from onomatopoeic words, *APSIPA Transactions on Signal and In- formation Processing*, **11**(1), e13 (2022).
8) 比屋根一雄ほか：RWCP 実環境音声・音響データベース，人工知能学会全国大会論文集，JSAI02, 3C5-02 (2002).
9) Y. Okamoto et al.: Environmental sound synthesis from vocal imitations and sound event labels, ICASSP 2024, 411-415 (2024).
10) Y. Okamoto et al.: CAPTDURE: Captioned sound dataset of single sources, Proc. of INTERSPEECH 2023, 1683-1687 (2023).
11) J. F. Gemmeke et al.: Audio Set: An ontology and human-labeled dataset for audio events, Proc. of ICASSP 2017, 776-780 (2017).
12) X. Mei et al.: WavCaps: A ChatGPT-Assisted Weakly-Labelled Audio Captioning Dataset for Audio-Language Multimodal Research, *IEEE/ACM Transactions on Audio, Speech, and Language Processing*, **32**, 3339-3354 (2024).
13) R. Takizawa and S. Hirai: PronounSE: SFX Synthesizer from Language-Independent Vocal Mimic Representation, Adjunct Proc. of ACM UIST 2024, Article No. 21 (2024).
14) A. Vaswani et al.: Attention Is All You Need, Proc. of NeurIPS 2017 (2017).
15) T. Kaneko et al.: iSTFTNet: Fast and Lightweight Mel- spectrogram Vocoder Incorporating Inverse Short-time Fourier Transform, Proc. of ICASSP 2022, 6207- 6211 (2022).

第３節

視覚障害者の映像鑑賞における音声合成利用

秋田大学　中島　佐和子
東京大学　大河内　直之

1. はじめに

本節では，視覚障害者の映像鑑賞支援技術である音声ガイドへの音声合成の利用について概観する。**2.** では，視覚障害者の映像鑑賞の歴史，および，音声ガイドの課題とその解決策としての音声合成利用について述べる。**3.** では，先行研究で得られた知見に基づき，音声合成を用いた音声ガイドの聴覚心理学的な評価の結果を肉声との比較によりまとめる。**4.** では，筆者らが実施した実験結果を中心に，制作コスト削減の観点から，音声合成を用いた音声ガイド制作の課題を示す。**5.** では，音声合成を用いた音声ガイドの発展に重要な音声ガイドの自動生成技術の現状を概説する。それらを踏まえ，**6.** に今後の課題と展望をまとめる。

2. 視覚障害者の映像鑑賞の歴史と音声合成の導入

視覚障害者の映像鑑賞支援の歴史は「耳元での語り」から始まる。友人や家族，場合によっては製作者が視覚障害者のそばに座り，耳元で映像を説明する手法であった。その後，映像コンテンツそのものに，映像の音声や音響だけでは理解しきれない視覚的な情報を言葉で説明するナレーションの音声ガイド（Audio Description）を付与する形に発展し，また，普及した。なお，同様な意味で，特に放送の分野では音声解説という言葉を用いる場合もある。現在，音声ガイドは，映画，放送，ゲームや Web 動画などの映像コンテンツに加えて，演劇やスポーツ観戦などでも利用されている。ここで，視覚障害者に対応した音声ガイドには，美術館や観光地などで利用される一般向けの音声ガイドとは大きく異なる特徴があることを明記しておく。視覚障害者対応の音声ガイドでは，セリフの話者，登場人物の動きや表情，状況や情景，また，テロップや字幕などを，視覚障害者にとって簡潔でわかりやすい表現を用いて，作品の意図に則して伝えることが求められる。さらに，画像や動画の代替テキストとも異なり，セリフ，重要な環境音や効果音が聞き取れなくならないように，限られた時間内に提示するという時間的制約がある点も特徴である。本項での「音声ガイド」は視覚障害者向けのものを示すこととする。

2006 年 12 月の国連総会において障害者権利条約が採択され，2014 年 1 月に日本も批准し，これに伴い国内法の障害者差別解消法が 2016 年 4 月から施行された。2024 年 4 月には改正障害者差別解消法が施行され，障害を取り巻く法整備は進んでいる。技術的には，2016 年に映画館でスマートフォンから音声ガイドを同期提示する技術（UDCast[1)]）の提供が始まり，邦画と洋画を含めた劇場公開映画のうちの音声ガイド付き作品数は 0.6% から 5.1% に増加した。その後，同様なアプリ（HELLO! MOVIE[2)]）がさらに提供され，2022 年には 10.0% まで上昇した。しかし，2023 年では 9.5% と，その後の大きな増加の傾向はない[3)4)]。放送では，「放送分野における情報アクセシビリティに関する指針」が 2018 年 2 月に策定，また，2023 年 10 月に改定され，2023 年度の音声ガイド付き番組の割合は，NHK 総合で 18.9%，在京キー 5 局で 19.9% に達した[5)]。しかし，字幕付与率が 100% であるのに対し音声ガイドの付与率は低く，十分とはいえない。音声ガイド制作には，台本の作成，台本の検討会（全てのジャンルやメディアで実施するとは限らない），音声収録，音声編集などの多数の工程がある。またこのプロセスには，視覚障害者，音声ガイド制作者，ナレーター，音響エンジニア，映像プロデューサーや監督で構成される多様な人材とチーム内のコラボレーション，および，制作のための機材や収録スタジオなどの施設も必要である。その結果，制作コストは時間的にも費用的にも増加する。音声ガイド台本制作には，視覚障害者の状況を理解したうえで，映像の意図と物語の流れを把握するために重要な情報を慎重に選択し，映像の雰囲気に即して生き生きとした言葉と表現で伝えるというスキルが求められ，制作経験が豊富な人材は限られる。先行研究より，プロの音声ガイド制作者による制作は，1 分の映像に対して 12～75 USD[6)]，または，15～30 USD[7)] かかると報告されている。台本制作時間については，1 分の映画シーンに平均 20 分を要するとされる[8)]。2 時間の劇映画の音声ガイド台本制作では約 60 時間かかるという報告もある[9)]。こうした台本制作を含め，発注から音声ガイドが完成するまでには，映画の場合，最低でも 1 ヵ月はかかるという（筆者らの映画製作者への聞き取り調査による）。そこで，制作コストの削減を目指し，音声合成を用いた音声ガイドが研究開発されるようになった。

なお，**4.** までに紹介する先行研究は，映画の音声ガイドに関するものが多い。一方，**5.** の音声ガイドの自動生成技術については，映画だけではなく，YouTube などの Web 動画も多く含む。映像という点では同じ分野ではあるが，映像の作り方や鑑賞スタイルは，映画，放送，Web 動画などの映像メディアごとに異なり，付随する音声ガイドに求める要素は多少とも異なる。概して，スマートフォンでの鑑賞を前提とした Web 動画などに比べて，高精度な音響設備のある映画館での鑑賞を前提とし，内容もより高度で複雑なことが多い映画では，音声ガイドに高い質を求める傾向にある。それらの映像メディアにおける音声ガイドの違いを横断的に評価した研究報告は見当たらず，ここではメディア間の相違については言及しない。しかし，制作現場においては，音声ガイド制作の方針や精度を決める重要な要素である。

また，次項では，合成音声利用の研究開発が進む音声ガイドに焦点を当て解説する。しかし，視覚障害者対応の映像鑑賞支援には，字幕の読み上げ（Audio Subtitling）や前口上（Audio Introduction）もまた重要である。字幕については，合成音声による提示も試みられている[10)]。

3. 音声合成を用いた音声ガイドの心理学的評価

音声合成を用いた音声ガイドの提案や研究の報告は2010年ごろから増えてきた。視覚障害者を対象に，短い映像から長編映画，通常版と吹き替え版，また，さまざまな言語や質の音声ガイドを用いて，合成音声の音声ガイド評価が多数なされてきた[11)-16)]。概して，人間のナレーターによる音声ガイドが好まれるが，代替手段としてであれば合成音声の音声ガイドを受け入れられるという結果であった。

小林らは日本と米国において，それぞれ115名と236名の視覚障害者を対象に，映画，料理解説，アニメ，ドラマ，ドキュメンタリー，教育，娯楽などのさまざまなジャンルの映像を24秒～15分程度，肉声と2種類の合成音声，また，通常の音声ガイドと詳細な音声ガイドを用いて評価した[11)17)]。多くの実験参加者にとって，ジャンルによらず肉声が最も好まれる一方で，合成音声はそれに準じた品質であると評価された。さらに，リラックスした体験を好む娯楽系の動画には肉声の音声ガイドが適しており，対して，理解が重要な要素となる情報系の動画には合成音声による音声ガイドが適していると報告している。また，実験に参加した視覚障害者からは，合成音声による音声ガイドについて「本編のナレーションと区別しやすい」という利点も得ている。Szarkowskaは24名の視覚障害者を対象に，1時間半程度のポーランドのコメディ映画に合成音声による音声ガイドを付与し評価した[12)]。肉声と合成音声による音声ガイドの比較においては，半数以上（54%）の視覚障害者が肉声の音声ガイドを好んだ。しかし，95%が暫定的な手段として合成音声による音声ガイドを好むとし，また，50%が肉声の次の手段としての恒久的な音声ガイドとして受け入れるという結果であった。肉声と合成音声のどちらを好むかについては，4分の1（25%）の視覚障害者から「映像のジャンルによる」と回答を得ている。FryerとFreemanは音声ガイドにより喚起される感情や共感への作用に踏み込み，19名の視覚障害者を対象に，3～5分程度の恐怖や悲しみを惹起させる映画シーンを用いて肉声と合成音声の音声ガイドを比較した[18)]。その結果，肉声の音声ガイドのみが存在感と感情の喚起を高めたと報告している。さらに，WalczakとFryerは，36名の視覚障害者を対象に，10分程度の劇映画とドキュメンタリー映画のシーンを用いて肉声と合成音声による音声ガイドを比較した[16)]。その結果，肉声の音声ガイドは劇映画の臨場感（Presence）や面白さ（Interesting）を高め，混乱（Confusion）への影響も少ないと評価された。一方，ドキュメンタリー映画に対しては，臨場感への影響は肉声と合成音声で有意差は得られなかった。また，面白さと混乱への影響の程度も同程度であったが，合成音声の音声ガイドの方がわずかに面白さを向上させたとある。

筆者らは2008年から，映画祭や上映会にて，活動弁士の手法を用いた活動弁士による音声ガイドを用いた映画鑑賞を実践している[19)]。通常のナレーターよりもさらに音声表現が豊かであり，その観点では，合成音声の声質とは対極に位置する活動弁士の手法が音声ガイドとして効果的であることを実証してきた。この過程を経て，先行研究で示されたように，劇映画などでは，音声ガイドが映像作品の世界観を形成する重要な要素の１つとして機能し，音声ガイドを含めて１つの作品となることで，映像鑑賞の楽しさや映像作品の面白さが増大することが理解できる。その際，肉声の音声ガイドが持つプロソディや表現力，また，映像本編のセリフとの親和性の高さが効果的に作用すると推察する。一方で，映像から提示される情報や映像世界に集中または没頭できる状況を作り出すことも音声ガイドの重要な役目の１つである。そのような点では，登場人物のセリフや本編ナレーションとは明確に異なる合成音声の声質が効果的に作用するだろう。すなわち，合成音声による音声ガイドは，肉声とは異なるアプローチで，映像と鑑賞者の関係を構築するといえるかもしれない。

では，肉声よりも合成音声を好む実験参加者はどの程度いたのだろうか。Szarkowska の実験では，8％の視覚障害者が肉声よりも合成音声による音声ガイドを好むと回答した[12]。Fernández-Torné と Matamala の研究では，実験に参加した 20％の視覚障害者が音声合成による音声ガイドを好んだと報告している[14]。Tor-Carroggio は中国語による音声ガイドを用いた評価を実施し，同様に，実験に参加した視覚障害者の 20％が肉声よりも合成音声による音声ガイドを好んだという結果を得ている[20]。ここではさらに，合成音声は予想以上に明瞭であると評価され，合成音声を好んだ視覚障害者のなかには，非常に滑らかで訛りがない点（No Accent）を好評価した参加者がいたという。合成音声の音声ガイドに関して報告され始めた 2010 年ごろ以降，合成音声自体の品質は急速に向上した。最近の複数の研究によって，約 20％程度の割合でむしろ合成音声を好むという結果が得られた点は興味深い。

筆者らは，肉声と合成音声を用いて，音声ガイドの話速変化が劇映画の印象や理解に与える影響を評価した[21]。音声出力とキーボード操作により映像を聞きながら音声ガイドの話速を調整できるソフトウェアを開発し，視覚障害者自身の操作により，日本の劇映画のワンシーンの音声ガイドの話速を自由に調整した。ここで，実験に用いた映画シーンに収録された肉声の音声ガイドの話速は 8.49～8.92 mora/sec であり，一般的な人間の発話速度とされる 8.01 mora/sec[22] よりやや早い程度であった。The American Council of the Blind は，音声ガイドの推奨話速を 160 WPM と定めており[23]，これは，一般的な人間の発話速度 120～180 WPM[24] の範囲内である。ガイドラインでは，どのような聴覚特性を有する人でも音声ガイドを確実に聞き取れるように，話速を速すぎず遅すぎない速度に設定することを推奨しており[23][25-27]，実験に用いた映画シーンもこの方針に則した話速設定になっていたといえる。一方，視覚障害者により調整された話速の平均値は，収録版の音声ガイド話速に比べて 1.14～1.38 倍早かった。また，シーンの展開に即して個々の音声ガイドの話速が調整され，参加した視覚障害者からは，「音声ガイドに速さをつけることで臨場感や全体像がはっきりした。スピード感が出る。流れが立体化する感じ。映画のリズム（場面展開とか心の動きとか）を伝えるのに速さが役立った。風景がわかりやすくなる」や「シーンに合わせた速度に調整できることで，本編と音声ガイドの違和感を少なくすることができ，没入感が増える。自分の聞きやすい速さに調整できたことで，不必要に待たなくてもよくなった。長い音声ガイドの文章は隙間に入るように早く聞くことで情報だけをさっと補完でき，映画の音声に集中できる。名前など聞き逃したくないものはきちんと聞き取れるゆっくりした速さに設定できてよかった」という意見が得られた。合成音声については，「合成より肉声の方が聞きやすい」や「アクセントやイントネーションが違うと思考が止まる。流れるように聞けない」という意見もあった。しかしその一方で，「普段からスクリーンリーダーを使用している身としては，映画のセリフや音と情報保証がしっかり切り分けられて，同時に聞いていてもわかりやすく，疲れない印象。個人的には，合成音声のガイドは音声ガイドを情報保証としてだけほしい人にはとても良いと思った」や「肉声だと感情が入ったりする。合成は主観が入らないので，感情がたくさん入っている肉声だと話速変換が向いてないかも。合成の方が種類によらず変換しやすい」というポジティブな意見も得られた。さらに，視覚障害者により話速調整された音声ガイドの１セットを用いて，若年晴眼者を対象に，音声ガイドの話速変化による劇映画の臨場感や没入感，興味，また，理解度への影響を評価した。その結果，シーンの展開に即して話速を増減させた音声ガイドは話速の変化が少ない収録版の音声ガイドと比べて，映画の臨場感や没入感を有意に増加させた。話速調整された肉声の音声ガイドは，収録版に対して 1.18 倍上昇した。他方，合成音声の音声ガイドでは 1.32 倍のさらに顕著な上昇であった。加えて，合成音声の音声ガイドでは，「映画の続きを鑑賞したくなった」度合いについても，1.23 倍の有意な向上効果を示した。

なお，Szarkowska と Jankowska による 2012 年の報告では，音声合成ソフトウェアを習慣的に使用しない視覚障害者は肉声を好む傾向が強いのに対し，それらを定期的に使用する視覚障害者は，「合成音声による音声ガイドは一部の種類の番組には適している」という考えに前向きであったとする[28]。日本における視覚障害者のスマートフォン利用率を例に挙げると，全盲者と弱視者の順にそれぞれ，2013 年では 22.6％と 33.3％[29]，2017 年では 51.9％と 56.2％[30]と変化した。最近では，視覚障害者の電子書籍の利用促進を目指し，ディープラーニングを用いた読み上げ技術の高度化も進められており[31]，今後，合成音声に対する慣れの状況は徐々に変わっていくと推察する。

4. 音声合成を用いた音声ガイド制作の課題と音の作用

前項より，声質という観点から，音声ガイドにおける音声合成利用の可能性は示された。そこで筆者らは，日本の新作長編劇映画（112 分）の実際の音声ガイド制作現場に音声合成を組み込むことで，コスト削減という観点から，音声ガイド制作における音声合成利用の可能性と課題を検証した[32]。同一の音声ガイド台本に基づき，肉声（ナレーター）と合成音声による音声ガイドを制作し，そのプロセスを比較した。どちらも新作公開用の音声ガイド制作を目的としているため，通常の映画の音声ガイド制作と同様に，視覚障害者，音声ガイド制作者，映画製作者による検討会，および，音声ガイド制作者，ナレーター（肉声の音声ガイド制作時のみ），音響エンジニア，映画製作者によるスタジオでの収録と編集を実施した。実験の結果，合成音声を用いた音声ガイドを収録版として納めるレベルにするには，音声ガイド制作者，映画製作者，音響エンジニアによる約 5 時間 20 分の修正作業を必要とし，音声合成の時間を除いても，ナレーターによる肉声の音声ガイド制作とほぼ同程度の制作時間を要した。制作された音声ガイドに対して，映画製作者により質を評価したところ，完成した合成音声による音声ガイドの品質は肉声の音声ガイドの75%程度であった。ナレーター費用の支出は削減できたが，音響エンジニアや映画製作者の作業負担は増し，大きなコスト削減には至らなかった。もちろん，合成音声の質の問題はある。しかし，合成音声のアクセントやイントネーションに対して修正がなされたのは音声ガイド567個中の13.4%であり，修正の多くは提示タイミングであった（全体の51.7%の修正）。日本で制作される映画の音声ガイド台本では，音声ガイドの提示タイミングは1秒刻みに記載することが一般的であり，読み上げ方に注意が必要な箇所は，備考欄に指示が追記される。ナレーターはその台本を手掛かりに，映像と音声ガイドのどちらも聞きやすくなるように，映像や映像音の流れを捉えながら，それらと干渉せず，かつ，可能な限り相乗効果が得られる位置に音声ガイドを吹き込む。すなわち，音声ガイドの提示タイミングの微調整はナレーターに委ねられていたといえる。合成音声がナレーターを代替するとなると，音声ガイドの提示タイミングや，間や話速の調整を音声ガイド制作者が請け負うことになる。この点に関しては，コストが増大することになる。

映画音と音声ガイドの関係については，さまざまな研究によりその重要性が指摘されてきた[33)-39)]。Remaelは，サウンドエフェクトに定評のある長編劇映画を例に，映画音の役割，制作手法，また，知覚的特徴に言及し，映画のサウンドスケープがいかに複雑で物語性に富んでいるかを示した[34)]。さらに，視覚情報を用いない場合の知覚の変化を予測し，映画のサウンドエフェクトに対する注意深い分析と統一的な理解が，音声ガイドの一貫性（Coherence）を形成するために必要であると提言した。Lopezらは，「Enhanced AD」プロジェクトを通じて，サウンドデザインに主眼を置いた音声ガイドを提案し，従来の音声ガイドと同程度に，情報，楽しさ，アクセシビリティを提供できることを示した[37)38)]。また，適切なサウンドデザインとバイノーラルによる知覚効果の利用により，音声ガイドによる説明量を減らすことができたとした。Fryerは，音声ガイドのオーディオドラマの側面に着目し，Sievekingの分析に基づきCrookが示した映像音とその効果に関する6つのカテゴリー[40)]を参照しながら，音響的なデザインがより鮮明な心象を生み出す仕組みを示した[33)]。音声ガイドを通じて，一貫性を有し惹きつけられるような（Coherent and Engaging）音の体験を得るためには，映像音と音声ガイドの相互作用を理解することが重要であるとした。Reviersは，音声ガイドにより説明された映画シーンを「マルチモーダル一貫性（Multimodal Cohesion）」という観点で分析し，Fryerが示したSievekingのカテゴリーを用いてマルチモーダル転写（Transcription）モデルを提案した[36)]。このモデルを通じて，豊かで鮮明な音声ガイド制作における音の重要性を強調し，さらに，映画音と音声ガイドの適切な統合が音声ガイドによる説明の一貫性（Coherence）を高め，また，暗黙的な説明から明示的な説明に変換するとした。さらに，Vercauteren と Reviersは，Thomが構築した音による物語的作用（Narratological Functions of Sound）の16のカテゴリー[41)]を用い，音声ガイドにおける音の作用を分析するためのフレームワークを提案した[39)]。音声ガイドにより説明された映画音の性質を以下の4つの要素で分類し，音声ガイド制作プロセスへの音声物語論（Audio-Narratology）の導入を試みている。

1）音の種類（Types of Sound）：会話（Dialogue），音楽（Music），効果音（Sound Effect）
2）物語における音の位置または位置付け（Position of Sound in Narrative）：物語世界内に存在する音（Diegetic）・物語世界内に存在しない音（Non-diegetic），画面内の音（On-Screen）・画面外の音（Off-Screen），物語を駆動したり物語の中心となる音（Figure）・物語の背景を彩るまたは物語を支える音（Ground）
3）音の物語的作用（Narrative Function of Sound）：Thom の 16 カテゴリーに基づく
4）音の説明方法（Type of Sound Description）：音源への明示的な言及（Explicit-Source），音の性質や特徴への明示的な言及（Explicit-Nature），音そのものではなく音を発する物や状況などの部分全体関係を用いて音の存在を暗黙的に言及（Implicit-Meronymy），情報連結による暗黙的な言及（Implicit-Information Linking）

現状，一貫性への寄与という観点から，映像音の役割とそれを考慮した音声ガイドの記述方法を示したガイドラインは少ない[35]。しかし，学術研究を中心に，その重要性は認識されつつある。

5. 音声ガイドの自動生成技術の発展

前項で示した通り，音声ガイドにおける音声合成利用のコスト削減効果を確実に引き出すためには，声質の向上だけでは十分ではない。音声ガイドの提示タイミングや間の自動推定，また，音声ガイド台本そのものの自動生成も必要である。音声ガイド自動生成技術は，動画と対になるキャプションや音声ガイド文からなるデータセットを用いて，畳み込みニューラルネットワーク（Convolutional Neural Network: CNN）などによる画像認識と自然言語処理をベースに開発が進んだ。研究開発の報告は，2010 年代末から増える[42)-52]。

Braun と Starr による比較的初期の試みでは，Microsoft COCO[53] や TGIF[54] などのオープンソースのデータセットを用いて自動生成した音声ガイドを精緻に評価している[55]。いずれも人間が注釈（Annotation）を加えたデータセットではあるが，写真や動画を投稿共有するコミュニティサイトの Flickr から入手した画像，また，ブログサービスの Tumblr から入手した短いアニメーション動画に対して，クラウドソーシングにより雇用された人々が注釈を付与したものであり，画像や動画に偏りが大きく，また，付与された説明文の質は高くはなかった。その結果，生成された音声ガイドの語彙数は乏しく偏りがあり，さらに，「a」などの不定冠詞が多発するなどの根本的な課題を多く含んでいた。その後，機械学習モデルや大規模言語モデル（Large Language Model: LLM）の発展と並行して，より長い尺の動画を含め，ビデオキャプションや音声ガイドが付与されたデータセットの構築と整備が進んだ。注釈付きの既存の動画データセットを元に，字幕データや音声認識を活用して動画とテキストをアライメントすることで，コスト削減しながら大規模なデータセットが構築されてきた。本節執筆時点では，650 本の映画（全長 1027 h）に対して 384 k の音声ガイドが付与された MAD[56]，180 k の YouTube 動画（全長 23652 h）に対して 3.4 M の音声ガイドが付与された HowTo-AD[49] などがある。

これらのデータセットの構築と同時に，モデルの改良も進んだ。現在の典型的な自動音声ガイド生成は，動画に対する高密度なビデオキャプション生成（Dense Video Captioning）から始まる。従来のビデオキャプションが動画全体の要約や重要なシーンのみのテキスト化であったのに対し，高密度ビデオキャプションは動画の各フレームに対して何が起こっているかを細かい粒度で記述する。コンピュータービジョンの研究の主流が畳み込みベースの特徴抽出器（Convolution-Based Visual Feature Extractor）から Vision Transformer（ViT）[57]に移行すると同時に，CLIP[58]などのマルチモーダルな Visual Language Model（VLM）が登場した。画像を小領域にパッチ化し Attention 機構を有する Transformer エンコーダに入力することで，入力画像内のパッチのグローバルな依存関係を捉えた特徴量抽出を実現し，ビデオキャプション生成の性能を飛躍的に向上させた。しかし，音声ガイドとして用いるためには，動画フレーム内の局所的な文脈理解だけでは不十分である。音声ガイド生成では，動画全体（映画では２時間程度）に及ぶ大きな文脈やストーリー展開に即した一貫した説明（Coherent Context），また，指示語や代名詞を用いない話者や動作主の適切な説明が必要不可欠である。Han らは，映画作品における登場人物の役名，演じた俳優名，映画のデータベースから入手した俳優のポートレート画像の３つの要素から構成されるキャラクターバンクを構築し，CLIP による画像の特徴量分析を用いて，音声ガイド自動生成における話者提示の課題に対応した[46]。さらに，Xie らは，フレーム内の話者位置を円でマーキングした動画，および，話者推定の結果をヒントとして主要な登場人物を同定し，登場人物の動き（Actions），登場人物間の相互作用（Interactions），登場人物の表情（Facial Expression）を記述させるプロンプトを高精度な VLM に入力することでビデオキャプションを生成させた[48]。さらに得られたキャプションを一文にまとめるプロンプトを LLM に入力することで，ゼロショット学習（Zero-Shot Learning）での音声ガイド生成を試みた。これにより，Ground Truth の音声ガイドを用いてファインチューニングさせた従来モデルに匹敵する精度が得られたとする。しかし，Xie らの研究からは課題も得られた。VLM へのプロンプト入力において，環境（Environments），登場人物の様相（Character Appearances），物との相互作用（Interaction with Objects）の記述も求めると精度が低下したという。

6. 課題と展望

本節では，視覚障害者の映像鑑賞支援技術の音声ガイドにおける音声合成利用についてまとめた。

映画や放送だけでなく，Web や SNS 動画，また，ゲームなどの映像コンテンツが日々増大するなかで，音声ガイド普及のためのコスト削減策として，音声合成への期待は大きい。近年，合成音声の品質は飛躍的に向上し，さまざまな評価実験を通じて，音声ガイドとしての利用も好印象で受け止められることがわかった。しかし，概して，肉声の方が好まれる傾向にあることは，これまでの学術研究が示している。筆者らが実施した上映会や実験での評価結果からは，肉声に比べて表現力に乏しい合成音声を用いた音声ガイドであっても，話速などの合成音声に適したパラメータ調整により，映画の印象を向上させる余地があることがわかった。先行研究や筆者らの実験で得られた視覚障害者のコメントが示すような，肉声にはない合成音声による音声ガイドの強みを生かしながら，合成音声のポテンシャルを最大限に引き出すことが今後の重要な課題となる。具体的な改善策のヒントを得るためには，多くの視覚障害者が持つ要望だけではなく，先行研究である一定の割合で存在した，より積極的に合成音声の音声ガイドを好む視覚障害者の印象や情報の捉え方，また，世界の楽しみ方を丁寧に探る必要もある。これまでの音声ガイド制作現場で実施されてきた検討会やモニター会での視覚障害者の意見の聞き取りや話し合いに加えて，視覚障害者の感覚や感受性を直接的に制作に生かせる技術や仕組みの構築が糸口の１つになる。特に，合成音声の声質のパラメータ調整，また，音声ガイドとしての読み上げ方については，一般向けの制御インタフェースを視覚障害者が自由に利用できるように再構築することでアクセシビリティを高め，さらに，視覚障害者の要望や特性に即して機能を拡張することで，新しい表現やアイデアが生まれる可能性は高い。

さらに最近では，音声ガイド台本や提示タイミングの自動生成技術の研究開発も活発である。音声合成による音声ガイドのコスト削減効果を高めるためにも重要な技術といえる。本節執筆の時点では，精度は十分ではないが，Visual Language Model（VLM）や Large Language Model（LLM）を用いて，登場人物の役名，動き，相互のインタラクション，表情の説明を生成することができている。しかし，これまで人間が制作してきた音声ガイド台本では，それらの要素に加えて，映像やストーリー展開の把握に必要な環境や状況変化なども適切に説明されてきた。また，**4.** で示したように，音声物語論の観点から，映像音と音声ガイドの相互作用の重要性も指摘されている。高精度な VLM や LLM を用いた現在の自動音声ガイド生成技術は，音声ガイド制作の第一段階に踏み込んだといえる。しかし，人間が制作する音声ガイドに匹敵する，または，代わりとなる精度に達するまでには，データセットおよびモデルのさらなる改良や新たな視点の導入が必要である。映像に付随する台本や資料を学習や推論に利用することは１つの方向性である。さらに，映像作品の長期的な文脈や展開，また，核となる要素を捉えるモデルの構築においては，プロの音声ガイド制作者やナレーターの観点や技巧の定量化とそれに基づく特徴量の抽出が助けになる。

なお，本節では，映画，放送，Web 動画などの映像メディア間の音声ガイドの違いについては言及しなかった。しかし，**2.** で述べたように，たとえば，スマートフォンと映画館では，音の解像度や立体感，また，音から得られる迫力は異なる。映像製作者はメディアごとの音環境の特性を意識して演出する。このような差が，音声ガイドに求める質を変化させることは推察できる。今後は，メディアや鑑賞条件の違いを視野に入れた研究や技術開発も必要になるだろう。

以上のように，音声合成を用いた音声ガイドは発展途上にある。しかし，これまでの開発や評価を通じて，可能性と課題に関する貴重な知見は多数得られている。今後の普及を着実なものとするためには，音声合成利用により得られるコスト削減効果を維持しながら，最低限必要な質（違和感のないアクセントやイントネーションや間，正しい漢字の読み方など）を確保したうえで，合成音声ならではの良さや表現力を発揮できるアプリケーションやシステム，また，機能の追加が重要になるだろう。それらの実現を通じて，肉声に置き代わるというより，もうひとつの表現手段としての位置付けを確かなものとすることで，音声ガイド分野全体の表現力の拡大や普及につながると考える。

文　献

1) Palabra Inc.: UDCast.
https://udcast.net/
2) HELLO! MOVIE Inc.: HELLO! MOVIE.
https://hellomovie.info/
3) NPO 法人メディア・アクセス・サポートセンター：邦画のバリアフリー対応推移 MASC 調べ.
https://www.npo-masc.org/bfchange
4) (一社) 日本映画製作者連盟：日本映画産業統計，過去データ一覧.
https://www.eiren.org/toukei/data.html
5) 総務省：令和５年度の字幕放送等の実績 (2024).
https://www.soumu.go.jp/menu_news/s-news/01ryutsu09_02000346.html
6) Thompson Terril: My Audio Description Talk @ CSUN (2017).
https://terrillthompson.com/813
7) 3Play Media: How to Select an Audio Description Vendor (2024).
https://www.3playmedia.com/blog/select-audio-description-vendor/
8) NPO 法人シネマ・アクセス・パートナーズ：音声ガイドができあがるまで.
https://www.npo-cap.jp/making-audiodescription.html
9) J. Lakritz and A. Salway: Dept. of Computing Technical Report CS-06-05, University of Surrey (2006).
10) M. Mączyńska and A. Szarkowska: Text-to-speech audio description with audio subtitling to a non-fiction film La Soufriere by Werner Herzog, 4th International Conference "Media for All" (2011).
11) M. Kobayashi, T. O' Connell, B. Gould, H. Takagi and C. Asakawa: Are synthesized video descriptions acceptable?, Proceedings of the 12th International ACM SIGACCESS Conference on Computers and Accessibility, Association for Computing Machinery, 163-170, doi: 10.1145/1878803.1878833 (2010).
12) A. Szarkowska: *Journal of Specialised Translation*, **15**, 142 (2011).
13) K. Omori, R. Nakagawa, M. Yasumura and T. Watanabe: *IEICE technical report*, **114**(512), 17 (2015).
14) A. Fernández-Torné and A. Matamala: *Journal of Specialised Translation*, **24**, 61 (2015).
15) A. Fernández-Torné: Audio description and technologies: study on the semi-automatisation of the translation and voicing of audio descriptions (2016).
16) A. Walczak and L. Fryer: *Perspectives* (*Montclair*), **26**(1), 69 (2018).
17) 小林正朋，長妻令子，立花隆輝，長野徹，高木啓伸：電子情報通信学会技術研究報告，**109**, 21 (2010).
18) L. Fryer and J. Freeman: Proceedings of the international society for presence research, 99-107 (2014).
19) 全国地域生活支援ネットワーク：平成 20 年度障害者保健福祉推進事業（障害者自立支援調査研究プロジェクト）「映画活弁士の活弁手法を活かした視覚・聴覚障害者のための副音声の開発ならびに製作事業（バリアフリー映画製作事業）研究会」，バリアフリー映画をスタンダードにするために (2009).
https://ndlsearch.ndl.go.jp/books/R100000002-I000010540405
20) I. Tor-Carroggio: *The Journal of Specialised Translation*, **34**, 171 (2020).
21) N. Sawako, N. Okochi and M. Kazutaka: *Univers Access Inf Soc*, in Press.
22) K. Maekawa: Proceedings of The ISCA & IEEE Workshop on Spontaneous Speech Processing and Recognition, 7-12 (2003).
23) J. Snyder: Audio desciption guidelines and best practices (2010).
24) D. Bragg, C. Bennett, K. Reinecke and R. Ladner: Proceedings of the 2018 CHI Conference on Human Factors in Computing Systems, 1-12, doi: 10.1145/3173574.3174018 (2018).
25) Described and Captioned Media Program: Description key - How to describe (2023).
https://dcmp.org/learn/617-description-key-how-to-describe
26) Netflix Inc.: Audio description style guide v2.5 (2023).

https://partnerhelp.netflixstudios.com/hc/en-us/articles/215510667-Audio-Description-Style-Guide-v2-5
27) T. I. T. Commission: ITC guidance on standards for audio description (2000).
28) A. Szarkowska and A. Jankowska: Emerging topics in translation: Audio description, 81-98 (2012).
29) 渡辺哲也，山口俊光，南谷和範：視覚障害者の携帯電話・スマートフォン・タブレット・パソコン利用状況調査2013（財団法人 電気通信普及財団 平成24年度 研究調査助成，2014).
30) 渡辺哲也，小林真，南谷和範：視覚障害者のICT機器利用状況調査2017（厚生労働科学研究費補助金（障害者政策総合研究事業（身体・知的等障害分野））平成28年度～平成29年度　課題名：意思疎通が困難な人に対する人的及びICT技術による効果的な情報保障手法に関する研究，2020).
31)（株）野村総合研究所，（一社）電子出版制作・流通協議会：障害者の利便増進に資するICT機器等の利活用推進に関する調査研究【報告書概要版】（総務省，2023).
https://www.soumu.go.jp/main_content/000882186.pdf
32) S. Nakajima and K. Mitobe: *Univers Access Inf Soc*, **21**(2), 405 (2022).
33) L. Fryer: *Perspectives* (*Montclair*), **18**(3), 205 (2010).
34) A. Remael: For the use of sound. Film sound analysis for audio-description: some key issue, *MonTI*, **4**, 255-276 (2012).
35) A. Remael, N. Reviers and G. Vercauteren: Pictures painted in words: ADLAB audio description guidelines (2015).
36) N. Reviers: Linguistica Antverpiensia: *New Series-Themes in Translation Studies*, **17** (2018).
37) M. Lopez, G. Kearney and K. Hofstadter: *Journal of Audiovisual Translation*, **4**(1), 157 (2021).
38) M. Lopez, G. Kearney and K. Hofstädter: *British Journal of Visual Impairment*, **40**(2), 117 (2022).
39) G. Vercauteren and N. Reviers: *Journal of Audiovisual Translation*, **5**(2), 114 (2022).
40) T. Crook: Radio drama theory and practice, Routledge (1999).
41) R. Thom: *IRIS*, **27**, 9 (1999).
42) A. Bodi et al.: Automated video description for blind and low vision users, Extended Abstracts of the 2021 CHI Conference on Human Factors in Computing Systems, Association for Computing Machinery, 1-7, doi: 10.1145/3411763.3451810 (2021).
43) V. P. Campos, T. M. U. de Araújo, G. L. de Souza Filho and L. M. G. Gonçalves: *Univers. Access Inf. Soc.*, **19**, 99 (2020).
44) V. P. Campos et al.: *ACM Trans. Access. Comput.*, **16**(2), 1 (2023).
45) T. Han et al.: AutoAD: Movie description in contextin, Proceedings of the IEEE/CVF Conference on Computer Vision and Pattern Recognition, 18930-18940, doi: 10.48550/arXiv.2303.16899 (2023).
46) T. Han et al.: AutoAD II: The Sequel - Who, When, and What in Movie Audio Description (2023).
https://arxiv.org/abs/2310.06838
47) T. Han et al.: AutoAD III: The Prequel - Back to the Pixelsin (2024).
https://arxiv.org/abs/2404.14412
48) J. Xie et al.: AutoAD-Zero: A Training-Free Framework for Zero-Shot Audio Description, ACCV (2024).
49) K. Kurihara et al.: *SMPTE Motion Imaging J.*, **128**(1), 41 (2019).
50) X. Shen et al.: Fine-grained audible video description, 2023 IEEE/CVF Conference on Computer Vision and Pattern Recognition, 10585-10596, doi: 10.1109/CVPR52688.2022.00497 (2023).
51) Y. Wang et al.: Toward automatic audio description generation for accessible videosin, Proceedings of the 2021 CHI Conference on Human Factors in Computing Systems, Association for Computing Machinery, 1-12, doi: 10.1145/3411764.3445347 (2021).

52) H. Wang, Z. Tong, K. Zheng, Y. Shen and L. Wang: *arXiv* (2024). https://arxiv.org/abs/2403.12922
53) T.-Y. Lin et al.: Microsoft coco: Common objects in contextin, Computer Vision-ECCV 2014, 740-755 (2014).
54) Y. Li et al.: TGIF: A new dataset and benchmark on animated GIF description, Proceedings of the IEEE Conference on Computer Vision and Pattern Recognition, 4641-4650 (2016).
55) S. Braun and K. Starr: *Journal of Audiovisual Translation*, **2**(2), 11 (2019).
56) M. Soldan et al.: MAD: A scalable dataset for language grounding in videos from movie audio descriptions, 2022 IEEE/CVF Conference on Computer Vision and Pattern Recognition, 5016-5025, doi: 10.48550/arXiv.2112.00431 (2022).
57) A. Dosovitskiy: *arXiv*, arXiv: 2010.11929 (2020).
58) A. Radford et al.: Learning transferable visual models from natural language supervision, *International conference on machine learning*, **139**, 8748 (2021).

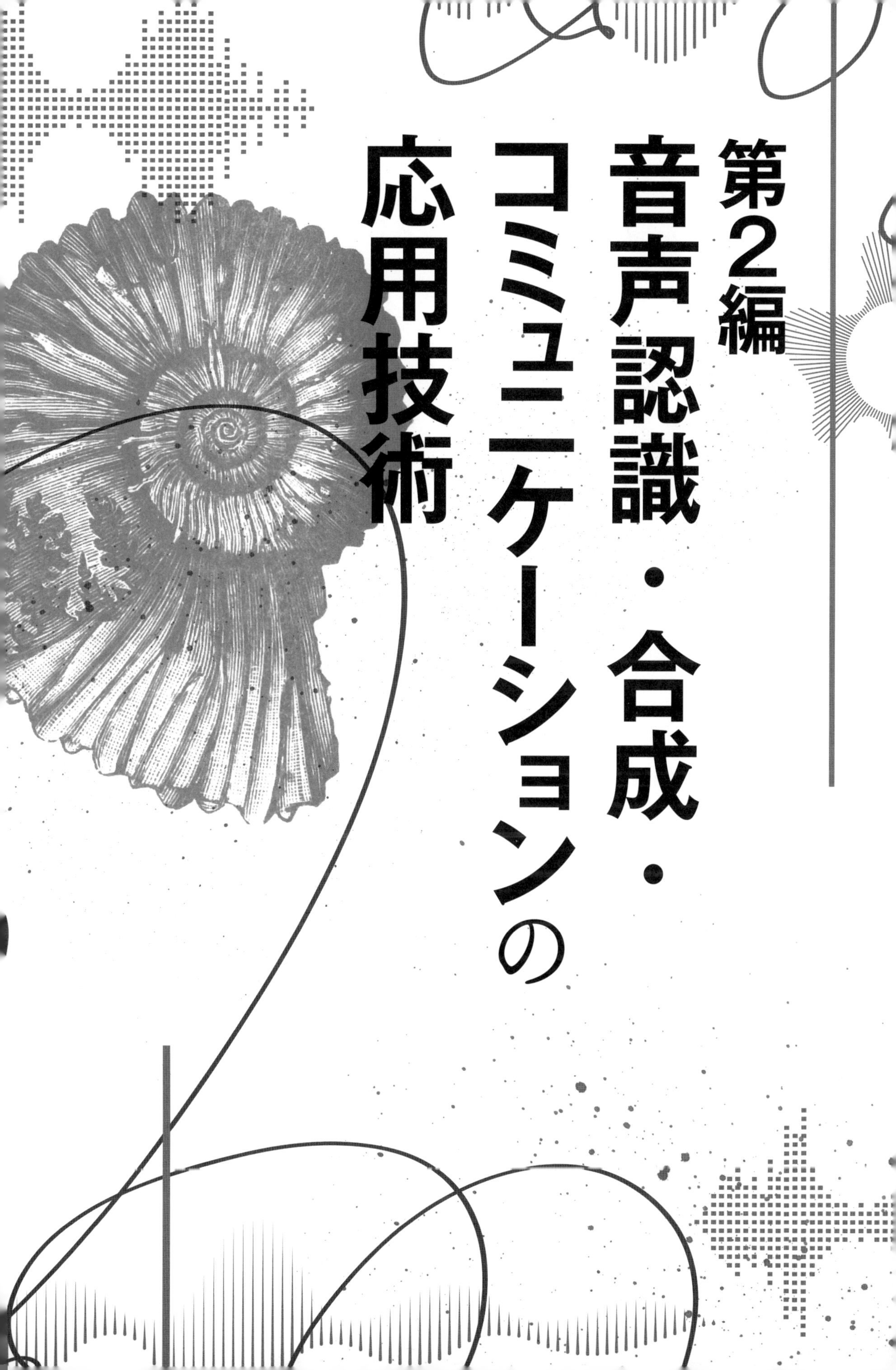

第2編
音声認識・合成・コミュニケーションの応用技術

第１節

ロボット聴覚のためのオープンソースソフトウェア HARK と PyHARK

東京科学大学　中臺　一博
株式会社ホンダ・リサーチ・インスティチュート・ジャパン　糸山　克寿

1. はじめに

ロボット聴覚は，ロボットの耳，つまり「聞き分け」機能を構築することを目的に，世界に先駆けて，2000 年に奥乃，中臺が中心となって提案した日本発の研究分野である[1]。この研究分野は，ロボット聴覚 1.0～5.0 と段階的に進化を遂げ，それぞれの段階では，音環境理解，両耳聴処理，マイクロホンアレイ処理，極限音響処理，機械学習との融合といったテーマを中心に世界をリードする研究を展開してきた。こうした研究活動のなか，それまでのロボット聴覚技術の集大成として，ロボット聴覚オープンソースソフトウェア HARK を 2008 年にオープンソース化し，以降，毎年更新を続けながら研究開発を進めている[2)-10)*1]。特に，ロボット聴覚 3.0 以降は，ロボティクスを含む幅広い分野への応用研究も活発化し，ロボット聴覚研究の進展を語るうえで HARK は欠かせない存在となっている[11)-16)]。

HARK は，ロボットを対象に実環境で実時間処理を行うことが重要な要件であったため，C/C＋＋で開発が行われてきた。しかし，近年では半導体技術の進歩による組み込みプロセッサの能力向上や大規模高速計算技術の普及に加え，それらに伴うソフトウェア開発環境の変化により，HARK を取り巻くプラットフォームの状況が大きく変化しつつある。これに対応して，HARK も C/C＋＋からの移行を進め，機械学習や信号処理研究で主流になりつつある Python のサポートや組み込み向け処理への対応を行っている。

本節では，従来版の HARK について簡単に説明した後，従来の C/C＋＋実装を活用して効率的に Python への移行を実現した PyHARK について紹介する。

[*1] https://hark.jp/

2. ロボット聴覚オープンソースソフトウェア HARK

前述のように，HARKの目的は，ロボットを対象に実環境・実時間で「聞き分け」処理を実現することであるため，複数のマイクから構成されるマイクロホンアレイを用いて，雑音や環境の変化に対して頑健に処理を行う音源定位・分離・追跡のためのオンラインアルゴリズムが複数搭載されている。これらは機能ごとにカプセル化され，モジュールとして提供されているため，信号処理や音声処理に対する十分な知識がない研究者でも，容易にモジュールを組み合わせ，各自のシステムに組み込むことができる。これにより，研究分野の裾野の拡大を図るとともに，ユーザからのフィードバックによるシステムの安定化を同時に狙っている。

HARKの開発は主に，1）机上だけでなく，実ロボットにそのまま搭載して利用可能であること，2）信号処理や音声処理に対する十分な知識がない人でもできるだけ手間をかけず利用できることの2点に重きを置いて行われている。

1点目は，ミドルウェア harkmw[17]によって実現されている。harkmw は，XMLで記述された n ファイルと呼ばれるHARKのユーザプログラムに記載されている順番で，共有ライブラリとして実装された各モジュールを関数コールすることで，モジュール統合を実現する。このため，HARKは，モジュラー構造を取りつつも，モジュール間のオーバヘッドを小さく保つことができ，ROS（Robot Operating System）*2 に代表されるソケット通信ベースのミドルウェアと比べオーバヘッドが小さい。また，マイクの本数やレイアウトもロボットやシステムに応じて変更可能である。ただし，マイクのキャリブレーションは別途必要になるため，事前にマイクロホンアレイと音源間の伝達関数が必要である。伝達関数は，マイクと音源位置を与えて，音響シミュレーションにより導出するか，実際に音響測定作業によって取得することができる。HARKでは，これらの作業を支援するツールも同時に提供している。

2点目は，GUIベースプログラミング環境 HARK Designer により実現されている。HARK Designer を使ったプログラミング例を**図1**に示す。図1に示されるように HARK Designer は web ベースの GUI プログラミング環境であり，OSに依存することなく，ほぼ同じルックアンドフィールでプログラミングを行うことができる。各機能はモジュール化されており，1つのノード（右側のパネルの箱）として表示される。このノードをGUI画面上に配置した後，ノード間を線でつなげるという作業を行うことでプログラミングを行うことができる。各機能の設定は，ノードをダブルクリックすることで表れる設定画面を通じて行うことができる。このように，機能をカプセル化して，必要最小限の表示のみを行うことで，一覧性を向上している。作成したプログラムは，XML形式の n ファイルとして格納することができる。

各機能の設定については，調整が必要な設定も一部あり，そのためのノウハウを提供する場として，毎年，参加費無料の講習会を開催している。また，HARKの使用方法を詳述した300ページを

*2 http://www.ros.org/

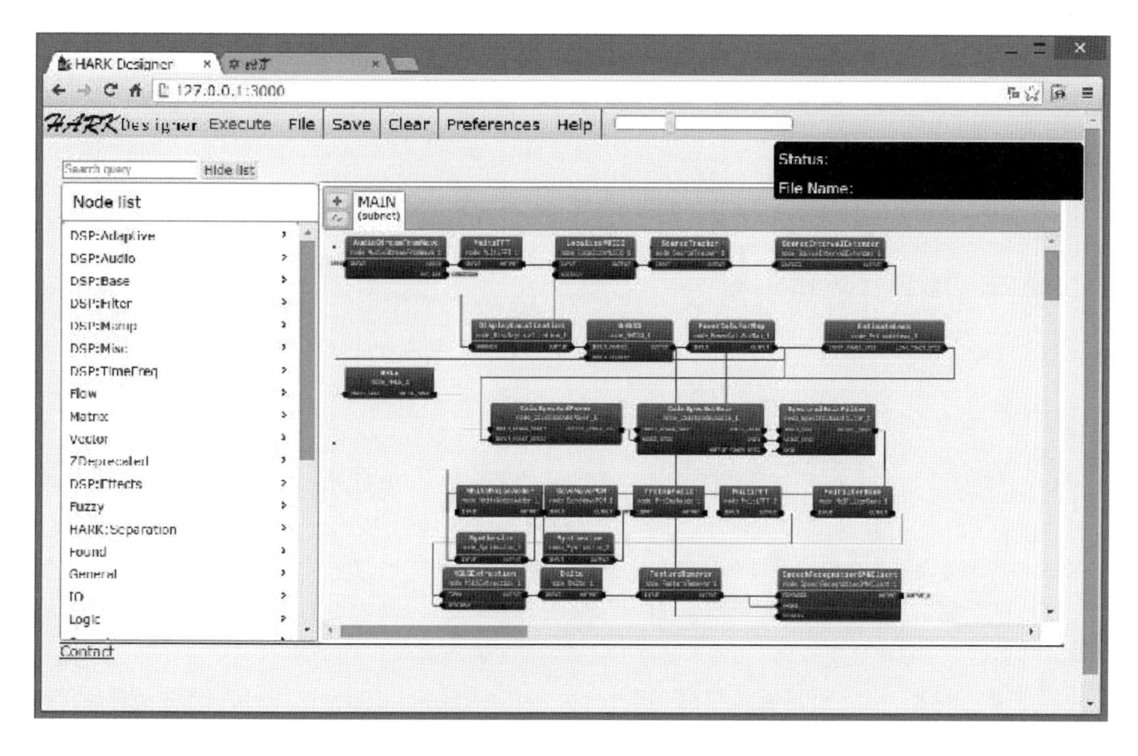

図１ HARK の GUI 環境：HARK Designer

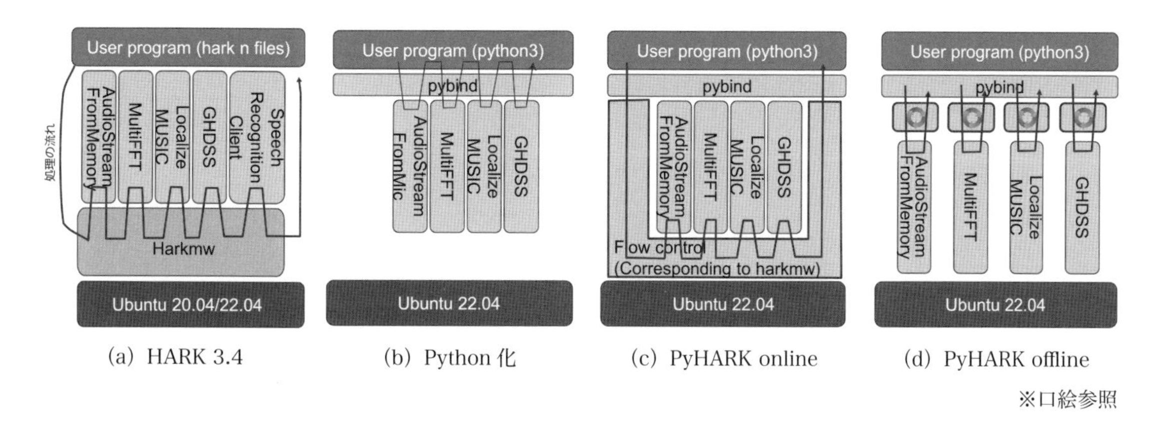

(a) HARK 3.4　(b) Python 化　(c) PyHARK online　(d) PyHARK offline

※口絵参照

図２ HARK のソフトウェアスタック

超える「HARK ドキュメント」および「HARK クックブック」を日本語と英語の両方で公開しており，さらに ChatGPT と連携してドキュメントを検索できる ChatGPT helper も提供している。

HARK と同時期には BeamformIT，BTK，ManyEars，MESSL（Model-based EM Source Separataion and Localization），FASST（Flexible Audio Source Separation Toolbox）といっ

た音響処理用のオープンソースソフトウェアもリリースされている*3が，今日まで更新・メンテナンスを続けているソフトウェアはほとんど見受けられない。近年では，深層学習ベースのソフトウェアもリリースされているが，多くは特定のバージョンのPythonやパッケージのみをサポートしており，継続的なメンテナンスも行っていない。

3. HARKの課題とPython化

HARK DesignerはGUIプログラミング環境であるため，初心者には直感的でわかりやすいものの，Node.js*4ベースであり，ブラウザを立ち上げて作業しなければならないため，プログラミングに慣れた人にとっては，必ずしも効率的な開発環境ではなかった。PyHARKでは，HARKをPythonプログラムから直接呼び出すことができるため，Python開発によく利用されるJupiter Notebook*5やVisual Studio Code*6を使い，効率的なプログラミングが可能である。また，HARKの特長である逐次処理実行機能をそのまま継承しているので，Pythonで，センサやファイルからデータを逐次的に取得し処理を行うプログラムを作成することができる。ファイルをまとめて読み込んで処理をするオフライン・バッチ処理も実装可能である。

以降では，HARKからPyHARKに至るアーキテクチャを紹介し，PyHARK化における課題，およびその解決法について議論する。

3.1　HARKのアーキテクチャ

図2（a）に従来版のHARKの代表として，HARK 3.4のソフトウェアスタックを示す。従来版のHARKでは，OSレイヤ（Ubuntu OS）の上にHARKの機能ノードの制御をつかさどるミドルウェアharkmw[17)]（緑色のボックス）が載っている。その上のレイヤは，harkmwを通じて動作するHARKの機能ノード（灰色のボックス群）で構成されている。最上位のレイヤはユーザプログラムレイヤ（水色のボックス）であり，このレイヤには，ユーザが，HARKの機能ノードを自由に配置し，それらの関係を記述することで作成したHARKのプログラム（nファイル）が置かれる。XMLを直接手作業で記述することは現実的ではないため，HARK Designerと呼ばれる独自のGUIプログラミング環境を用いてプログラミングを行う。プログラム実行時はnファイルをharkmwに引数として与えて実行する。すると，harkmwは，nファイルを読み込み，XMLのParsingを行い，nファイルの記述に沿って，フロー制御を行う。つまり，HARKの機能ノードはユーザプログラムから直接呼び出されるのではなく，図2の矢印で示されているようにharkmwからpybind11*7を通

*3　https://wiki.inria.fr/rosp/Software
*4　https://nodejs.org/ja/
*5　https://jupyter.org/
*6　https://azure.microsoft.com/ja-jp/products/visual-studio-code/
*7　https://github.com/pybind/pybind11

じて，C/C++レベルの関数コールにより実行されることになる。このような仕組みを構築することにより，以下の2つの利点が得られる。

- ノード間統合のオーバーヘッドの低減：C/C++レベルの関数コールで機能ノード間が接続されるため，統合のオーバヘッドが小さく，10 ms オーダの逐次処理が求められる音響信号処理でも十分な性能を発揮できる。
- 逐次処理記述の簡素化：ユーザが意識しなくても harkmw が裏で逐次処理を行うため，ユーザは逐次処理の1サイクル分の処理を記述するだけでよい[*8]。この仕組みは，逐次処理が必要な時系列信号の処理全般に有効といえるので，機能ノードさえあれば，音響信号処理に限定せず利用することが可能である。

一方で，n ファイルを作成するためには独自の GUI 環境をわざわざ立ち上げてプログラミングしなければならないため，ある程度プログラミングに熟練したユーザには，プログラミングの作業効率が悪いという課題があった。

3.2　PyHARK に向けた課題

HARK の問題を解決する最も簡単な方法は，熟練プログラマでもストレスなく利用できるプログラミング言語・環境で HARK を利用できるようにすることである。近年は，信号処理や機械学習では，Python が一般的に利用されるようになってきている。また，Jupiter Notebook や Visual Studio Code など Python をサポートし，かつインタラクティブにプログラミングやデバッグができる高機能なプログラミング環境が登場している。そこで，HARK を Python から利用できるよう HARK の Python パッケージ化を図ったのが PyHARK である。PyHARK を最も簡単に実現するには，図2（b）に示すように，HARK の機能ノードを，pybind11 でラップし，ユーザには，Python の関数として見えるようにすることである。このようにすれば，Python プログラム内で，“import hark” を記述することで，Python 内で HARK の機能が利用できるようになる。これだけ考えると，もはや harkmw のようなミドルウェアは不要に見えるが，実際には，このままでは以下の2つの問題が発生してしまう。

- ノード間統合のオーバーヘッドの増大
- オフライン・バッチ的な使い方は実装が大変

1つ目の問題は，harkmw がない場合，機能ノード間に直接のつながりはないため，機能ノード間のデータの受け渡しをユーザプログラム（Python）レイヤで行わざるを得ないことに起因している。これは，音響信号のような時系列信号を扱う場合は特に大きな問題となる。音響信号処理では，一般的に，一連のデータをある時間単位で分割し（この単位を一般にフレームという。音響信号の場合は 10～50 ms とすることが多い），フレーム単位で逐次的に処理を行う。たとえば，図2（b）のように，AudioStreamFromMic, MultiFFT, LocalizeMUSIC, GHDSS という機能ノードを順番に

[*8] Perl で暗黙のループを実現する “-n” スイッチと似たイメージ

実行する処理を考える。たとえば，MultiFFT から LocalizeMUSIC にデータを渡す場合，そのデータをいちいちユーザプログラムレイヤまで引き上げてから機能ノードレイヤに戻すと，レイヤをまたぐレイヤ間通信が必要になる。レイヤ間通信が行われるたびに，データのシリアライズ・デシリアライズが発生しオーバヘッドが増大する。このレイヤ間通信は，図2（b）の矢印に示すように，AudioStreamFromMic から GHDSS までの一連の処理で機能ノードにデータが渡されるたびに実行されることになる。さらに，この一連の処理が全てのフレームについて行われるため，必然的にオーバヘッドが大きくなる。

2つ目の問題は，機能ノードが，元々フレーム単位で処理を行うように作られていることに由来する。従来の HARK では，これはフレーム単位の逐次処理を可能とする利点であった。しかし，図2（b）に示すような構成を取った場合，従来の HARK では harkmw が隠ぺいしてくれていた逐次処理に相当する入力信号をフレーム単位に分割し，1フレームごとに機能ブロックを呼び出すコードをユーザ側で用意しなければならなくなってしまう。このため，従来の HARK に比べて使い勝手が悪くなってしまう。

4. PyHARK アーキテクチャ

PyHARK では，逐次処理，オフライン・バッチ処理の2種類に処理を分けて考えることで HARK の Python 化における2つの課題の解決を図っている。

4.1　逐次版 PyHARK

図2（c）に逐次版 PyHARK の構成図を示す。逐次版では，従来の HARK の利点である逐次処理を継承できるよう，機能ノードのフロー制御を導入し，ユーザの Python プログラムから呼び出しができるようになっている。フロー制御部分は，基本的には，harkmw から n ファイルを読み込み，Parsing 機能を取り除いたものに相当している。また，従来版では，harkmw は実行ファイルとなっていたが，PyHARK ではユーザのプログラム上で，Publisher, Subscriber を呼び出すことで実現している。このような違いはあるものの，端的に言えば，これまでの n ファイルに相当する部分を Python プログラムとして記述できるようにしたパッケージと捉えることができる。図2（c）の矢印で示すように実行時のフロー制御は，フロー制御部に任せて，内部的には従来版 HARK と同様，C/C++レベルの関数コールでの機能ノード接続となっているため，オーバヘッドは従来版と同様に低く抑えることができる。もちろん，Python でコーディングした自前の機能ノードを用いる場合や機能ノードの途中経過を probe したいときなどは pybind11 を経由した機能ノードへのアクセスも可能であるが，この場合は，シリアライズ・デシリアライズに伴う通信のオーバヘッドが発生する。

4.2　オフライン・バッチ処理版 PyHARK

図2（d）にオフライン・バッチ処理版 PyHARK の構成図を示す。逐次版では，逐次処理が可能

な代わりに，n ファイルに相当する機能ノードや機能ノード間の接続ネットワークの定義を Python プログラムとして記載する必要があった。HARK Designer を使わずに記述できる反面，これまで XML として記述していたものと同様の内容をプログラム化しなければならないので煩雑である。また，実際に Python でプログラミングする場合，大抵はファイルもしくはファイルセット単位で順番に処理を行うオフライン・バッチ処理として記述することが多い。オフライン・バッチ処理を念頭に置いている場合にも逐次処理のプログラムを書かなければならないのでは使い勝手が悪い。そこで，PyHARK では，逐次処理を一切意識せず，オフライン・バッチ処理的に Python のプログラミングが可能な構成を逐次版に加えて用意している。HARK の Python 化における課題の２つ目にあったように，機能ノードが，元々フレーム単位で処理を行うように作られているので，これをユーザが意識せずに済むように，pybind11 経由で機能ノードを呼び出す際に，フレームごとに回して処理をする部分が自動的に行われるように実装されている。当然，シリアライズ・デシリアライズは発生するものの，そもそもオフライン・バッチ処理用の仕組みであるため，基本的に通信のオーバヘッドは問題にはならない（問題になる場合は逐次版を使えばよい）。

5. PyHARK を用いた実装例

HARK の MultiFFT ノードを用いて，８チャンネルの音響信号に短時間フーリエ変換をかけるプログラムを PyHARK 逐次版，オフライン・バッチ版を用いて実装した例をそれぞれ **Listing 1** と **2** に示す。

Listing 1　pyhark-online-sample.py

```
1  #! /usr/bin/env python
2  # -*- coding: utf-8 -*-
3
4  import sys
5  import threading
6  import time
7  import numpy
8  import hark
9
10 # マイク数設定
11 nch    = 8
12
13 # ネットワークの定義HARK(FFT)
14 class HARK_FFT(hark.NetworkDef):
15     def build(self,
16               network: hark.Network,
17               input:   hark.DataSourceMap,
18               output:  hark.DataSinkMap):
19
20         # 機能ノードの生成
21         node_audio_stream_from_memory = network.create(hark.node.AudioStreamFromMemory, dispatch=hark
               .TriggeredMultiShotDispatcher, name="AudioStreamFromMemory")
22         node_multi_fft = network.create(hark.node.MultiFFT)
23
24         try:
25             r = [
26                 # 機能ノードのプロパティ設定と機能ノード同士の接続
27                 node_audio_stream_from_memory
28                     .add_input("INPUT", input["INPUT"])
29                     .add_input("CHANNEL_COUNT", nch)
```

```
30                      ,
31                      node_multi_fft
32                          .add_input("INPUT", node_audio_stream_from_memory["AUDIO"])
33                          # .add_input("LENGTH", 512)
34                          # .add_input("WINDOW", "CONJ")
35                          # .add_input("WINDOW_LENGTH", 512)
36                      ,
37                  ]
38  
39                  # 出力設定
40                  output.add_input("OUTPUT", node_multi_fft["OUTPUT"])
41  
42              except BaseException as ex:
43                  print('error:␣{}'.format(ex))
44  
45              return r
46  
47  # ネットワークの定義HARK(ループMAIN)
48  class HARK_Main(hark.NetworkDef):
49      def __init__(self):
50          hark.NetworkDef.__init__(self)
51  
52      def build(self,
53                network: hark.Network,
54                input:   hark.DataSourceMap,
55                output:  hark.DataSinkMap):
56  
57          try:
58              # フロー制御用
59              node_publisher = network.create(hark.node.PublishData, dispatch=hark.RepeatDispatcher,
                      name="Publisher")
60              node_subscriber = network.create(hark.node.SubscribeData, name="Subscriber")
61              # ネットワークの読込みHARK(FFT, ループ1回分の処理)
62              loop = network.create(HARK_FFT, name="HARK_FFT")
63          except BaseException as ex:
64              print(ex)
65  
66          # フロー制御との接続
67          r = [
68              loop
69                  .add_input("INPUT", node_publisher["OUTPUT"]),
70              node_subscriber.add_input("INPUT", loop["OUTPUT"])
71          ]
72  
73          return r
74  
75  # 結果取得用
76  def received(data):
77      print('>>>>␣received:␣{}'.format(data))
78  
79  def main(args=sys.argv[1:]):
80  
81      # ネットワーク読込みHARK
82      network = hark.Network.from_networkdef(HARK_Main, name="HARK_Main1")
83  
84      # フロー制御用
85      publisher = network.query_nodedef("Publisher")
86      subscriber = network.query_nodedef("Subscriber")
87  
88      # 結果取得用
89      subscriber.receive = received
90  
91      # 読込んだネットワークの実行
92      try:
93          def target():
94              network.execute()
95  
96          th = threading.Thread(target=network.execute)
97          th.start()
98      except BaseException as ex:
99          print(ex)
100 
101     # 音響信号生成 (8 ch, 16bit integer)
102     freqs = numpy.logspace(0, 3, endpoint=False, num=nch+1, base=2)[:nch] * 440
103     phase = numpy.arange(16000) * freqs[:, None] / 16000 * 2 * numpy.pi
104     audio = (numpy.sin(phase) * 32768).astype(numpy.int16)
105 
106     # シフト長 160 でフレーム化
107     input = numpy.lib.stride_tricks.sliding_window_view(audio, (nch, 160))[0, ::160]
108 
109     # フレーム毎実行
```

```
110        try:
111            for t in range(input.shape[0]):
112                if not th.is_alive():
113                    break
114                print('<<<< send: count={}'.format(t))
115                publisher.push(input[t,:,:])
116                time.sleep(0.01)
117        finally:
118            publisher.close()
119            network.stop()
120            th.join()
121
122    if __name__ == '__main__':
123        main(sys.argv[1:])
```

Listing 2　pyhark-offline-sample.py

```
1   #! /usr/bin/env python
2   # -*- coding: utf-8 -*-
3
4   import hark
5   import numpy
6
7   # マイク数設定
8   nch   = 8
9
10  # 音響信号生成 (8 ch, 32 bit float)
11  freqs = numpy.logspace(0, 3, endpoint=False, num=nch+1, base=2)[:nch] * 440
12  phase = numpy.arange(16000) * freqs[:, None] / 16000 * 2 * numpy.pi
13  audio = numpy.sin(phase).astype(numpy.float32)
14
15  # フレーム化フレーム長( 512 シフト長 160)
16  input = numpy.lib.stride_tricks.sliding_window_view(audio, (nch, 512))[0, ::160]
17
18  multi_fft = hark.node.MultiFFT()
19  output = multi_fft(INPUT=input)
20
21  print(output.OUTPUT)
```

Listing 1では，nファイルに相当するネットワークの定義を行っているのが，HARK_Mainクラス（48～73行目），HARK_FFTクラス（14～45行目）である。HARK_Mainクラスでフロー制御を含めたネットワークの枠組みを用意し，1フレーム分の処理を記述したHARK_FFTクラスがそのなかで展開されている。これらのクラスのなかでは，用いる機能ノードの宣言，各機能ノードのプロパティ設定，機能ノード間の接続設定が記述されている。HARK_Mainでは，これに加え，フロー制御とのインタフェース用に，Publisher, Subscriberが記述されている。79～120行目のmain関数では，上記のクラスで行ったネットワーク定義を読み込み，スレッドとしてこれを実行した後，マイクなどのセンサからデータが得られるたびにPublisherを通じてそのデータをpushする（115行目）。PyHARK内部では，決められたフレーム長（デフォルト値は512サンプル）を単位として，逐次処理が実行される。このプログラムでは，実センサ入力の代わりに，102～105行目で生成したデータをフレームシフト長である160サンプルおきにフレーム化してpushしているが，実センサでは必ずしもフレームシフト長分のデータが毎回きっちり得られるわけではない。実際には，HARKネットワーク内のAudioStreamFromMemory（27行目）がバッファ処理を行い，取得データ量の揺れを吸収するため，取得した分だけpushすればよい仕組みになっている。

Listing 2は，逐次処理を意識する必要がないので，事前にネットワーク定義を行う必要もなく，逐次版に比べシンプルに記述することができる。10～13行目は，入力信号を生成する部分であり，データ型がfloat32であることを除けば，逐次版と同等のコードになっている。逐次版では，センサから得られたデータだけをPublisherにpushしており，512サンプルのフレームの生成はAudio-StreamFromMemoryが行っていた。オフライン・バッチ版では，最初から全てのデータが利用可能であることが前提であるので，わざわざこのような処理をするまでもなく，16行目で直接，全データに対して，フレーム長512サンプル，シフト長160サンプルでフレーム化処理を行っている。フレーム化したデータをまとめてMultiFFTオブジェクトに入力するだけで結果を得ることができる。

PyHARKを用いれば，プロトタイピングの際は，オフライン・バッチ版を用いて記述し，その後逐次版に移行することで，同じPython上で実センサを用いて逐次処理版のプログラムを比較的容易に構築することができる。また，現在計画を進めている組み込み版は逐次処理版と親和性が高い設計になっているので，IoTなどの実開発への移行コストを低減することが可能となる。

6. PyHARKの性能

Listing 1 (Online)，Listing 2 (Offline)，および従来のHARK (OSS) の処理速度の比較を行った。

入力であるinput.wavとして，8チャンネルの音響信号20秒分を用いた。この信号には，マイクロホンアレイから見て，0度と180度の方向に，それぞれ白色雑音が音源として含まれている。実験は，VMWare Player 16上のUbuntu 22.04 OSで行った。VMにはIntel i7-12700Kの論理コアを4つ，またメモリを32 GB割り振った。また，実験の際は，表示処理などのI/Oの影響をなるべく低減するために，kivyなどの描画や標準出力に書き込む処理をOFFにして実験を行った。また，従来は，実時間処理を担保するために，LocalizeMUSICの固有値展開実行の頻度を通常は50フレームに1回と間引いて実行（PERIOD＝50）していたが，今回はPERIODの値を1に設定することで毎フレーム固有値展開を実行する設定とした。実験は，各条件ごとに10回ずつ行い，平均と標準偏差をプロットした。

結果を**図３**に示す。まず，オフライン処理，オンライン処理ともに，信号長である20秒以下で処理が終わっており，毎フレーム固有値展開を行っても，実時間処理性が保たれていることがわかる。また，オンライン処理には，実行時間にばらつきがあるものの，両者とも，平均実行時間は同程度となっており，オーバヘッドが同等であることがわかる。一方で，従来のHARKはリアルタイムファクターで1.5以上となっている。実際

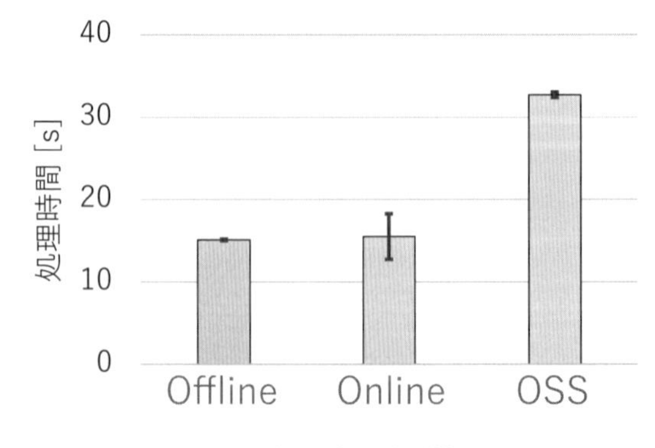

図３　処理時間計測結果

には，従来のHARKと比較すれば，PyHARKの実装のオーバヘッドは，若干ではあるが大きくなっているはずである。この結果は，PyHARKの実装の際に，同時に行ったC＋＋部分のマルチスレッド化，およびEigen[*9]の導入が，増加したオーバヘッド以上に効いているためと考えられる。

7. おわりに

本節では，ロボット聴覚オープンソースソフトウェアを紹介し，近年の状況に対応するため，既存の資源を活用しつつ，Python化を実現したPyHARKを紹介した。PyHARKはHARKの機能をPythonから利用できるようにすると同時に，従来のHARKの利点である逐次処理も記述可能なパッケージである。本節では触れていないが，近年，要望が大きいFPGA，GPUといった組み込み向けプロセッサへの対応も行っている。詳細はHARKのHPを参照していただきたい。

文　献

1) K. Nakadai, T. Lourens, H. G. Okuno and H. Kitano: Active audition for humanoid, Proceedings of 17th National Conference on Artificial Intelligence, 832-839 (2000).
2) K. Nakadai, T. Takahashi, H. G. Okuno, H. Nakajima, Y. Hasegawa and H. Tsujino: Design and implementation of robot audition system "HARK", *Advanced Robotics*, **24**, 739-761 (2010).
3) K. Nakadai, H. G. Okuno and T. Mizumoto: Development, deployment and applications of robot audition open source software HARK, *Journal of Robotics and Mechatronics*, **29**(1), 16-25 (2017).
4) 中臺一博：オープンソースコミュニティーに貢献するということ，映像情報メディア学会誌，**71**(5), 647-653 (2017).
5) 中臺一博，奥乃博：ロボット聴覚用オープンソースソフトウェアHARKの展開，デジタルプラクティス，**2**(2), 133-140 (2011).
6) K. Nakadai, H. G. Okuno, T. Takahashi, K. Nakamura, T. Mizumoto, T. Yoshida, T. Otsuka and G. Ince: Introduction to open source robot audition software HARK, The 29th Annual Conference of the Robotics Society of Japan (2011).
7) 奥乃博，中臺一博：ロボット聴覚オープンソフトウエアHARK，日本ロボット学会誌 特集「ロボット聴覚」，**28**(1), 6-9 (2010).
8) K. Nakadai, H. G. Okuno, H. Nakajima, Y. Hasegawa and H. Tsujino: An open source software system for robot audition HARK and its evaluation, 2008 IEEE RAS International Conference on Humanoid Robots, 561-566 (2008).
9) 中臺一博，奥乃博，中島弘史，長谷川雄二，辻野広司：ロボット聴覚オープンソースソフトウェアHARKの概要と評価，第26回日本ロボット学会学術講演会予稿集 (2008).
10) 中臺一博，山本俊一，奥乃博，中島弘史，長谷川雄二，辻野広司：ロボット聴覚用オープンソースソフトウェアHARKの概要，ロボティクス・メカトロニクス 講演会2008 講演論文集 (2008).
11) 公文誠，若林瑞穂，干場功太郎，中臺一博，奥乃博：ドローンによる地上音源の位置推定―HARKを用いたドローン聴覚の取り組み，第19回計測自動制御学会システムインテグレーショ

[*9] https://gitlab.com/libeigen/eigen

ン部門講演会 講演論文集 (2018).
12) 鈴木麗璽, 炭谷晋司, 中臺一博, 奥乃博：ロボット聴覚技術を用いた鳥類の歌行動分析の試み—複数のマイクロホンアレイを用いた二次元リアルタイム歌定位—, 第18回計測自動制御学会システムインテグレーション部門講演会 講演論文集, 1124-1126 (2017).
13) 中臺一博, 坂東宜昭, 水本武志, 干場功太郎, 小島諒介, 糸山克寿, 杉山治, 公文誠, 奥乃博：HARK 2.3の紹介とタフロボティクスチャレンジへの展開, 第17回計測自動制御学会システムインテグレーション部門講演会 講演論文集, 2175-2178 (2016).
14) 中臺一博, 水本武志, 中村圭佑, 奥乃博：HARK 2.2の新機能とその組込み, SaaSへの展開, 第16回計測自動制御学会システムインテグレーション部門講演会 講演論文集, 1835-1838 (2015).
15) 中臺一博, 奥乃博：ロボット聴覚オープンソースソフトウェアHARKの紹介, 第15回計測自動制御学会システムインテグレーション部門講演会 講演論文集, 1712-1716 (2014).
16) 中臺一博, 奥乃博：ロボット聴覚用オープンソースソフトウェアHARK 1.0.0の概要, 第11回計測自動制御学会システムインテグレーション部門講演会 講演論文集, 1771-1774 (2010).
17) 木下智義, 中臺一博：ロボット聴覚オープンソースソフトウェアHARK用ミドルウェアHARK middlewareの紹介, 人工知能学会研究会資料 SIG-Challenge-057-012, 73-78 (2020).

第２節

叫び声から危機を検知するための音声コーパス構築

立命館大学　福森　隆寛

1. はじめに

安全な暮らしの実現に欠かせない防犯システムは生活様式の多様化や少子高齢化に伴ってますます重要となっている。これまでカメラで取得した動画像情報に基づく生活監視システム[1)]が一般的であったが，最近ではマイクロホンで収録した音情報を利用して異常事態を検知する音響監視システム[2)]が注目を集めている。従来は，銃声音[3)]，警報音[4)]，雨音[5)]，走行車両音[6)7)]，機械の故障音[8)]などが研究対象とされてきた。このようなシステムで危機検知や緊急時の救助活動を円滑に行うには，前述の音事象だけでなく日常会話などの平静音声が混在する入力データから叫び声を検出する技術が不可欠である。近年は深層学習に基づく分類が主流となりつつある。たとえば，叫び声を収録したコーパスにおいて，Convolutional Neural Network（CNN）や Recurrent Neural Network を用いて音声特徴量の時間変化と発話状態の関係をモデル化する手法が複数提案されている[9)-12)]。

上記の先行研究が用いる叫び声コーパスには２つの課題がある。第一に，既存コーパスは危機的状況での発声に特化して構築されている点が挙げられる。たとえば，Gaviria ら[10)]は「あー」や「助けて」のように，公共の場で助けを求める状況で叫ばれる音声を用いて叫び声分類器を学習している。しかし，この学習リソースには非危機的状況下における叫び声（例：歓声）が含まれておらず，分類器のテスト時に緊急度の低い叫び声を除外できるとは限らない。

第二の課題は，従来研究のコーパス用途が平静音声と叫び声の分類タスクのみに限られる点である。実際に防犯システムを実装・運用するうえでは強く叫んでいる音声を優先的に検出すべきである。しかし，既存の叫び声コーパスには平静音声と叫び声のいずれかのラベルしか付与されていないため，叫び声の強度を予測することが困難である。この問題を解決するには，聞き手が知覚する叫び声らしさの度合い（本節では叫び声の強度と呼ぶ）を音声データに対応付ける必要がある。以上のことから，緊急度の高い危機的音声を的確に検知するには，多様な叫び声を収録したコーパスの構築と，それに対する強度スコアの付与が求められる。

そこで本節では，怒号，悲鳴，歓声を含む叫び声コーパス RItsumeikan Shout Corpus (RISC)[13]に関する研究について紹介する。この研究では，音声収録時に，危機的状況下で叫ばれ得るフレーズとそれ以外で叫ばれ得るフレーズをあらかじめ定義し，発声者による演じ分けを依頼した。さらに，クラウドソーシングサービスによる聴取実験に基づき，各叫び声データに対して強度スコアを付与した。これら2種類のメタデータにより，音声の危機的状況の分類と，叫び声の強度予測という2つのタスクを実現する。

2. 叫び声コーパス RISC の構築

2.1　発話フレーズの選定

音声コーパスを構築する際，あらかじめ用意した台本を話者に読み上げさせることが多い。本研究も以下の通りに発話するフレーズのセットリストを用意した。

フレーズのクラスとフレーズ数の決定：今回は，危険度の高い状況で叫ばれやすいフレーズ（H クラス），危険度が低い状況に叫ばれやすいフレーズ（L クラス），危険度の分類が難しいフレーズ（H/L クラス）の3種類のクラスを定義した。叫び声を録音するにあたり，叫ぶことに対する話者への負担を考慮してフレーズ数を50とした。H，L，H/L クラスのフレーズ数はそれぞれ20，20，10とした。H/L クラスの10個のフレーズには，将来，叫び声における母音の違いを分析できるように5個の母音が含まれる。

フレーズ候補の列挙：音声言語研究に取り組む20代の大学院生5名（男性4名，女性1名）に対し，一般に人が叫び得るフレーズの候補を55個列挙させた。そして，これらの候補を音声言語の知識を有さない20代の学部生5名（男性5名）に提示し，それらが叫び声として適切なフレーズであるか否かを2択で回答させた。その結果，過半数の学生が叫び声のフレーズとしてふさわしくないと判断した2個を候補リストから除外し，53個を残した。

各クラスのフレーズの選定：叫び声には怒号，悲鳴，歓声などがあり得るが，なかでも歓声は危険度が低いと考えられる。そこで，候補リスト内のフレーズが危険な場面で生じ得るかを，前述と同じ5名の学部生に評価させた。具体的には，53個の各フレーズに対する印象をH，L，H/L のクラスから1つ選択させた。この回答結果をもとに，過半数の票を獲得したクラスをそのフレーズの暫定的なクラスと見なした。つまり，H，L，H/L クラスでそれぞれ3票，1票，1票を獲得したフレーズの暫定的なクラスはHとなる。ただし，2クラスへの投票が同数となった場合（たとえば，H，L，H/L クラスにそれぞれ2票，2票，1票が投じられた場合など）は，そのフレーズのクラスをH/Lとした。

表１　50 個の発話リスト

01	あー	02	いー	03	うー	04	えー	05	おー
06	きゃー	07	まじでー	08	はやくー	09	おーい	10	だいじょうぶですかー
11	やったぁー	12	ふぁいとー	13	すげー	14	きれいー	15	がんばれー
16	きたー	17	やっほー	18	かったー	19	いけー	20	よっしゃー
21	わーい	22	ひろーい	23	おはよー	24	でけー	25	こんにちはー
26	あったー	27	いたー	28	こっちこっち	29	ひさしぶりー	30	わぁー
31	うわー	32	さがれー	33	たすけてー	34	だれかー	35	にげろー
36	ふせろー	37	やめろー	38	くるなー	39	とまれー	40	どけー
41	ちかづくな	42	しゃがめー	43	よけろー	44	うるさい	45	かえせー
46	ふざけるなー	47	どろぼー	48	うごくなー	49	かじだー	50	ぎゃー

３クラスのおのおのについて投票数をもとに 53 個のフレーズを降順ソートし，上位となるフレーズのみを抽出した。具体的には，H クラスと L クラスにそれぞれ 20 個ずつ，H/L クラスに５個を選定した。最終的に，選別した 45 個のフレーズに５母音を追加して**表１**に示す 50 フレーズの発話リストを構築した。表中の 01～05 は母音，06～10 は危険度が高い/低いのどちらにも該当するフレーズ（H/L クラス），11～30 は危険度が低いフレーズ（L クラス），31～50 は危険度が高いフレーズ（H クラス）を示す。

2.2　音声収録

コーパス構築のため，20 代の大学院生と学部生 50 名（男性 29 名，女性 21 名）に対し，表１に示す 50 個のフレーズを２種類の発声状態（平静音声と叫び声）で読み上げてもらった。参加者には事前に収録目的と用途を説明し，全員から同意書を得るなどのインフォームドコンセントを実施した。全ての音声は**表２**の特性を持つ大学内の簡易スタジオにて収録した。話者の位置はスタジオ中央に設置したマイクロホンから 0.5 m 離れた地点とし，マイクロホンの高さは話者の口元と同じ高さとした。使用機材および録音条件を**表３**に示す。収録時は 110 dBA の音声でもクリッピングが生じないように入力レベルを調整し，収録全体を通して同じレベルを用いた。本収録の前に，機材の動作確認と発声練習を兼ねた試験収録を各参加者につき 10 分程度実施した。

表２　収録スタジオの特性

部屋の大きさ	幅：3.1 m, 奥行き：5.4 m, 高さ：2.7 m
残響時間(T_{60})	200 ms
気温	22℃
湿度	35%
暗騒音レベル	30.0 dBA

表３　使用機材と録音条件

マイクロホン	AKG C214
オーディオインターフェース	Roland Rubix22
標本化周波数	48 kHz
量子化ビット数	16 bit
ファイルフォーマット	Wav 形式（リトルエンディアン）

本収録では，前半に50文の平静音声を，後半に同じ50文の叫び声を収録した。平静音声の収録では25個のフレーズごと，叫び声の収録では10個のフレーズごとに水分補給を含む3分間の休憩を設けた。表1の発話リストのうち，危険度が高い/低いフレーズ（表中の11～50）を叫ぶときは，そのフレーズを叫ぶ状況を想像しながら発声するように話者に指示した。それ以外のフレーズについては，平静音声と明確に区別して発声すること以外に特別な指示は与えず，自由に叫ばせた。発声時の感情の含め方については，見本や客観的な基準は設けず，フレーズにふさわしいと思う叫び方を話者に主観的に判断させた。なお話者が再発声を希望した場合と，フレーズの言い間違いや収録アクシデントが発生した場合のみ，音声を再収録した。以上により，叫び声と平静音声を2,500個ずつ，合計5,000個の音声データを収集した。

2.3　叫び声の強度スコアの付与

収録した叫び声に強度スコアを付与するため，聴取実験のクラウドソーシングを実施した。はじめに，データセット内の2,500個の叫び声をランダムに20個ずつ抽出し，合計125個のサブセットを構築した。全ての音声はいずれかのサブセットに1個だけ含まれており，同一音声が複数のサブセットに重複して含まれることはない。なお，単純な音量による評価を避けるため，音声の最大振幅は量子化ビット数（本実験では16 bit）に対応する32,767に正規化した。発話区間の前後には200 msの非発話区間を設けた。

クラウドソーシングでは，1サブセット内の20個の叫び声および1個の平静音声の評価をタスク1回分として評価者を募った。ここで新たに追加した平静音声とは，評価者の不誠実な回答を検出するためのダミー音声であり，これを叫び声と評価した回答者を除外するために利用した。評価者には最大3回の実験参加を認め，同一サブセットが割り当たらないよう設定した。評価者人数は693名となった。なお，音声録音に参加した話者は，このクラウドソーシングタスクの評価に参加していない。聴取時にはヘッドホンまたはイヤホンを装着してもらい，各音声の叫び声らしさを1（全く叫び声ではない）～7（非常に叫び声らしい）の7段階で回答させた。

1音声につき10名の良質なスコアを収集するために次の手順を適用した。まず各サブセットを12名に評価してもらい，サブセット内のダミー音声に対して2以上のスコアが付与されていた場合を不誠実な回答と見なし，当該評価者の全回答を削除した。11名以上の結果が得られたサブセットについては，そこから10名分のスコアをランダムに選択した。

以上の聴取実験で得られた叫び声の強度スコアの散布図を**図1**に示す。図1（a）では，横軸の話者番号ごとに50個の点がプロットされており，これらは50個のフレーズに対応する。図中の点は10名の聴取者が評価した強度スコアの平均と標準偏差を表し，話者番号のfは女性，mは男性を表す。一方，図1（b）では，横軸のフレーズ番号ごとに50個の点があり，これらは50名の異なる話者に対応する。図中の各点は，図1（a）と同様で，強度スコアの平均と標準偏差を表す。フレーズ番号は表1に対応しており，01～05は母音，06～10，11～30，31～50はそれぞれH/Lクラス，Lクラス，Hクラスのフレーズである。図1（a）の話者別の結果では，話者f1，f12，f15，m8，

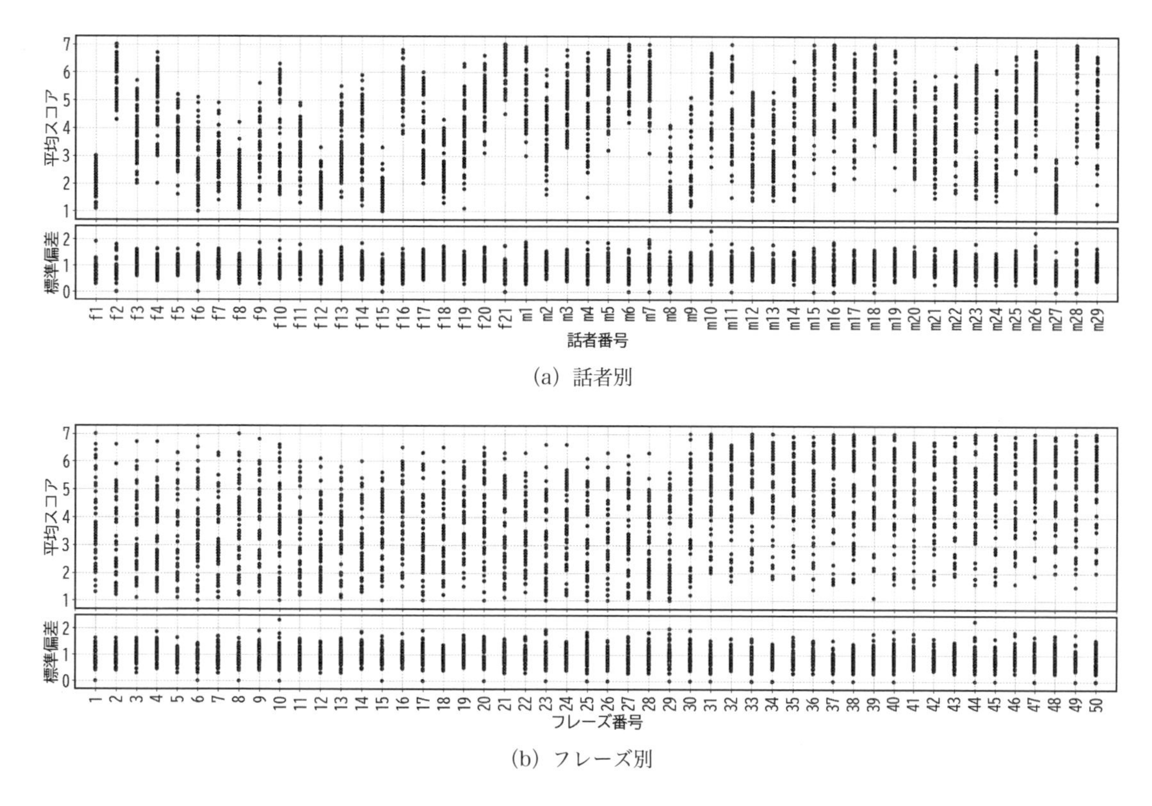

(a) 話者別

(b) フレーズ別

図 1　叫び声の強度スコアの分布

m27 は全体的に低いスコアを，話者 f2，f16，f21，m6 は高いスコアを示した。このことから，聴取者が感じる叫び声らしさは，話者によって大きく異なることがわかった。一方，図 1（b）のフレーズ別の結果では，全てのフレーズについて叫び声らしさがおおむね一様にばらついた。これは，各フレーズにおいて強く叫んだ話者とそうでない話者のスコアがまとめてプロットされたためである。ただし，H クラスのフレーズに対するスコアは他クラスのフレーズと比べて高い傾向を示した。これは聴取者がフレーズの言語情報に影響されている，あるいは話者が危険度が高いことを意識しながらフレーズを読み上げたためだと考えられる。

3. RISC を用いた評価実験

構築した叫び声コーパス RISC を用いて 2 種類の実験を行った。[実験 1] では入力音声を平静音声と 3 種類の叫び声（危険度が高い/低い/どちらにも該当）の 4 クラスのいずれかに分類する。[実験 2] では図 1 に示す叫び声の強度スコアを予測する。これらのタスクから，緊急度の高い危機的状況の検知が可能になると考えられる。

3.1　実験条件

RISC に収録されている音声の標本化周波数を 16 kHz にダウンサンプリングし，40 名分の学習音声と 10 名分の評価音声に分割して 5 分割交差検証を実施した。さまざまな雑音条件を考慮するために，NOISE-X92[14]に収録されている工場騒音を，∞，20，10，5，0，5，−10，−20 dB の 8 種類の信号対雑音比（SNR）でクリーン音声に加算した。[実験 1] では，RISC に含まれる全ての音声を以下の 4 クラスに分割した。

(1) Normal：2,500 個の平静音声（全フレーズ 50 個×話者 50 名）
(2) Shout-H：1,000 個の叫び声（H クラスのフレーズ 20 個×話者 50 名）
(3) Shout-L：1,000 個の叫び声（L クラスのフレーズ 20 個×話者 50 名）
(4) Shout-H/L：500 個の叫び声（5 母音と H/L クラスのフレーズ 5 個×話者 50 名）

[実験 2] では発話リストの全フレーズに対する叫び声（2,500 個）とそれらの強度スコアを用いた。本実験における各音声に対する強度は 10 名の評価者が付与したスコアの平均値とした。

入力特徴量は，従来手法で利用されている MFCC[15)16)]やメルスペクトログラム[9)]の低次元特徴量に加えて，スペクトログラムとケプストログラムの高次元特徴量を利用した。スペクトログラムはパワースペクトルを時間方向に並べるのに対して，ケプストログラムはケプストラムを時間方向に並べた特徴量である。特徴量を抽出する際のフレーム長は 1,024 点，シフト長は 512 点とした。特徴量

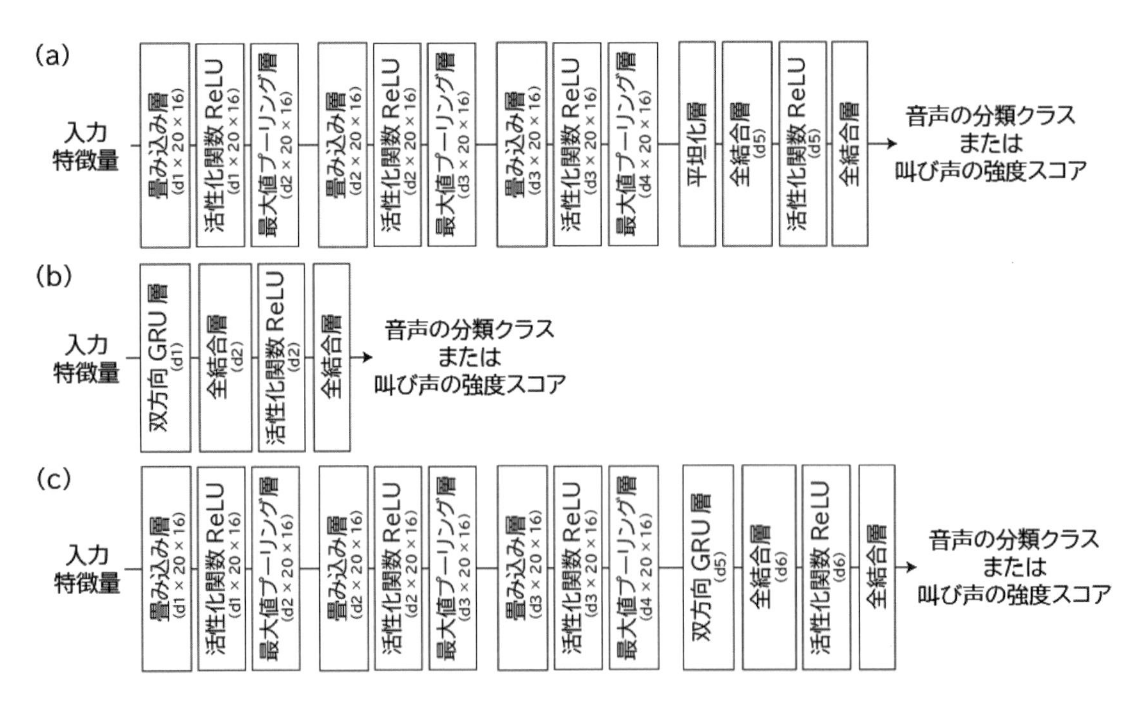

図2　ネットワーク構造

の1フレームあたりの次元数は，低次元特徴量は30次元，高次元特徴量は512次元とした。この特徴ベクトルを20フレーム分連結した行列をネットワークに入力する特徴量として利用した。

ネットワーク構造は**図2**に示すように，(a) CNN，(b) Gated Recurrent Unit (GRU)，(c) CNNとGRUの結合の3種類を利用した。図中のReLUは活性化関数の1つであるRectified Linear Unit，括弧内の値は各層の出力ユニット数を表す。図2 (a) のd1～d5の各値は，高次元特徴量では512，20，20，4，64，低次元特徴量では30，10，3，1，16とした。図2 (b) のd1，d2は，高次元特徴量では1024，64，低次元特徴量では60，16とした。そして，図2 (c) のd1～d5の値は図2 (a) と同じであり，d6は高次元特徴量では64，低次元特徴量では16とした。最終層の全結合層におけるユニット数は［実験1］では4，［実験2］では1とした。［実験1］では最終層の出力からSoftmax関数により入力音声のクラスを決定する。［実験2］では最終層の出力から叫び声の強度を直接推定する。ネットワークの最適化にはAdam[17]（学習率：0.001，$\beta_1=0.9$，$\beta_2=0.999$）を用い，バッチサイズは50，エポック数は100とした。損失関数は，［実験1］ではクロスエントロピー，［実験2］では平均二乗誤差とした。

3.2　実験結果

3.2.1　［実験1］音声の4クラス分類

平静音声と3種類の叫び声の分類結果に関する重み付きF1スコアを**表4**に示す。全体的な傾向として高次元特徴量であるスペクトログラムが他の特徴量よりも高い分類性能を達成した。特にネットワークとしてGRUやCNN-GRUを用いると重み付きF1スコアが0.53を達成した。分類結果をさらに詳しく分析するために，入力特徴量にスペクトログラム，ネットワークにCNN-GRUを用いたときのSNR＝∞ dBにおける混同行列を**図3**に示す。図中のNormal，Shout-H，Shout-L，

表4　音声の4クラス分類の結果（重み付きF1スコア）

入力特徴量	ネットワーク	SNR［dB］								平　均
		∞	20	10	5	0	−5	−10	−20	
メルスペクトログラム	CNN	0.54	0.54	0.53	0.53	0.53	0.50	0.43	0.23	0.48
MFCC		0.57	0.56	0.56	0.54	0.52	0.49	0.42	0.24	0.49
スペクトログラム		0.54	0.54	0.54	0.53	0.53	0.52	0.48	0.28	0.50
ケプストログラム		0.55	0.54	0.53	0.52	0.51	0.48	0.43	0.23	0.47
メルスペクトログラム	GRU	0.54	0.54	0.54	0.53	0.50	0.44	0.35	0.19	0.45
MFCC		0.47	0.40	0.30	0.24	0.20	0.17	0.15	0.15	0.26
スペクトログラム		0.60	0.60	0.59	0.59	0.57	0.53	0.44	0.28	0.53
ケプストログラム		0.59	0.56	0.53	0.52	0.47	0.40	0.31	0.16	0.44
メルスペクトログラム	CNN-GRU	0.54	0.54	0.54	0.54	0.54	0.50	0.42	0.23	0.48
MFCC		0.58	0.56	0.55	0.53	0.51	0.48	0.42	0.24	0.48
スペクトログラム		0.59	0.59	0.59	0.58	0.57	0.54	0.48	0.27	0.53
ケプストログラム		0.54	0.54	0.54	0.53	0.52	0.50	0.43	0.24	0.48

Shout-H/Lは，それぞれ3.1で定義した平静音声と3種類の叫び声（危険度が高い/低い/どちらにも該当）のクラスに対応する。この結果より，平静音声（Normal）は80%以上の精度で叫び声（Shout-H，L，H/L）から分離できた。一方，叫び声クラスごとの識別精度はShout-Hが62.4%，Shout-Lが47.9%，Shout-H/Lが38.0%であった。また曖昧なフレーズであるShout-H/Lの音声はShout-HやShout-Lに誤分類されることが多かった。これらの結果は，音響特徴のみに基づいて叫び声を分類することの難しさを表しており，今後は音声認識によって得られる言語情報が叫び声の分類精度に与える影響などを詳細に分析する必要がある。

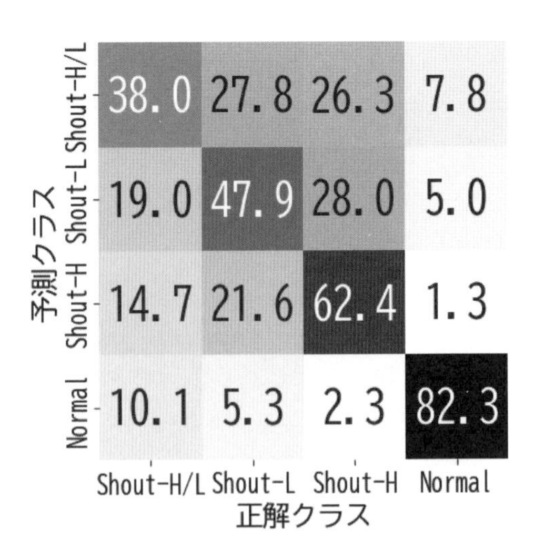

図3　混同行列

3.2.2　［実験2］叫び声の強度スコア予測

表5に叫び声の強度スコアの真値と予測値のRoot Mean Square Error（RMSE）を示す。スペクトル空間の特徴量同士（メルスペクトログラムとスペクトログラム）やケプストラム空間の特徴量同士（MFCCとケプストログラム）で比較すると，高次元特徴量を用いた場合の予測誤差が低次元特徴量よりも低減されていることがわかる。ここで入力特徴量にスペクトログラム，ネットワークに

表5　叫び声の強度スコア予測の結果（スコアの真値と予測値のRMSE）

入力特徴量	ネットワーク	SNR［dB］								平　均
		∞	20	10	5	0	−5	−10	−20	
メルスペクトログラム	CNN	1.37	1.37	1.38	1.37	1.40	1.43	1.51	1.73	1.45
MFCC	CNN	0.99	1.08	1.13	1.19	1.24	1.37	1.48	1.67	1.27
スペクトログラム	CNN	1.11	1.11	1.12	1.14	1.20	1.31	1.45	1.69	1.27
ケプストログラム	CNN	1.04	1.07	1.09	1.13	1.17	1.31	1.44	1.66	1.24
メルスペクトログラム	GRU	1.46	1.46	1.46	1.47	1.48	1.51	1.61	1.72	1.52
MFCC	GRU	2.13	2.03	2.06	2.07	2.08	2.09	2.08	2.08	2.08
スペクトログラム	GRU	1.19	1.19	1.21	1.25	1.29	1.41	1.58	1.74	1.36
ケプストログラム	GRU	1.20	1.19	1.26	1.34	1.42	1.52	1.56	1.66	1.39
メルスペクトログラム	CNN-GRU	1.36	1.37	1.37	1.39	1.42	1.43	1.50	1.67	1.44
MFCC	CNN-GRU	0.99	1.06	1.12	1.17	1.25	1.37	1.48	1.68	1.27
スペクトログラム	CNN-GRU	1.26	1.26	1.28	1.29	1.33	1.42	1.54	1.80	1.40
ケプストログラム	CNN-GRU	1.03	1.06	1.10	1.15	1.21	1.37	1.49	1.71	1.27

CNNを用いたときのSNR=∞ dBにおける強度スコアの真値と予測値の散布図を**図4**に示す。この図より，スコアの真値と予測値の間に正の相関関係があることは確認できるが，予測誤差にばらつきが残っている。この予測誤差を低減させるために，本実験で使用した音響特徴量に加えてx-vector[18]と呼ばれる話者性の情報が埋め込まれた特徴量を組み合わせる手法[19]がすでに提案されている。このような強度スコアの予測に適した特徴抽出は今後も重要な検討課題である。

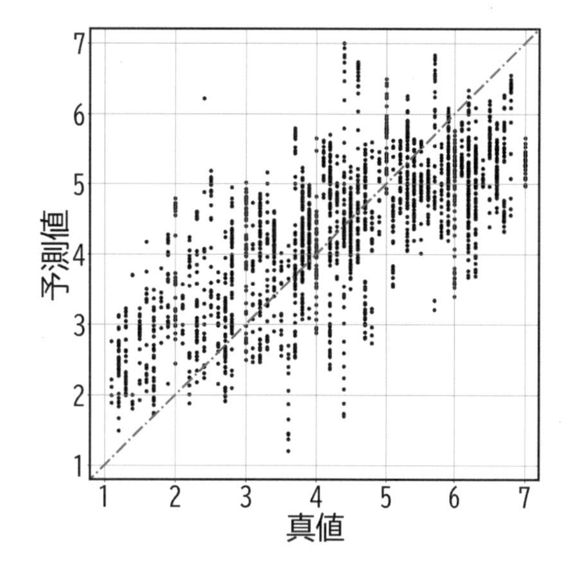

図4　真値と予測値の散布図

4. おわりに

本節では危機的音声の自動検知を目指して，怒号，悲鳴，歓声を含む多様な叫び声コーパスRISCを紹介した。各フレーズが叫ばれる状況を考慮した話者の演じ分けを通じて，各音声に危機的状況のラベルを付与した。さらに，クラウドソーシングサービスによる聴取実験を通して，叫び声データに強度スコアを付与した。これら2種類のメタデータに基づき，音声のクラス分類タスクおよび強度予測タスクの性能を示した。今後の研究では，効果的な入力特徴量やネットワーク構造を開発することで，これらのタスクの性能を向上させる必要がある。また音声認識で得られる言語情報を導入するという戦略も考えられる。今後は高度な音声監視システムの構築に向けて，叫び声検出の研究は自然言語処理と統合する必要がある。

文　献

1) T. Wang et al.: *IEEE Transactions on Information Forensics and Security*, **14**(5), 1390 (2019).
2) M. Crocco et al.: *ACM Computing Surveys*, **48**(4), 1 (2016).
3) S. Rahman et al.: *Multimedia Tools Applications*, **80**(3), 4143 (2021).
4) D. Carmel et al.: *European Signal Processing Conference (EUSIPCO)*, 1839 (2017).
5) A. Trucco et al.: *IEEE Journal of Oceanic Engineering*, **47**(1), 213 (2022).
6) N. Almaadeed et al.: *Sensors*, **18**(6), 1858 (2018).
7) Y. Li et al.: *IEEE Access*, **6**, 58043 (2018).
8) G. Wichern et al.: IEEE Workshop on Applications of Signal Processing to Audio and Acoustics (WASPAA), 186 (2021).
9) M. Valenti et al.: European Signal Processing Conference (EUSIPCO), 2754 (2017).
10) J. Gaviria et al.: *Applied Sciences*, **10**(21), 7448 (2020).
11) I. Papadimitriou et al.: *Electronics*, **9**(10), 1593 (2020).
12) T. Fukumori: Annual Conference of the Inter-

national Speech Communication Association (INTERSPEECH), 4174 (2021).
13) RItsumeikan Shout Corpus: https://t-fukumori.net/corpus/RISC/en.html
14) A. Varga and H. Steeneken: *Speech Communication*, **12**(3), 247 (1993).
15) P. Laffitte et al.: IEEE International Conference on Acoustics, Speech and Signal Processing (ICASSP), 6460 (2016).
16) S. Mun et al.: IEEE International Conference on Acoustics, Speech and Signal Processing (ICASSP), 796 (2017).
17) D. P. Kingma and J. Ba: *arXiv preprint*, arXiv: 1412.6980 (2014).
18) D. Snyder et al.: IEEE International Conference on Acoustics, Speech and Signal Processing (ICASSP), 5329 (2018).
19) T. Fukumori et al.: Asia-Pacific Signal and Information Processing Association Annual Summit and Conference (APSIPA ASC), 1854 (2023).

第３節

聴覚障がい者向け音声認識システムの開発

（執筆当時）株式会社ホンダ・リサーチ・インスティチュート・ジャパン
／（現）SB Intuitions 株式会社　　周藤　唯

1. Honda CA システム

近年の人工知能（AI）の進展によって，音声認識技術は急速な発展を遂げており，スマートスピーカーやカーナビゲーション，自動議事録作成システムなど，さまざまなアプリケーションに適用されている。当社（(株) ホンダ・リサーチ・インスティチュート・ジャパン）でも，Honda Communication Assistance System（以下，Honda CA システム）[1)2)]（**図１**）という，独自の音声認識技術を活用した聴覚障がい者向けのコミュニケーション支援システムを開発してきた。これは，従来の筆

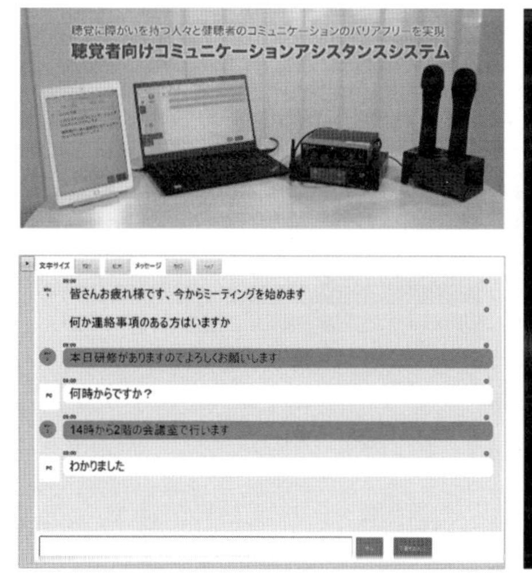

図１　Honda CA システム

談や手話通訳者を介したコミュニケーションを補完・代替するもので，健聴者と聴覚障がい者との間のスムーズなコミュニケーションを可能にする。このシステムは，社内のインフラツールとしてスマートフォンやタブレット，PCから利用することができ，業務の効率化や聴覚障がい者のモチベーション向上に大きく寄与している。

Honda CA システムの特徴は，当社の業務で使用される専門用語や人名，地名といった固有名詞を正確に認識できる点にある。これまでの市販の音声認識システムでは，これらの用語を正しく認識することが難しく，業務指示や会議内容が正確に伝わらないという問題があった。しかし，本システムはこの課題を解決し，ユーザーが使用する多岐にわたる専門用語や固有名詞にも対応し，実務に即した柔軟なコミュニケーション支援を実現している。

本節では，Honda CA システムに搭載予定の最新の音声認識技術について詳述する。

2. 従来の音声認識技術の課題

従来の音声認識システムでは，一般に学習データに含まれていない単語やフレーズの認識が難しいことが知られている。特に，業界特有の専門用語，人名，地名などといった固有名詞は，学習データにほとんど含まれていないことが多く，認識が困難である。しかし，これらの単語は文脈上で重要なキーワードであるため，誤認識が発生すると聴覚障がい者に情報が正しく伝わらなくなる可能性がある。

図2（a）は，筆者らの社内データセットにおける単語の出現回数分布を示している。頻繁に使用される単語（「事」や「私」など）は10万回以上出現する一方で，全体の約90%の単語は100回以下しか出現しないことがわかる。これらの単語には，専門用語や人名，地名など，文脈上で重要なキーワードが多く含まれている。一方，図2（b）は，学習データにおける単語の出現回数と認識誤り率の関係を示している。出現回数が少ない単語ほど認識誤り率が高くなる傾向があり，特に出現回数が0～249回の単語では，認識誤り率が50%を超えている。筆者らの経験上，認識誤り率が10%を超えるとユーザーの満足度が著しく低下することがわかっている。このことを踏まえると，認識誤

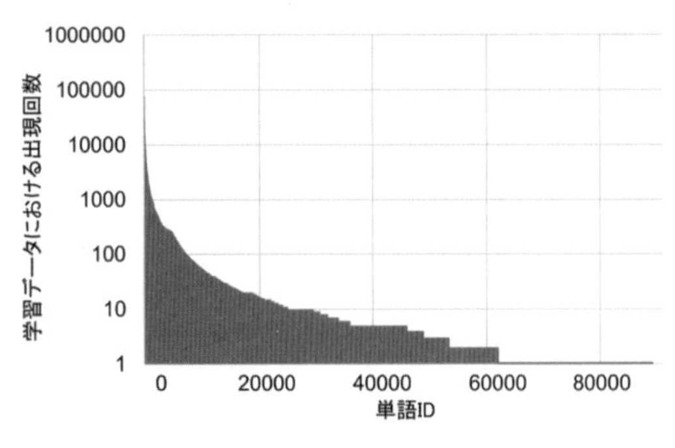

（a）学習データにおける単語の出現回数

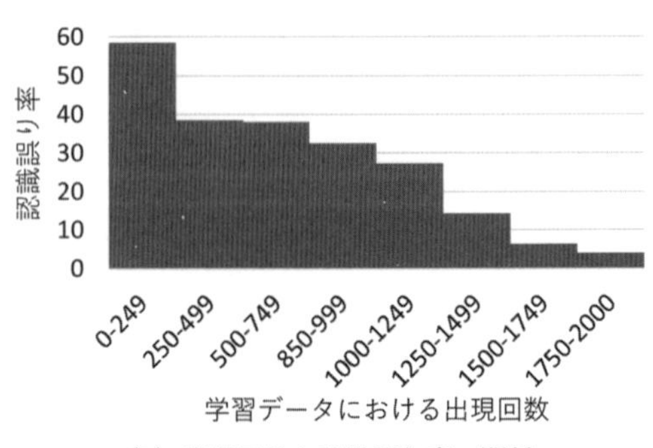

（b）出現回数と認識誤り率の関係

図2　従来音声認識技術の課題

り率が50%を超える状況は非常に大きな問題である。

さらに，音声認識モデルの学習時には存在しなかった新しい単語が後から登場することもある。たとえば，近年では「令和」や「COVID-19」といった単語が新たに生まれたが，従来の音声認識技術では，モデルの学習時に存在しなかった語彙を扱うことができない。

この問題を解決する最も簡単な方法は，追加データを収集してこれらの単語の出現回数を増やすことである。しかし，音声データの収集やモデルの再学習には高いコストがかかるため，語彙が増加するたびにモデルを再学習するのは現実的ではない。

次項では，この課題に対する解決策として，筆者らが開発した再学習を必要とせずに音声認識モデルの語彙を拡張する新しい音声認識技術を紹介する。

3. 語彙拡張を実現する音声認識モデル

従来の音声認識技術では，新しい語彙を正確に認識するためには，それらの語彙を含む追加の学習データを用いて音声認識モデルを再学習する必要があった。これに対し，筆者らは再学習を必要とせずに音声認識モデルの語彙を拡張する新しい手法を開発した。この新しいアプローチにより，ユーザーは用語リストを介して自由に語彙を拡張することができ，業界特有の専門用語や人名，地名などを正確に認識することが可能となる。

本項では，従来の手法がなぜ語彙を拡張することができないのか，その技術的な理由を解説し，その後，開発した用語リストを介した語彙の拡張手法[3)]を説明する。

3.1 従来モデルの技術課題

図3（a）に従来の音声認識モデル[4)]を示す。従来の音声認識モデルは，音響エンコーダとデコーダの2つのモジュールで構成されている。音響エンコーダは音声信号を高次元の音響特徴ベクトル列に変換し，デコーダはそのベクトル列と過去のテキスト履歴をもとに，現在のテキストを逐次的に出力する。デコーダには，過去のテキスト履歴をベクトル化する埋め込み層と，そのベクトルから既存の語彙に対するスコアを算出する出力層が組み込まれている。

しかし，従来の音声認識モデルは，再学習を行わない限り新しい語彙を扱うことができない。これは，埋め込み層と出力層が，学習データに基づいて構築された語彙に対応するように学習されるためである。また，従来のモデルには，用語リストのような追加情報を入力するためのインターフェースが備わっていないため，後から追加される語彙を組み込むことも容易ではない。

3.2 語彙拡張を実現する技術

図3（b）に，開発した新しい音声認識モデルを示す。従来手法の課題に対応するため，提案手法では，テキストエンコーダを新たに導入し，埋め込み層と出力層を拡張している。

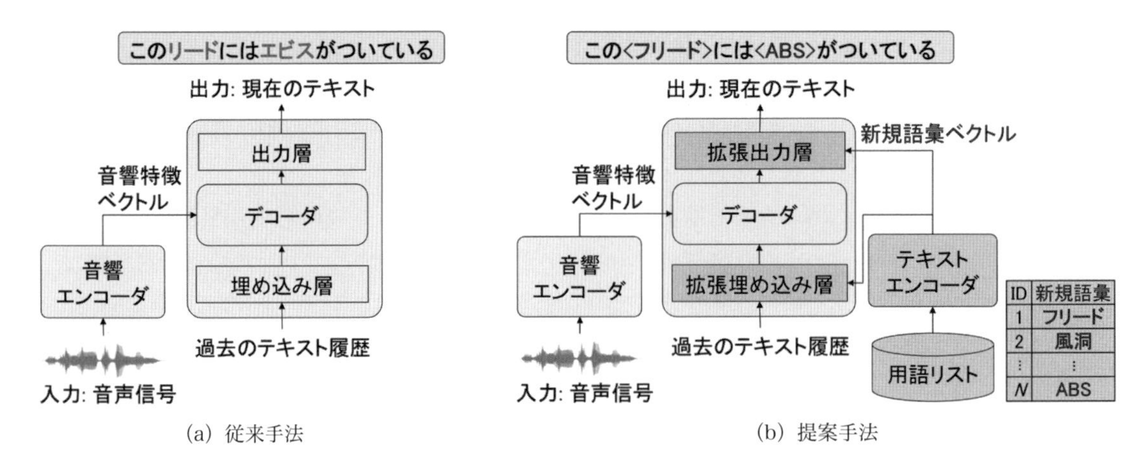

図3　従来手法と提案手法の違い

3.2.1　新たな語彙を入力するためのテキストエンコーダ

用語リストを介して新しい語彙をモデルに取り込むため，テキストエンコーダを導入する。テキストエンコーダは，用語リストに登録された単語やフレーズを高次元の特徴ベクトルに変換し，それらを新たな語彙として扱う。

ただし，テキストエンコーダを学習する際に重要なポイントは，事前に用意した学習データのみを用いて，将来的に用語リストに登録される任意の単語を適切に扱えるように学習を行うことである。

この課題を解決するため，学習フェーズでは，学習データの中からランダムに単語やフレーズが抽出され，用語リストが作成される。

たとえば，**図4**に示すように，「この車にはABS機能が搭載されている」という音声データから「車」，「ABS」，「ている」という単語が用語リストに登録された場合，これらの単語は既存の語彙としてではなく，新たな語彙として認識されるように学習される。

なお，ランダムに抽出されたフレーズが必ずしも専門用語であるとは限らず，「車」や「ている」のような一般名詞や，フレーズの一部が選ばれる場合もある。これは，限られた学習データから多様な用語を登録することで，テキストエンコーダがあらゆる単語を扱えるようにするためのアプローチである。

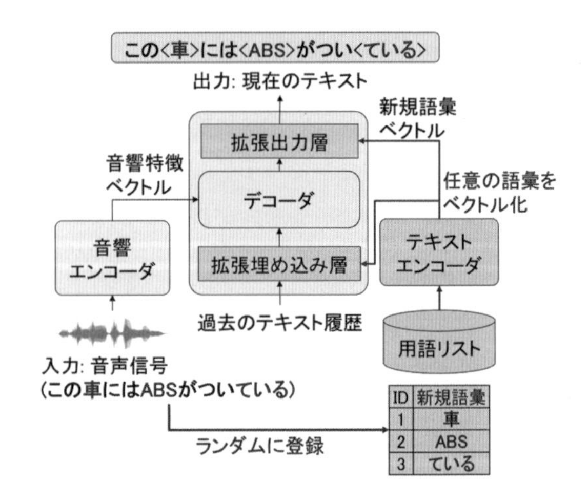

図4　提案モデルの学習方法

3.2.2　埋め込み層と出力層の拡張

拡張埋め込み層：埋め込み層の役割は，過去のテキスト履歴をベクトル化することである。しかし，従来の埋め込み層は，新たな語彙をベクトル化することができない。そこで，過去のテキスト履歴に新たな語彙が含まれている場合は，**図5**に示すように，埋め込み層を使用する代わりにテキストエンコーダによって抽出された新規語彙の特徴ベクトルを使用する。この方法により，従来の埋め込み層では扱えなかった新しい語彙をベクトル化することができる。

拡張出力層：従来の出力層では，線形層を用いて既存の語彙に対するスコアを算出し，最も高いスコアを持つテキストが認識結果として出力される。これに対し，提案手法では，新しい語彙に対するスコアを算出するための内積計算モジュールを追加している。内積計算は，デコーダの特徴ベクトルと新規語彙ベクトルをもとに行われ，その結果は両ベクトルの類似度と解釈することができる。これにより，内積計算の結果を新規語彙に対するスコアと見なすことができる。この新しい語彙に対するスコアは，既存語彙に対するスコアと結合される。この方法により，新しい語彙を含めた出力テキストの確率を算出することができる。

これらの拡張は，学習を要するニューラルネットワークのパラメータを保持していないため，再学習を行う必要がない。これにより，効率的かつ柔軟に語彙の追加が可能となる。

3.3　用語リストを介した語彙拡張の利点

提案手法は，従来の埋め込み層と出力層に軽微な変更を加え，前述の方法でテキストエンコーダを学習することで，再学習することなく音声認識モデルの語彙を拡張することができる。その結果，ユーザーは用語リストを介して，業界特有の専門用語や人名，地名といった語彙を自由に追加でき，これらの単語に対する認識精度を向上させることができる。

提案する用語リストは，スマートフォンやPCのユーザー辞書機能のように，ユーザーが任意の単

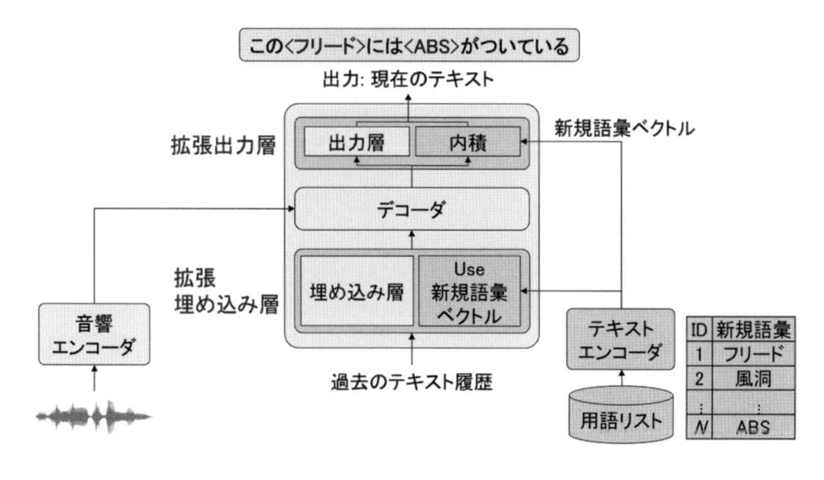

図5　拡張された埋め込み層，出力層

語やフレーズを簡単に登録することができる。さらに，従来のユーザー辞書機能とは異なり，単語と読み仮名のペア（例：風洞－ふうどう）を登録する必要がなく，登録したい単語のみを入力すればよい。このため，ユーザーの負担を最小限に抑えつつ，多様な専門用語に対応することが可能となり，データ収集やモデル再学習にかかるリソースを大幅に削減することができる。

4. 性能評価

提案手法の効果を検証するため，ユーザーから提供された評価データセットおよび用語リストを用いて開発した手法の評価を行った。

4.1　評価方法

提案した音声認識モデルは，当社の社内データセットを用いて学習した。この社内データセットは，日本語話し言葉コーパス（CSJ）[5]，（株）国際電気通信基礎技術研究所が作成した日本語音声データベース（ATR-APP）[6]に加え，当社の会議や朝礼などさまざまな場面で収集された日本語音声データで構成されている。また，評価フェーズでは，ユーザーから提供された用語リストを用いて音声認識性能の評価を行った。**図6**（a）は，提供された用語リストの一部を示している。用語リストに登録された単語の具体例としては，CFDや風洞といった自動車に関連する専門用語，夕礼やデジ会といった当社特有の言葉，接種や車高といった同音異義語（摂取，社交）が存在する単語など，合計203単語が登録されている。

提案手法は，評価データセット全体の文字誤り率（Character Error Rate: CER），登録用語のCER（Biased-CER: B-CER），それ以外の単語のCER（Unbiased-CER: U-CER）を用いて評価された。提案手法の目標は，U-CERの劣化を最小限に抑えつつ，B-CERを改善することである。

ID	新規語彙
1	CFD計算
2	STLファイル
3	車高
5	委託さん
6	常便
7	風洞
8	特休
9	流動
10	デジ会
11	検収
12	接種
13	引例
⋮	⋮

（a）ユーザーから提供された用語リスト（抜粋）

従来手法: 一番のネッカーフードだって事だね
提案手法: 一番のネックは<風洞>だって事だね

従来手法: レジ会が書いてくれるって事で
提案手法: <デジ会>が書いてくれるって事で

従来手法: それとは別の職域摂取
提案手法: それとは別の<職域><接種>

従来手法: 計算したい社交
提案手法: 計算したい<車高>

従来手法: 非陰例情報のときに第一因例ってのは
提案手法: 非<引例>情報のときに第一<引例>ってのは

（b）音声認識の結果例

図6　提案手法の評価

4.2　評価結果

図6（b）に,従来の音声認識モデルおよび開発した音声認識モデルの認識結果例を示す。図6（b）に示されているように，提案手法は従来モデルでは難しかった単語を正しく認識することができている。たとえば,「風洞」のような専門用語や「デジ会」といった特定のユーザー特有の省略語，さらには「接種」や「車高」といった同音異義語も，提案手法により正確に認識できるようになった。

これらの単語は，会議や業務指示において重要なキーワードであり，正確に認識されないと重大な問題を引き起こす可能性がある。たとえば，業務における議論は専門用語を中心に進行するため，その用語が正しく認識されなければ，聴覚障がい者は会議の内容を理解することができない。また，人名が正しく認識されないと，業務指示が適切に伝達されず，業務の遂行に支障をきたす恐れがある。しかし，提案手法を用いることで，これらのコミュニケーション不良を未然に防ぐことができ，情報の正確な伝達が可能となる。

また，提案手法の効果を定量的に評価するため，**表1**に203個の単語やフレーズを用語リストに登録した場合の評価結果を示す。提案手法は，若干のU-CERの劣化が見られたもののB-CERを大幅に改善した。その結果，CER，U-CERおよびB-CERは全て10％以下に抑えられた。筆者らの経験上，CERが10％を下回ればユーザーの満足度が十分に維持されることが確認されている。この結果から，提案手法は実用性に優れ，業務での使用に耐え得るものであることがわかる。

表1　CER評価結果

	CER	U-CER	B-CER
従来手法	9.85	8.26	21.76
提案手法	9.03	8.93	9.73

4.3　英語システムでの評価

提案手法が他言語にも有効であることを確認するため，英語音声データを用いて評価を行った。この評価では，Librispeechデータセット[7)]を用いて音声認識モデルを学習させた。推論フェーズでは，学習データにほとんど出現しなかった単語が用語リストに登録された。

図7は,「Nelly」という人名を用語リストに登録した際の正しい認識結果を出力する対数確率を示している。従来の音声認識モデルでは,「Nelly」という人名を正しく認識する確率は非常に低かったが，提案手法では用語リストを介して語彙を拡張することで,「Nelly」という人名に高い確率を割り当てることができている。この

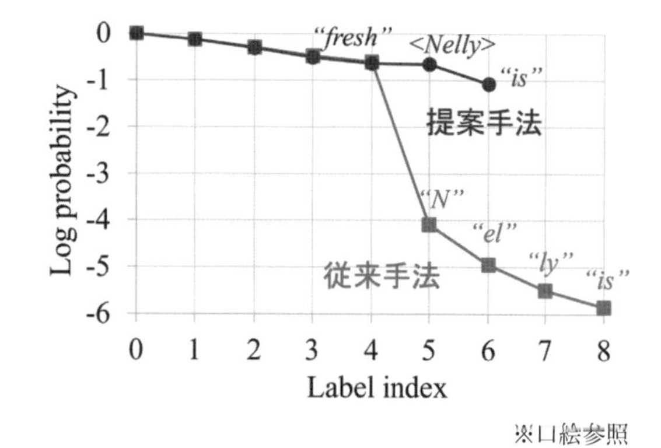

※口絵参照

図7　英語における提案手法の有効性

結果は，提案手法が英語のような他言語においても有効であり，学習データにほとんど含まれていなかった単語を正確に認識できることを示している。

5. まとめと今後の展望

本節では，用語リストを介して語彙を拡張することができる音声認識モデルを提案した。これにより，ユーザーが自由に専門用語や固有名詞を簡単に追加することができ，従来の音声認識技術では認識が難しかった語彙も正確に認識することができるようになる。また，この手法は再学習を必要としないため，追加データの収集やモデルの再学習といったコストを大幅に削減することができる。

今後は，ユーザーが手動で用語リストを作成する負担を軽減するため，自動的に用語リストを作成する機能の開発が必要である。これにより，専門用語や固有名詞の登録にかかる時間と労力が大幅に削減され，システムの利用がさらに効率化される。また，本技術をさらに発展させ，より多くの分野への応用を目指していく。

文　献

1) 筆談よりも速く，手話よりもみんなに分かりやすく。聴覚障がいのある仲間と働く職場のコミュニケーションを技術で改善する，Honda Stories, https://global.honda/jp/stories/003.html (2024.8.20 参照).
2) 音声認識で，聴覚障がい者と健聴者のコミュニケーションを支援，Honda CA（Communication Assistance）システム，https://www.jp.honda-ri.com/activity/honda-ca-system/（2024.8.20 参照).
3) Y. Sudo et al.: Contextualized Automatic Speech Recognition with Dynamic Vocabulary, in Proceedings of IEEE Spoken Language Technology Workshop (2024).
4) R. Prabhavalkar et al.: End-to-end speech recognition: A survey, IEEE/ACM Transactions on Audio, *Speech, and Language Processing*, **32**, 325-351 (2024).
5) K. Maekawa: Corpus of spontaneous Japanese: Its design and evaluation, in Proceedings of ISCA/IEEE Workshop on Spontaneous Speech Processing and Recognition (2003).
6) A. Kurematsu et al.: Atr japanese speech database as a tool of speech recognition and synthesis, *Speech Communication*, **9**(4), 357-363 (1990).
7) V. Panayotov et al.: Librispeech: an asr corpus based on public domain audiobooks, in Proceedings of IEEE International Conference on Acoustics, Speech and Signal Processing, 5206-5210 (2015).

第4節

世界最高水準の高精度音声認識AI「shirushi」の開発

Nishika株式会社　松田　裕之
Nishika株式会社　渡辺　光太朗

1. はじめに

当社（Nishika（株））は，AI議事録ツールSecureMemo/SecureMemoCloudを提供しており，世界最高水準の精度を誇る音声認識AIを特徴とする。SecureMemoはオフライン環境で高水準の文字起こしが可能という特徴を生かし，警察をはじめとした官公庁への導入実績が多い。一方SecureMemoCloudは，音声認識AIと大規模言語モデルを併せた業界初の情報処理手法により圧倒的な認識精度を実現し，さらに文字起こしの先の最終目標となる議事録作成までほぼやり切ってしまう「ほぼ完議事録」機能を特徴としており，サービスリリースから半年で1,100社超の企業様にご利用いただいている。

順調に導入実績を伸ばしているなかではあるが，AI議事録ツールを提供していて感じるのは，

- 認識精度は一丁目一番地の課題，当然だが最も重要
- 一方で，認識精度さえ良ければビジネスシーンの要望を満たせるということではない

という2つの事実である。AI議事録ツールは以前から存在するものの，「この程度の精度だと結局見直しが発生し，議事録作成の手間が減らない」となっていた。これが近年のAI技術の発展により，少なくともSecureMemoCloudでは皆様に満足いただける精度をお届けできるようになったと考えているが，一方で文字起こし自体が活用のゴールであることはなく，会議の要約や議事録作成といった最終ゴールまでAIで自動化することが求められている。

本節では，SecureMemo/SecureMemoCloudの実現する圧倒的精度の背景にある技術を詳述するとともに，「会議の要点を素早く共有したい」「AIに議事録を作成してほしい」といった，ビジネスシーンにおける要望を満たすために行っている当社の工夫について述べたい。

2. 音声認識の課題と昨今の技術発展

2.1　音声認識の課題

音声認識技術は，日々進化し続けているものの，依然として解決すべき課題がいくつか存在する。最も大きな課題として挙げられるのは，認識精度の限界である。たとえば，音声認識システムは，異なるアクセントや方言に対して一貫した認識が難しく，同じ単語でも地域や話者によって発音が異なる場合，正確なテキスト変換ができないことがある。また，周囲の雑音や話者の声の質（早口やつぶやくような発音など）によっても，システムの認識性能が低下する場合が多い。このように，音声認識は非常にデリケートなタスクであり，さまざまな環境や条件において一貫した性能を発揮することが依然として難しい課題となっている。

さらに，音声認識システムには別の技術的な問題も存在する。従来の音声認識手法では，音声データをテキストに変換するために，複雑な前処理が必要とされてきた。音声信号から特徴を抽出し，その特徴をもとに言語モデルや音響モデルを用いてテキストを生成するというプロセスは，非常に多段階であり，各段階でエラーが蓄積するリスクがあった。この複雑さは，特に異なるモジュール間での最適化が難しいという問題を生んでおり，開発者にとっては，システム全体の調整や保守が非常に労力を要する作業となっていた。

また，従来の音声認識システムは，多くの場合，事前に設定されたルールや辞書に依存するため，話者の意図や文脈を理解することが難しく，特に口語的な表現やカジュアルな会話のなかでの認識精度が低下することがあった。このため，正確な認識だけでなく，音声の意味や文脈を考慮した処理が求められていた。これらの課題に対処するため，技術の進展が必要とされており，そのなかで注目されているのが，次世代の音声認識技術である End-to-End 音声認識である。

2.2　音声認識技術の発展：End-to-End 音声認識

近年，従来の音声認識技術に代わる形で，End-to-End 音声認識が注目を集めている。この技術は，従来の複雑な処理ステップを大幅に簡略化し，音声データから直接テキストを生成できるという点で画期的である。従来の音声認識システムでは，音響モデル，言語モデル，デコーダーなど複数のモジュールが必要であったが，End-to-End 音声認識では，これらの要素が 1 つの統合モデルとして学習される。この結果，音声認識のワークフローが大幅に簡素化され，システム全体の構造がシンプルになるため，エラーの累積が抑えられるという大きな利点を持っている。

ここで，CTC→LM モデルについても説明しておく。CTC（Connectionist Temporal Classification）は，音声データのフレームごとに対応する文字列を生成するアルゴリズムであり，特に時間的に変動する音声データに対して効果的な手法である。CTC 自体は出力間の依存関係を考慮せずに各フレームの出力を決定するが，これに言語モデル（Language Model: LM）を組み合わせることで，文法的に自然なテキストを生成することができる。この CTC→LM モデルは，音声認識の出力精度を向上させる手法として長年利用されており，特に専門的な用語や限定されたデータセットでの認識に優れているという特徴がある。

一方で，CTC→LM モデルには課題もある。音響モデルと言語モデルが分離しているため，手動での調整が必要であり，システムの複雑さが残る点がその１つである。

さらに，End-to-End モデルは，大量のデータをもとに，音声とその対応するテキストのペアを直接学習するため，従来のシステムで必要とされた手動の調整や特徴抽出が不要である。これにより，システムの開発時間が短縮され，また適応能力も向上している。特に，リアルタイムのアプリケーションにおいては，低遅延で高精度な認識を実現できるため，対話型システムや自動応答システムなど，さまざまな応用分野での活用が期待される。

また，End-to-End 音声認識の大きな特徴の１つとして，話者の声の変動や環境ノイズに対しても柔軟に対応できる点が挙げられる。これまでのシステムでは，特定の環境や話者に最適化するために，膨大な調整が必要であったが，End-to-End モデルは，その学習過程において多様な音声データを扱うため，より広範な状況下での認識精度が向上している。このため，異なるアクセントや方言，さらには雑音の多い環境でも，一貫して高い認識精度を発揮できる可能性がある。

End-to-End 音声認識は，今後の音声技術の発展において中心的な役割を果たすことが期待されている。従来の手法が持つ複雑さや限界を克服し，シンプルかつ強力なアプローチで音声認識の精度や効率を大きく向上させるこの技術は，音声認識分野における革新的な技術進歩の象徴であるといえる。

3. Whisper 実用化のための取り組み

3.1　Whisper とは

Whisper[1)]は OpenAI が 2022 年に発表した End-to-End 音声認識モデルである。音声特徴量を変換する CNN ブロックと，それに続くエンコーダーとデコーダーの Transformer ブロックで構成されている。事前学習には 68 万時間以上に及ぶ多言語音声データセットを用いた弱教師付き学習が行われており，ノイズに対する高い頑健性を持ち，さまざまな音声品質のオーディオファイルに対しても非常に高い精度の音声認識が可能になっている。パラメータ数の異なる事前学習済のモデルがオープンソースで公開されており，最も大きい Large サイズのパラメータ数は約 1.5 B である。

3.2　Whisper のアプリケーション利用時の課題

高い音声認識性能を持つ Whisper であるが，プロダクトでの利用においてはいくつかの課題があった。特に挙げられる問題として，ハルシネーション（幻聴）と繰り返しの文字起こしがある。

幻聴は音声データには存在しない発話内容を文字起こしするエラーであり，繰り返しの文字起こしは，文字起こしテキストの一部を不適切に繰り返して出力する問題である。特に，比較的ノイズレベルが高いオーディオファイルで起こりやすい。

このようなエラーが一部でも発生した場合，全体的な文字起こし精度が高くても，ユーザーはバグを疑い，文字起こしに対する印象を損ないアプリケーションの信頼性に悪影響を与える可能性がある。そのため，これらに対処することは，プロダクションレベルの音声認識システムを構築するうえで重要である。

筆者らは，これらの課題に対応するため，アプリケーションに投稿された音声データのうち，利用規約によって学習可能とされた音声ファイルを使用して，Whisperの微調整を行った。特に注目すべき点として，日本語の会議音声を用いてWhisperを微調整する試みは，筆者らが知る限り本プロジェクトが初めてのものである。

以降の項では，アノテーションデータの作成プロセス，微調整の具体的な手法，そして評価方法について詳細に述べる。これらの取り組みを通じて，Whisperの文字起こし品質を向上させて，より信頼性の高い文字起こしシステムの実現を目指す。

3.3　教師データの作成

Whisperモデルはすでに大規模な事前学習が行われているため，さらなる精度向上のための微調整には高品質な教師データが不可欠である。ここでは，Whisperモデルの微調整に用いる教師データの作成プロセス，課題，およびその解決策について述べる。

3.3.1　教師データの基本要件と課題

音声認識モデルの訓練データは，入力となる発話音声データと，それに対応する教師データとなる文字起こしテキストのペアから構成される。このペアは，先に教師データとなるテキストを用意し，それを読み上げることで簡易的に収集できる。しかし，この方法では自然発話に含まれるような，フィラーや言い淀み，発話の重複を再現することが難しく，会議音声データとは異なる品質になる。そして，このようなデータでモデルを微調整しても，アプリケーションから取得した音声データで精度改善が望めないことが初期実験でわかった。そのため，理想的にはアプリケーションに実際に入力される音声データから文字起こしを行い，教師データを作成することが望ましい。しかし，このアプローチには複数の重要な課題が存在する。

まず，音声品質の多様性が挙げられる。会議音声が録音される環境は，オープンな広い会議室やWebミーティングなどさまざまであり，その品質は一定ではない。そのため，背景ノイズや残響を含み，発話が不明瞭になることがしばしば発生する。これにより，作業者は音声の内容を正確に把握することが困難になる。

次に，専門用語の理解の問題がある。収集した音声のドメインは医療，建築，法律など多岐にわたる。そのため，専門用語や固有名詞が頻出するため会議に参加していない第三者が，その内容を正確に理解することが困難になる。これらの問題によって作業者の負担が大きくなり，結果として教師データの品質を低下させる。

これらに加えて，時間的コストの問題も無視できない課題である。文字起こしの作業には，最短でも音声時間と同程度の時間が必要であり，先述の問題を含めると実際はその数倍の時間を要する。これは，大量の教師データを作成するうえで大きな障壁となる。

そのため，本プロジェクトでは作業プロセスを効率化させて，高品質な教師データ作成を十分に確保することが大きな課題となった。

3.3.2　教師データ収集の効率化アプローチ

そこで，作業プロセスを効率化させるためのアプローチとして，音声データを全くのゼロから文字起こしするのではなく，Whisper が生成した文字起こしテキストをもとに，作業者がその音声データを聞きながらテキストを修正する方式を採用した。Whisper が生成する文字起こしは，多くの場合ある程度の精度を持っているため，文字起こし作業者はこれを手掛かりに，間違っている箇所を修正するプロセスを採用することで，ゼロから文字起こしするよりも教師データを効率的に作成することができる。

しかし，一般的なメディアプレイヤーでは，音声とテキストの時間的な整合性（アライメント）を取ることができない。そのため，修正箇所となる発話箇所の聞き返しなどができず，依然として作業

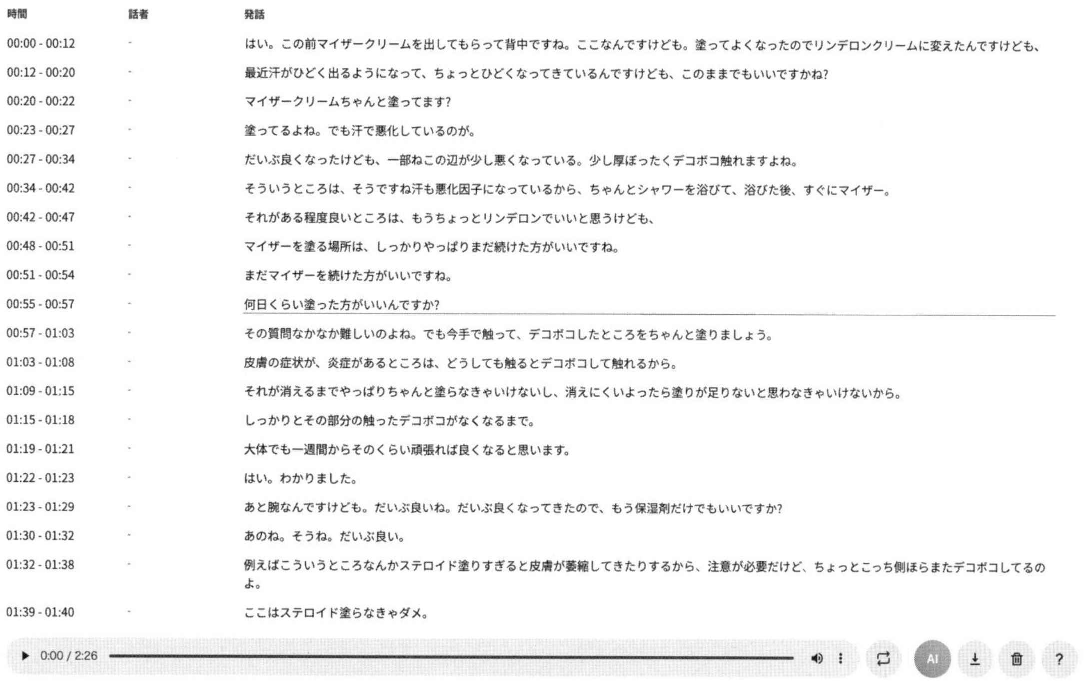

時間	話者	発話
00:00 - 00:12	-	はい。この前マイザークリームを出してもらって背中ですね。ここなんですけども。塗ってよくなったのでリンデロンクリームに変えたんですけども、
00:12 - 00:20	-	最近汗がひどく出るようになって、ちょっとひどくなってきているんですけども、このままでもいいですかね?
00:20 - 00:22	-	マイザークリームちゃんと塗ってます?
00:23 - 00:27	-	塗ってるよね。でも汗で悪化しているのが。
00:27 - 00:34	-	だいぶ良くなったけども、一部ねこの辺が少し悪くなっている。少し厚ぼったくデコボコ触れますよね。
00:34 - 00:42	-	そういうところは、そうですね汗も悪化因子になっているから、ちゃんとシャワーを浴びて、浴びた後、すぐにマイザー。
00:42 - 00:47	-	それがある程度良いところは、もうちょっとリンデロンでいいと思うけども、
00:48 - 00:51	-	マイザーを塗る場所は、しっかりやっぱりまだ続けた方がいいですね。
00:51 - 00:54	-	まだマイザーを続けた方がいいですね。
00:55 - 00:57	-	何日くらい塗った方がいいんですか?
00:57 - 01:03	-	その質問なかなか難しいのよね。でも今手で触って、デコボコしたところをちゃんと塗りましょう。
01:03 - 01:08	-	皮膚の症状が、炎症があるところは、どうしても触るとデコボコして触れるから。
01:09 - 01:15	-	それが消えるまでやっぱりちゃんと塗らなきゃいけないし、消えにくいよったら塗りが足りないと思わなきゃいけないから。
01:15 - 01:18	-	しっかりとその部分の触ったデコボコがなくなるまで。
01:19 - 01:21	-	大体でも一週間からそのくらい頑張れば良くなると思います。
01:22 - 01:23	-	はい。わかりました。
01:23 - 01:29	-	あと腕なんですけども。だいぶ良いね。だいぶ良くなってきたので、もう保湿剤だけでもいいですか?
01:30 - 01:32	-	あのね。そうね。だいぶ良い。
01:32 - 01:38	-	例えばこういうところなんかステロイド塗りすぎると皮膚が萎縮してきたりするから、注意が必要だけど、ちょっとこっち側ほらまたデコボコしてるのよ。
01:39 - 01:40	-	ここはステロイド塗らなきゃダメ。

0:00 / 2:26　AI　?

図１　社内で開発した教師データ作成ツール

発話区間単位を１行として，Whisper の文字起こし結果が表示される。この１行単位で音声を繰り返し再生できる

負担を減らすことはできない。そこで，筆者らはWhisperが出力する発話のタイムスタンプ情報に着目し，発話音声とテキストのアライメントを考慮した専用の教師データ作成のツールを自社で開発した（**図1**）。

Whisperは事前学習時に発話区間のタイムスタンプ情報を出力するように学習されているので，そのタイムスタンプを区切りとして発話を分割することができる。この発話分割単位とテキストを対応付けて画面に表示することで，テキストの編集と音声再生を同期させて再生できるインターフェースを持ったツールを構築した。これによって，作業者は，発話区間単位で聞き直しとテキストの修正を容易に行える。

3.3.3　高品質で一貫性のある教師データの確保

自然発話には，フィラー，言い淀み，言い直し，発話の重複など，多様な要素が含まれる。これらの要素をどの程度まで文字起こしに反映させるかについては，作業者間で判断が分かれる。また，固有名詞や専門用語の表記方法，漢数字の使用基準などのテキスト表記に関しても，一貫性の確保が課題となった。そこで，筆者らはアプリケーションの出力結果として理想的な状態を想定して，ガイドラインを整備した。たとえば，フィラーなどは多くの議事録には必要がないため含めないように指示している。また，作業負担軽減のために，環境ノイズや複数の発話の重複などにより不明瞭な発話については，その部分を記録することで教師データから除外するようにした。本プロジェクトではWhisper Largeを用いて修正元になる文字起こしテキストを用意した。この教師データは，多様な話者や話題，環境下での会話を含んでおり，実際のアプリケーション使用環境を十分に反映したものとなっている。

3.4　Whisperの微調整

ここでは，Whisperモデルの微調整に必要な前処理手順と微調整の戦略について詳述する。

3.4.1　教師データの前処理

Whisperは最大30秒の音声を一度に処理できるように，アーキテクチャの設計と事前学習がされている。しかし，アプリケーションには会議音声がそのままアップロードされるため，1つの音声ファイルはこれを大きく超える長さとなる。そのため，長時間の音声データを30秒未満の単位に適切に処理する必要がある。筆者らが開発した教師データ作成ツールはすでに30秒未満の発話区間で音声データと文字起こしテキストのアライメントが取れているので，この区間を1つのサンプルデータとして入力データに利用できる。

しかし，ノイズレベルが高い環境下では，Whisperは3秒未満の非常に短い発話区間のタイムスタンプを生成することがあった。これらの短い発話区間をそのまま微調整データに利用すると，事前学習時のデータ分布との乖離が生じ，結果として長い音声に対する性能が劣化することが指摘されている[2)]。

この問題に対処するため，筆者らは音声ファイルが最大30秒になるように発話区間を結合する前処理を実施した。これにより，モデルの入力として適切な長さのサンプルを確保し，出力品質を安定させることができた。さらに，幻聴の問題に対処するため，発話区間の結合時に音声時間を計算してタイムスタンプを付与して入力している。これは，事前学習時同様のタイムスタンプ情報を付与することによってハルシネーションの抑制に効果的であるという報告に基づいている[2)]。

議事録には，括弧などを含めたほとんどの記号は必要ないので，これらは前処理で削除した。一方で，句読点は文字起こしテキストの読みやすさに影響を及ぼすので教師データに残すことが初期に検討された。しかし，実験において読点を含めたまま微調整を行うと学習の収束が悪くなることが判明した。これは，読点の不一致がノイズとして作用し学習を妨げているものと推測される。そのため，最終的に学習時に読点を除去して学習を行い，出力後に別の専用のモデルで後処理として読点を付与する手法を採用することにした。これにより，モデルの学習の安定性と最終的な出力の可読性を確保している。

3.4.2　学習の戦略

最も高い精度を達成するために，微調整するモデルとしてWhisper Largeを採用した。実験から，エンコーダーとデコーダーを含む全ての層を微調整すると，訓練データへの過学習が起きてドメイン外の音声に対する性能が劣化する傾向にあることがわかった。この現象はCatastrophic forgetting[3)]と呼ばれ，事前学習したモデルから学習を継続した際に，事前学習時に獲得した能力が失われてしまう問題である。Catastrophic forgettingを抑制する方法として，事前学習時のデータを微調整時に加えることが大規模言語モデルの文脈で提案されている[4)]。そこで，筆者らは，Whisperが学習したコーパスに近いと考えられる多言語読み上げ音声コーパスであるfleurs[5)]から，訓練セットにある日本語音声を抽出して学習データに含めた。さらに，既存の性能を損なわないよう，正則化のアプローチとしてエンコーダー部分のパラメータ更新を完全に凍結した。これにより，音声の特徴抽出に関する能力を保持することができる。さらに，デコーダーについても，出力に近い層のみを更新し，それ以外の層は凍結するアプローチを採用した。

3.4.3　定量評価

教師データの一部をテストデータとして分割した社内テストセット（**表1**）とfleursのテストセットにおけるCER（文字誤り率）とWER（単語誤り率）（**表2**）は以下である。それぞれ30秒未満

表1　社内テストセットにおけるCERとWER

	CER（%）	WER（%）
微調整前	20.72	20.35
微調整後	16.28	17.67

表2　fleursのテストセットにおけるCERとWER

	CER（%）	WER（%）
微調整前	0.0947	0.0820
微調整後	0.0920	0.0810

の音声で，評価時は全ての記号を削除している。なお，単語分割には日本語の形態素解析器であるsudachi[6]を用いた。

Whisperは読み上げ音声データではすでに高い認識精度を持っているため，fleursのような読み上げ音声データセットでは性能の改善が小さい。一方で社内テストセットでは，比較的大きな精度改善が見られるので，現状の性能を維持したまま会議音声の文字起こし精度を改善していると考えられる。

3.5　リリースのための定性的な評価と改善サイクル

実際のアプリケーションで入力が想定される1時間以上の音声でも，文字起こし結果を定量的に確認することが重要であるが，多くの会議音声では，書き起こせない部分を一定数含み，正解データを用意できないため定量的な評価を行うことは難しい。

そこで筆者らは検証のために，2つの文字起こし結果を入力して，文字単位の削除と挿入が比較できる差分確認ツールを開発した。これらは定量的な評価では確認できない，微調整前後の文字起こしテキストの品質の変化を捉えることができる。これにより，特に課題であった幻聴と繰り返し転写の問題の現象が見られた。また，微調整後のWhisperは，固有名詞などをカタカナで文字起こしする傾向が確認された。これはガイドラインで漢字が不明な場合はカタカナで文字起こしするように指示した結果であると考えられる。このような観察結果から，教師データの作成のガイドラインを整備し，モデルの性能の継続的な改善サイクルを構築している。

4. 大規模言語モデル（LLM）との組み合わせによるさらなる性能向上

4.1　LLMによる音声認識結果の校正

実務でAI議事録ツールを通じて音声認識AIを利用すると，録音音声の品質向上には限界があることや，音声認識モデルの語彙を完全に充足させるのは難しいことが理由で，音素を前提とした文字起こしでは，100%満足のいく結果を得ることは難しい。したがって，後処理として校正を行うアプローチが実質的に必須といえる。

大規模言語モデルは，これまでの出力をもとに次に来る自然な言語を生成するものであるため，校正において非常に有用である。たとえば，SecureMemoCloudではLLMを活用することで**図2**のような校正が可能である。

4.2　LLMによる専門用語・社内用語の認識

4.2.1　専門用語・社内用語を認識することの難しさ

End-to-End音声認識モデルは，音声からテキストへの変換を1つのシステムで完結させることが特徴であり，高い精度を実現できる。しかし，専門用語や社内用語の認識には課題がある。

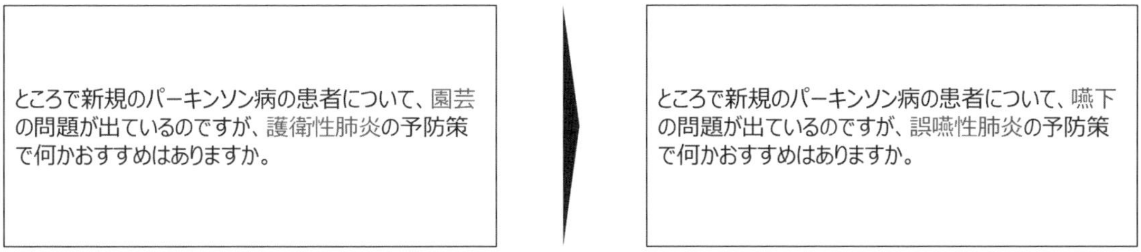

ところで新規のパーキンソン病の患者について、園芸の問題が出ているのですが、護衛性肺炎の予防策で何かおすすめはありますか。
ところで新規のパーキンソン病の患者について、嚥下の問題が出ているのですが、誤嚥性肺炎の予防策で何かおすすめはありますか。

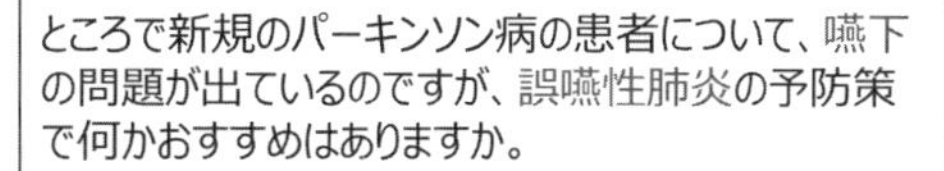

※口絵参照

図２　LLM による音声認識結果の校正

CTC→LM モデルでは，音声信号を音素単位で解析し，辞書や言語モデルを活用して認識結果を補正することが可能であった。言語モデルは，文脈に応じた単語の出現確率を考慮し，特定の単語を正確に認識させる。この仕組みにより，企業独自の専門用語や略語も辞書に登録することで比較的容易に認識させることができた。

一方，End-to-End モデルはその特性上，辞書や補助的な言語モデルを利用することが難しい。音声データから直接テキストを生成するため，中間処理で辞書に基づく単語補正が行われない。そのため，モデルが専門用語や社内用語を正確に認識するには，それらの単語が学習データのなかで頻繁に使用されている必要がある。しかし，現実にはそのような用語は一般的な音声データには少ないため，誤認識が発生しやすくなる。

4.2.2　LLM による専門用語・社内用語の認識

当社は，音声認識 AI に LLM を組み合わせた情報処理を行うことで，専門用語や社内用語を認識する機能を提供している。End-to-End 型音声認識と LLM を組み合わせた情報処理手段は，業界初（当社調べ）の技術であり，現在特許出願中である。たとえば，SecureMemoCloud では「読み仮名：表記」の形式で「いそんひん：易損品」を単語登録することにより，**図３**のような認識が可能となる。

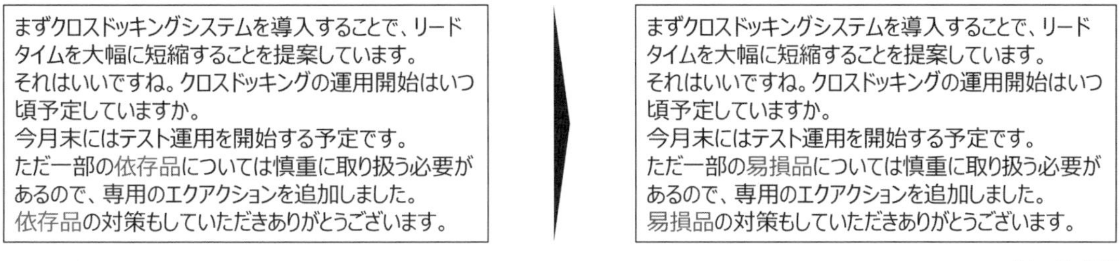

まずクロスドッキングシステムを導入することで、リードタイムを大幅に短縮することを提案しています。
それはいいですね。クロスドッキングの運用開始はいつ頃予定していますか。
今月末にはテスト運用を開始する予定です。
ただ一部の依存品については慎重に取り扱う必要があるので、専用のエクアクションを追加しました。
依存品の対策もしていただきありがとうございます。
まずクロスドッキングシステムを導入することで、リードタイムを大幅に短縮することを提案しています。
それはいいですね。クロスドッキングの運用開始はいつ頃予定していますか。
今月末にはテスト運用を開始する予定です。
ただ一部の易損品については慎重に取り扱う必要があるので、専用のエクアクションを追加しました。
易損品の対策もしていただきありがとうございます。

※口絵参照

図３　LLM による専門用語・社内用語の認識

4.3　LLM 活用によるビジネスシーンのニーズ対応

音声認識タスクとしては，発言内容をそのまま文字起こしできることがゴールである。しかし，AI 議事録ツールを利用するユーザーのゴールは単なる文字起こしではなく，「会議の要点を素早く共有したい」「AI に議事録を作成してほしい」といったものである。そのようなユーザーニーズに対応するため，LLM は非常に有用である。音声認識のスコープからは外れるが，SecureMemoCloud に搭載されている機能を中心に，LLM の活用方法について述べたい。

4.3.1　清　書

多くの会議での発言は口語的であり，そのまま文字起こしされた結果は社内での共有には適さないことが多い。特に多くの関係者が目にする会議録を作成する場合はなおさらである。そこで，言い間違いや言い直しの修正，主語と述語の並び替え，語尾を「である調」や「ですます調」に統一するといった作業を，人手で行っているケースが多いが，これらは全て LLM で対応可能である（**図4**）。

4.3.2　要　約

要約は，LLM 登場前後で AI の性能が大きく向上したタスクの 1 つである。LLM に「この文字起こし結果を要約して」と指示するだけで，ある程度の結果が得られる。ビジネスニーズとしても，特に上層部の視点では「ざっくりとどのようなことが話されたか知りたい」というニーズがあり，これに LLM は十分に応えられる。もちろん，より具体的な要望を反映した要約も LLM で対応可能である。「決定事項と議事要旨をまとめて」「松田さんの発言をまとめて」「質疑応答形式でまとめて」といった指示にも対応できる。

ここまで「LLM はどんな要約でも対応できる」という論調で述べてきたが，「LLM が出力する要約が本当に有用なものか」という点は忘れてはならない論点である。ただし，これを評価するのは難しい。LLM が出力する要約は，一見して綺麗にまとまっているため，その質の差を見分けるのは容易ではない。また，要約に求められる内容自体がビジネスシーンごとに異なることも，評価を難しくしている。

しかし，確実に要約の質に影響するといえるのは，要約元となる文字起こし結果の時点で「どれだ

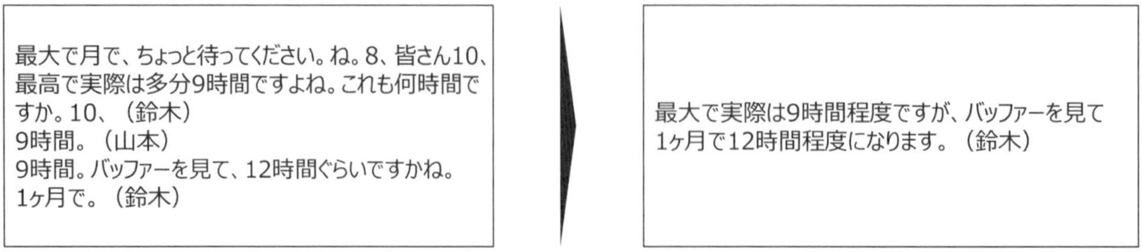

清書前		清書後
最大で月で、ちょっと待ってください。ね。8、皆さん10、最高で実際は多分9時間ですよね。これも何時間ですか。10、（鈴木） 9時間。（山本） 9時間。バッファーを見て、12時間ぐらいですかね。1ヶ月で。（鈴木）	▶	最大で実際は9時間程度ですが、バッファーを見て1ヶ月で12時間程度になります。（鈴木）

図4　LLM による清書

け具体的な情報が保持されているか」である。会議のキーワードとなる固有名詞が正しく文字起こしされていなければ，要約時にそれが欠落するのは避けられない。音声認識の質が要約の質に直結するという点については，異論はないと考える。

4.3.3　議事録作成

要約は概要を把握するには十分であるが，概要をつかむだけでよい会議もあれば，発言録に近い記録が求められる会議もある（たとえば，経営会議や監査役会など）。要約は，多様な解釈が許されるため，LLM にとってそこまで難易度の高いタスクではないといえるかもしれない。しかし，人間が作成する高品質な議事録の完全な作成は，現時点では LLM にはまだ難しいというのが当社の結論である。

たとえば，SecureMemoCloud 導入会議が行われ，**図５**の文字起こし結果が得られたとする。これに対して，**図６**の議事録を作成することを，理想的な議事録の１つと考える。この水準の議事録を作成するためには，

- 決定事項と議事要旨のそれぞれを出力
- 文末を「である調」に統一
- 言い直しや言い間違い，主語と述語の逆転，フィラーなどの整理
- 意味のまとまりごとにインデントを下げて構造化

話者,発話テキスト
松田さん,はい。録音を開始させていただきました。ありがとうございます。じゃあ、ちょっと早速なんですけれども、本題というところで、ご利用のイメージといいますか。何時間お使いになられるとか、あとは何人でお使いになられるとか、その辺りの一旦ご希望をお伺いして、それに基づいた。
松田さん,カスタムのプランを考えようかなと思うんですけれども、いかがでしょうか。
鈴木さん,最大で月で、ちょっと待ってください。ね。8、皆さん10、
鈴木さん,最高で実際は多分9時間ですよね。電話でのタイミングが、これも何時間ですか。10、
山本さん,9時間。
鈴木さん,9時間。バッファーを見て、12時間ぐらいですかね。1ヶ月で。
松田さん,はい。わかりました。ありがとうございます。12時間ということで、あとは実際の文字起こしした結果を、ウェブの画面上で共有したい。見たい人数というようなところ、アカウント数というところですけれども、そちらは何人くらいのイメージでしょうか。
鈴木さん,これって、何て言うんでしょう。一応1台でいいんですけど、それはアカウント数によって異なってくるんですかね。その料金というのは。
松田さん,そうですね。料金プランを一旦弊社の方で公開しているものは、すでにご覧いただいているかもしれないんですけれども、こちらになりまして、例えばこちらのチームプランですと、アカウント数は一旦10名、というふうにさせていただいていて、ちょっと今回固定の課金ということになりますけども、従量課金が通常はついておりまして、10名以上増やす場合は
松田さん,ここの金額がかかってくるという形にはなります。
鈴木さん,承知しました。であれば、1アカウントで大丈夫です。
松田さん,はい。わかりました。
山本さん,すみません。ちょっともう1回さっき会議の時間、ちょっと計算し直したらですね。7月とかは18時間とかになるんですけど。
松田さん,はい。わかりました。
鈴木さん,じゃあ、それこそ25時間でいいんじゃないですか。そうですね。25時間で。
山本さん,本当に重い時だとそれぐらいかかってしまうので、ない時はないんですけど、ある時は今18だなと思ったんですけど、いろんな会議があるなと思って、だったら、25時間でいいのかもしれないですね。
鈴木さん,25時間で1名で固定でしていただけるとというところです。
・・・

図５　議事録作成を行う発言録例

SecureMemoCloud 導入検討会議_議事録

- ■ 日時
  - ➢ 2024年9月1日（金）13：00 - 13：30
- ■ 場所
  - ➢ Zoom 形式の Web 会議
- ■ 参加者
  - ➢ リヴァンプ
    - ✧ 【役職〇〇】鈴木、【役職〇〇】山本
  - ➢ Nishika
    - ✧ 代表取締役 CTO 松田、山下（文責）
- ■ 決定事項
  - ➢ ミニストップの SecureMemoCloud（SMC）利用方針
    - ✧ 従量課金ではなく、固定料金で利用
    - ✧ 利用時間は月間25時間
    - ✧ アカウント数は1アカウント
    - ✧ 要約機能も固定料金で利用
  - ➢ Nishika から見積書と申込書を後日送付
    - ✧ 見積書は月額契約と年間契約の2パターン
- ■ 議事要旨
- ■ <u>利用内容について</u>
  - ➢ （録音開始を宣言）早速本題について伺いたい。利用のイメージとして、利用時間と利用人数の希望を伺ってそれに合わせたカスタムプランを考えたい。（松田）
    - ✧ 見込みとしてはおそらく9時間程度でバッファを見て1ヶ月で12時間程度。（鈴木）
    - ✧ 12時間ということで了解した。（松田）
  - ➢ ウェブ上で共有したい利用アカウント数は何人程度のイメージになるか。（松田）
    - ✧ 台数は一台で良いが、料金プランはアカウント数によって異なるか。（鈴木）
      - • アカウント数により異なる。（松田）
      - • （料金プランについて説明）
      - • チームプランの場合、アカウント数は一旦10名になる。今回は固定の課

図6　理想的な議事録の例

• 前半で話していた内容に後半で戻ってきた場合，同様の話題と見なし，発言の順番を入れ替えてまとめる

など，さまざまな要素を考慮する必要がある。これらの言語化できている部分は LLM でも対応可能であるが，言語化が難しい人間の操作も存在し，完全に自動化して理想的な議事録を作成するのは容易ではない。

最後に，本節執筆時点における LLM による議事録の完全自動作成において，当社が到達している

水準を**図7**に示す。今後もさらなる改善に取り組んでいく。

SecureMemoCloud 導入検討会議_議事録

日時
- 2024年9月1日（金）13：00 - 13：30

場所
- Zoom 形式の Web 会議

参加者
- リヴァンプ
  - 鈴木、山本
- Nishika
  - 松田

決定事項
- プランの決定
  - チームプランを採用し、25時間/月の利用とする。
    - 要約機能も使用する。
    - アカウント数は1名で固定。
    - 従量課金は適用しない。
- 契約形態
  - 年間契約を基本とするが、月契約の見積もりも依頼する。
    - 年間契約の場合、月額費用は27,000円。
    - 月契約の場合、月額費用は36,500円。

議事要旨
- 利用時間とアカウント数の確認
  - 録音を開始しました。早速本題に入りますが、何時間利用するか、何人で利用するかの希望を伺い、それに基づいたカスタムプランを考えたいと思います。（松田）
    - 最大で実際は9時間程度ですが、バッファーを見て1ヶ月で12時間程度になります。（鈴木）
    - 12時間ということで了解しました。（松田）
- 実際の文字起こし結果をウェブ画面上で共有したい人数、アカウント数のイメージは何人でしょうか。（松田）
  - 台数は一台で良いですが、アカウント数によって料金は異なりますか？（鈴木）
  - 例えばチームプランのアカウント数は10名となっておりまして、ここまでは固定

図7　現時点で実現しているAIが作成した議事録

4.4　マルチモーダルなLLMによる文字起こし

自然言語のみならず，画像や音声を入力に受け付けることが可能な，いわゆるマルチモーダルなLLMは注目を浴びているが，マルチモーダルなLLMを使えば，音声認識モデルと言語モデルの併

用も必要なく，1つのモデルで文字起こしが可能なのではないか，という考えがある。

実際に当社の実験では，本節執筆時点ではGoogle社の提供するGemini 1.5 Proに対して音声を入力すると，ある程度の文字起こしが可能である。さらに，プロンプトに「こういう単語が出てくるから注意して」という趣旨の入力を含めれば，単語登録に近い処理も実現できる。

ただし，以下の種々の問題があることもわかっており，現時点では商用での利用は困難と考えている。

- WERで計測した結果，SecureMemoCloudの音声認識精度には劣る。
- 文字起こしにフィラーや空白が含まれる。また，句読点が全くつかない，ないしつき過ぎてしまうなど，精度以外の観点で，ユーザーが所望する文字起こし結果を得るのは容易でない。
- タイプスタンプ付きの文字起こし結果の出力が難しく，AI議事録ツールで通常行われる，音声を聞きながら各発話を確認する，各発話を話者特定処理にかける，といったことが困難。
  →この問題を解決するために，Voice Activity Detection（VAD）にかけて音声を分割してから文字起こしすることも検討したが，現状では有償LLMのコストが高くつきすぎること，また推論時間も問題となる。

中長期的な視点では，LLMの発展は目覚ましく，筆者は少なくとも精度面においては，数年以内に商用で十分利用できる水準のモデルが現れると見込んでいる。しかし，推論時間やコストといった精度以外の面での問題解決は容易ではなく，またコストの問題をクリアするために自社でサーバー環境を立ち上げるのは，巨大なサイズとなることが見込まれるマルチモーダルLLMについては容易でない。

したがって，精度面で既存モデルをマルチモーダルLLMが上回るタイミングと，実際にマルチモーダルLLMがビジネスシーンで一般に利用されるようになるタイミングには，かなりずれがあると考えている。

5. 今後の展望

当社がSecureMemo/SecureMemoCloudを通じて目指しているのは，「企業の会議を全てデータ化する」ことである。会議で発せられる人の声をデータ化できれば，現在筆者らが手にしている数倍以上の新たなデータ資産が生まれる。これまでは単に大量のデータを蓄積するだけでは，その価値を十分に引き出せなかったが，今では生成AIの力により本当に欲しい情報を取り出すことができるため，大量のデータが新たな価値を生み出す段階に来ている。

5.1　もし，企業の会議が全てデータ化された世界が来たら

もし，企業の会議が全てデータ化された世界が来て，生成AIを適用すれば，どんな未来が来るか。

会議中においては，

- 話している内容が自動でリアルタイムにテキストに起こされる。

- 「いつものフォーマットで議事録整えておいて」と言えば共有/報告用にまとめてくれる。
- 会議の初めに「前回，次に話そうねと言っていた内容はXXでした。リマインドします」とサポートしてくれる。
- 会議を終わろうとすると「ちょっと待ってください。まだはっきり決定事項の合意が取れてませんよ」と注意してくる（これは嬉しくはないかもしれない）。

会議後には，

- 「あれってどういう経緯で決まったんだっけ」と聞くと「こういう経緯でしたよ」と答えてくれる。
- 「XXについての事例，うちの部署で誰か知らないかな」と聞くと「2ヵ月前の会議でAさんがXXについて話してましたね」と教えてくれる。
- あなたが管理職であれば，「この件，反対意見はなかったの？」と聞くと，部下に聞くよりも公平な目線で，そのとき出た意見を列挙してくれる。
- あなたが経営者であれば，「最近営業現場では何が話題になってる？　複数事業所で話題になっていることはある？」と聞くと，全国的な営業トピックの変化について分析してくれる。

このような未来は容易に想像できる。「未来」と述べたが，実は生成AIの技術はすでに十分な水準に達している。会議で話された内容が正確に記録され，蓄積されていれば，上記の内容は十分に実現可能である。正確な文字起こしや，（本節では言及しなかったが）正確な話者識別ができれば，会議を新しいデータ資産とし，AIによって価値を引き出す未来がすぐそこまで来ている。

5.2　おわりに

AI議事録ツールは決して新しいものではないが，従来のツールは企業の実務で活用できる水準には達していなかった。文字起こしの精度面でも，文字起こしをもとに議事録を作成するゴールに到達するという面でも，真に企業の実務を革新するツールとはなっていなかったといえる。また，既述の通り，人間が作成する議事録のレベルに到達することは，LLM技術が驚異的に進歩しているとはいえ，まだ容易ではない。プロンプトの緻密な調整が必要であり，場合によっては複数の役割を持たせたLLMを活用する必要がある。現実的にはコストの問題もある。

しかし，「確かにすごい技術だが，実装や学習に手間がかかりすぎてROIが取れない」という時代は過ぎつつあり，適材適所でAIを組み合わせることで，実業務でROIを出せる段階に来ている。本稿でいえば，音声認識とLLMを適切に組み合わせることで，実務で利用可能な水準の議事録作成が実現可能である。

SecureMemo/SecureMemoCloudは，良い意味で「見境なく」AI技術を組み合わせ，実業務で達成したい目標を実現する技術を提供していく。

文 献

1) A. Radford, J. W. Kim, T. Xu, G. Brockman, C. McLeavey and I. Sutskever: Robust speech recognition via large-scale weak supervision, In International conference on machine learning, 28492-28518 (2023).
2) S. Gandhi, P. von Platen and A. M. Rush: Distil-whisper: Robust knowledge distillation via large-scale pseudo labelling, *arXiv*, arXiv: 2311.00430 (2023).
3) R. M. French: Catastrophic forgetting in connectionist networks, *Trends in cognitive sciences*, **3**(4), 128-135 (1999).
4) A. Ibrahim, B. Thérien, K. Gupta, M. L. Richter, Q. Anthony, T. Lesort, E. Belilovsky and I. Rish: Simple and scalable strategies to continually pre-train large language models, *arXiv*, arXiv: 2403.08763 (2024).
5) A. Conneau, M. Ma, S. Khanuja, Y. Zhang, V. Axelrod, S. Dalmia, J. Riesa, C. Rivera and A. Bapna: Fleurs: Few-shot learning evaluation of universal representations of speech, In 2022 IEEE Spoken Language Technology Workshop, 798-805 (2023).
6) K. Takaoka, S. Hisamoto, N. Kawahara, M. Sakamoto, Y. Uchida and Y. Matsumoto: Sudachi: A Japanese tokenizer for business, In Proceedings of the Eleventh International Conference on Language Resources and Evaluation (2018).

第５節

音声認識AIを搭載した ティーチングレスロボットシステムの開発

三菱電機株式会社　白土　浩司
三菱電機株式会社　三井　祥幹

1. 概　要

国内では，労働力人口の減少に伴い，労働力不足が社会課題の1つとなっている。当社（三菱電機（株））では，省人化・自動化を支援するために，工場向けの制御機器・モータ・ロボット製品の製造・販売から，AIやロボティクスを応用した次世代技術の研究開発まで，幅広い活動を行っている。ここでは，省人化・自動化を推進する際のボトルネックの1つである「ロボットの使いにくさ」にフォーカスした成果を紹介する。

「ロボットの使いにくさ」とは何か。それは，「人が道具を使うときに期待する簡便さ」と「人がロボットを動かすのに要する前提知識の多さ」の間にあるギャップにより発生する不便さであると筆者は考えている。つまり，人がロボットを使う際に，「プログラミング作業」や「設定」など，専門的知識を必要とする状況をなくすことが，省人化・自動化を推進することにつながることになる。そこで，筆者らは，専門知識が不要で，誰もが作業指示・動作設定ができるように，**図1**に示す「ティー

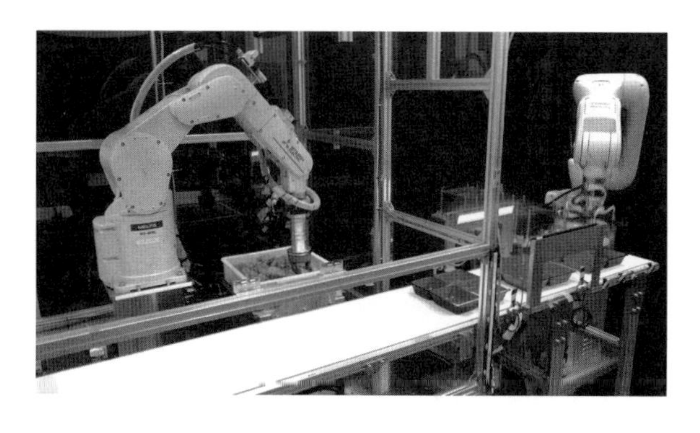

図1　ティーチングレスロボットシステム

チングレスロボットシステム」を開発した。

以下，当社が開発した「ティーチングレスロボットシステム」に関して，開発背景・システム構成・特徴を説明し，直感的ユーザインタフェースと自律性に関して説明する。さらに，そのなかで活用されている「音声認識 AI」の特徴について解説する。

2. ティーチングレスロボットシステム

2.1　開発背景

まず，開発背景および適用対象について説明する。現在，高齢社会を迎えている日本を含め，いくつかの先進国では，労働人口の減少が社会問題となっている。国内製造業全体のなかでは，食品製造業およびイー・コマース（EC）ビジネスにけん引される物流市場では，産業別従業者数は多い状況で，労働力を必要としている。特に食品製造現場を見てみると，肉体労働で人が集まりにくい職場にもかかわらず，高齢労働者が多く数年後には人不足リスクがある，あるいは，離職率が高い，などの課題がある。このような背景で，人に代わる自動化の要望が高まっている。

しかし，ロボットを活用した自動化の導入は容易ではない。**図2**に示すように，ロボット導入台数は全体から見れば，食品分野は導入数が少ないといえる。導入数が少ないのは，システム立ち上げ調整・運用の手間・生産性の観点で課題があると考えられる。

食品分野における代表的な作業として，弁当工場で具体的に考えてみる。ここでは，唐揚げなど，調理済の食材を保管容器から取り出し，弁当箱の中に詰める工程を例に議論する。弁当工場では，ベルトコンベアに沿って人が一列に並び，ベルトコンベア上に流れてくる弁当箱に，具材を1品ずつ投入するライン生産を行う。

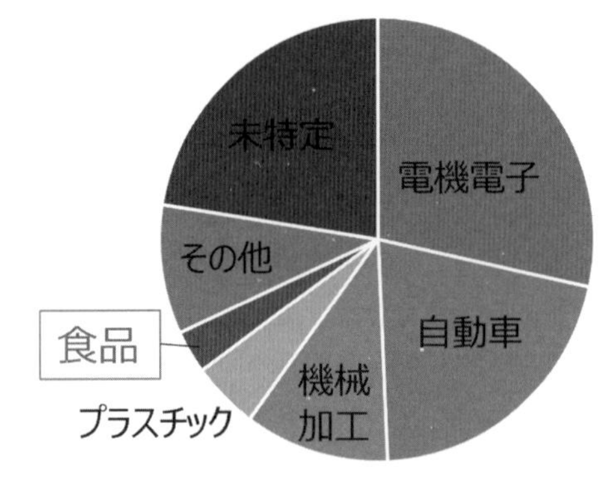

参考データ：World Robotics 2021

図2　2020年世界ロボット出荷台数

このような生産現場のロボットによる省人化を図る場合，課題として，**図3**に示すように，ロボットの操作やプログラム生成などが初心者には難しい点が挙げられる。また，ロボットには多くの機能があり，操作を理解するのに時間を要する点も課題となる。さらに，食品分野では対象物の形状・大きさのばらつきがあるため，認識処理や動作生成の難易度が上がることも課題となる。他にも，難易度が高いため，ロボット動作が遅くなり，生産性が人に劣ることが多くなる。電気電子部品の製造ラインのように，工場における繰り返し作業では非常に高速に作業をこなすロボットも，食品工場では安定した稼働状態および高速性を実現することが難しかった。

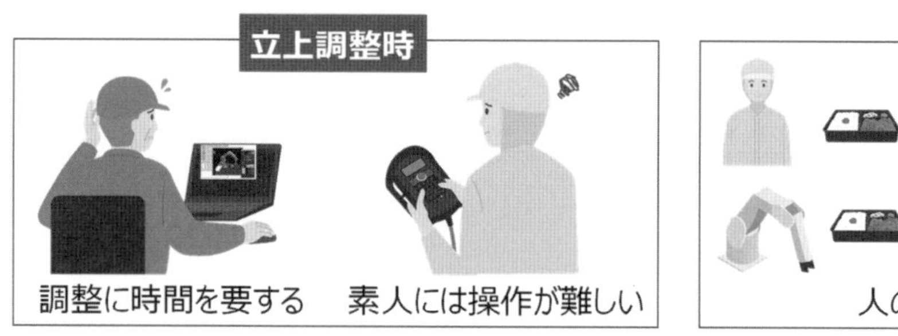

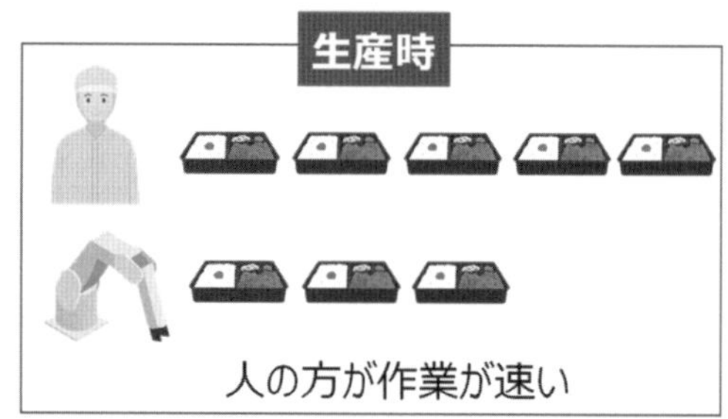

図３　ロボット導入が進まない理由

このような作業現場に自動化導入促進をするために開発したのが，ティーチングレスロボットシステムである。以降，システム構成と特徴について説明する。

2.2　開発技術の特徴

開発したロボットシステムの特徴は，以下の２点である。１つ目は，プログラム作成・調整が容易化される「直感的なユーザインタフェース（UI）」である。開発した UI は，**図４**に示すようなタブレット型デバイスを用いた UI で，「音声・タッチによる簡単な作業指示で入力が可能」「ロボット動作軌道は自動生成する」「AR 表示を用いた現地で動作イメージの確認が可能」という特徴を備えた。これらの特徴により，ロボット動作プログラム作成作業を現場作業者でも容易に生成できるようにした。もう１つは，「ロボット動作の自動高速化技術」で，自動生成されるロボット動作について，人と同等の作業速度を実現したことである。

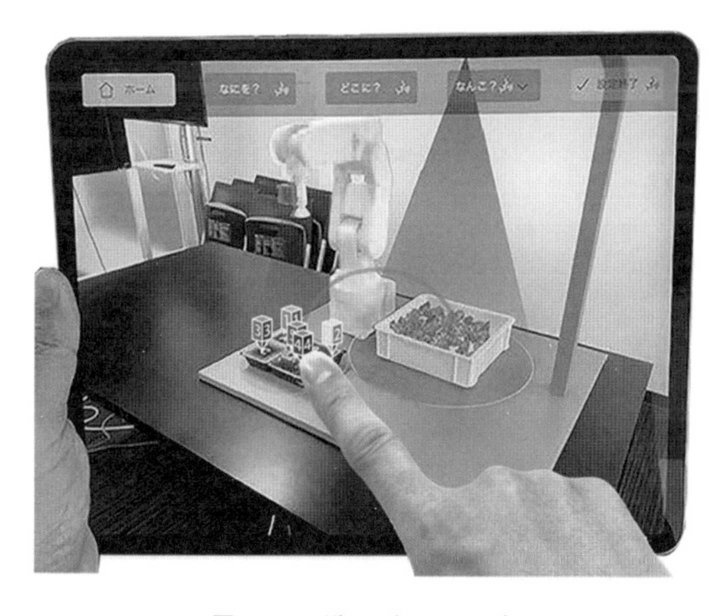

図４　ユーザインタフェース部

今回のティーチングレスロボットシステムでは，弁当箱に食材を詰める，といった作業形態に限定されるものの，メニューが頻繁に切り替わる食品工場など，これまでロボット導入が難しかった仕分けや盛り付けなどの作業工程の自動化促進に貢献できる。なお，音声による作業指示は，産業用ロボットメーカの提供する作業指示手法としては初の試み（2022 年２月の当社調べ）であった。

2.3　開発システムの構成とシステム動作

開発したシステムは，タブレット端末を用いたユーザインタフェース部とロボットシステム部から構成される。

図４に示したように，ユーザインタフェース部では，音声入力，タッチ入力を受け付ける構成としている。モニタ上では，まず作業内容を選択し，その後，順に弁当箱に詰め込みたい対象物の種類，配置，数を指定することで簡単に作業指示が終了する。この際，作業項目の設定状況は，初心者にもわかりやすく表示されるデザインとなっている。さらに，現地にロボットがない状態でも，仮想ロボットや仮想オブジェクトを重ねて投影させる AR 技術で仮想的に動作確認できる。これにより，ロボットが環境に衝突するリスクなども，事前に確認することができる。

以上のインタフェース部を活用すると，たとえば「唐揚げを弁当箱の中に１個」のように自然な発話をするだけで作業の内容をロボットに指示することが可能となる。ここでポイントは，現場作業員でも設定が可能となったという点である。これは，日々の段取り替えにおいては，プログラミング切り替えのために専門家を呼ぶことが難しいため，ロボットアプリケーションの導入としては重要な点となる。

次に，図１に示したティーチングレスロボットシステムにおけるロボットシステム部について説明する。ロボットシステム部は，図１の右側に配置された弁当箱を供給するロボットアーム A，図１の左側に配置された食材を容器から弁当箱に詰め込むロボットアーム B，およびベルトコンベアによって構成されている。

ロボットアーム A は，積み上げられた弁当箱を順にコンベアに投入する役割を担う。ロボットアーム A のエンドエフェクタとして吸着機構を持ち弁当箱を把持してベルトコンベア上に配置していく。

ロボットアーム B は，弁当箱に食品を必要数だけ投入する。まず，ロボットアーム B は，柵の入り口で，弁当箱をビジョンセンサで認識し，ベルトコンベア上の弁当箱の位置を演算する。また，別のタイミングで食品（唐揚げ）を認識し，取り出しやすい対象を１つ選び，選んだ対象の位置から弁当箱への動作軌道を演算して，自律的につかみ，弁当箱の中に投入する。なお，仮に食品をつかみ損ねたとしても，センサを利用した状態計測で，つかみ損ねを検知して，リトライする自律性を備えた構成となっている。

これらの構成によって，立ち上げ調整時に現場にてかかる作業が大幅に圧縮されるとともに，人の作業者と同等の作業スピード（詰め込み作業１回で２秒）を達成することができた。

3. 音声認識 AI 技術の特徴

3.1　音声を利用した教示の課題

工場内における音声認識技術導入の課題の１つは，周辺装置の騒音による認識精度の低下である。実際，認識精度が低い場合には，音声指示の誤認識や，それをカバーするため何度も大声で指示しなければならなくなる可能性があり，実用上使い勝手が悪い。また，食品衛生上，現場作業員は手袋を装着して作業を実施するため，タッチ操作のみによる操作系では，現場向きといえなかった。

3.2　音声認識技術・意図理解技術

ここでは，インタフェース部の音声認識技術と意図理解技術の特徴を説明する。

まず，一般的な産業用ロボットメーカの提供する作業指示インタフェースでは，音声認識は標準的ではない。各社から提供される専用のプログラミング言語を利用し，「P1 地点まで移動」「3 秒待ち」「ハンドで把持」という操作をプログラム記述することが一般的である。ただし，ロボットに実施させる作業の切り替え（段取り替え）のたびに，現場作業員にプログラム変更などを要求するのは，ハードルが高い。

そこで，本開発では，工場内の騒音下でも使える技術開発を行った。音声認識は，**図５**に示す騒音に強い音声認識技術と，**図６**に示す自然な言語で指示できる意図理解技術の２ステップで構成されている。騒音に強い音声認識技術では，騒音を含んだ音声に対し「発話後に速やかに処理を行う低遅延性」と「周囲に騒音があっても正しく認識できる正確性」の両面が求められる。このような要件を満たす，低遅延と騒音抑圧を両立する独自の AI 技術を開発した。

特徴は，入力音声データに対し，騒音抑圧モデルによる前処理を実施したうえで，音響モデルを適

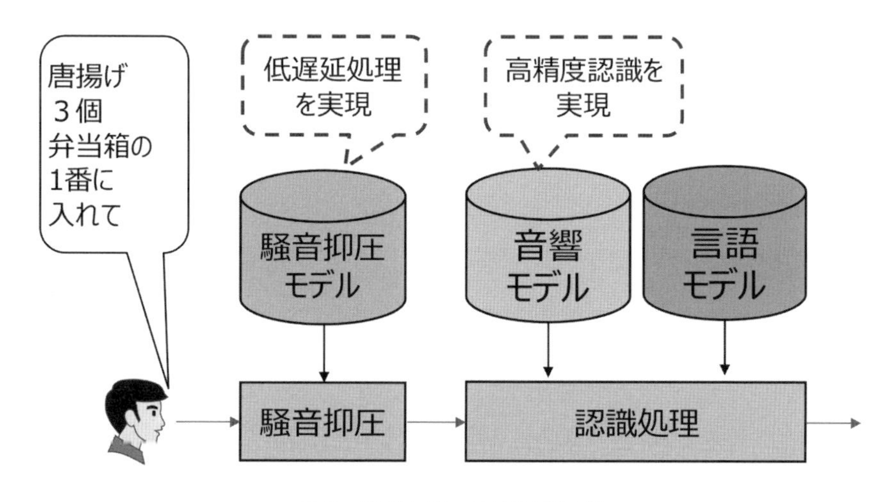

図５　騒音に強い音声認識技術

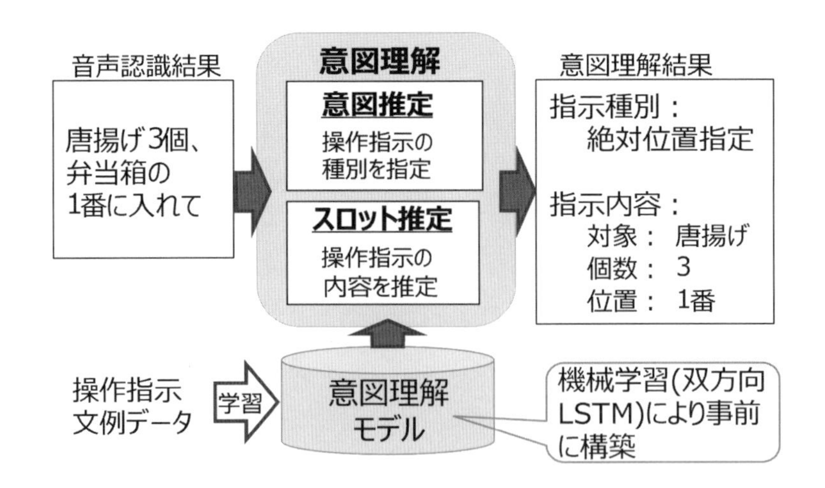

図6　意図理解技術（指示種別・指示内容）

用し音声認識をする構成とした点である。騒音抑圧モデルは，当社AIブランドである「Maisart」の1つとして開発している。また，音響モデルは，騒音抑圧に伴い生じるひずみの影響を軽減するための工夫を実施している。

当社検証事例では，騒音環境下での音声認識率が68%から95%に改善し，低遅延かつ高精度な音声認識が実現されている。開発した技術はタブレットなどのエッジ機器にも搭載可能である。

一方，意図理解技術では，コマンドにのっとった音声のみでなく，自然な言葉による作業指示を実現する。図6に示すように，本技術では，「絶対位置指定」「相対位置指定」のような操作指示の種別である意図推定と，指示の意図に属する「何を」「どこへ」といった情報を示すスロット推定の両方を実施する。意図理解の結果として，指示種別については，「少し上」といったあいまいな言葉により指示がなされても，意図は「相対位置指定」であり，スロットは「(現在のハンド位置と比べ)少し上」である，といった形での理解が可能となる。指示内容については，「対象」「個数」「位置」といった食材を配置する意図を理解し，「唐揚げを2つ弁当箱の1番の区画に入れて」であっても，「弁当箱の1番の区画に2つの唐揚げを入れて」であっても，同じ結果として意図理解ができる。

検証した事例では，指示種別が96%，指示内容が94%の推定精度となった。

4. まとめ

食品製造業向けのティーチングレスロボットシステムを開発した。特徴の1つ目は，人がすぐ使える「直感的なユーザインタフェース」であった。2つ目は，人の指示と作業動作をひも付け，ロボット側で判断して必要な行動を生成できる「自動性・自律性」であった。これらの特徴を組み合わせ，誰もが使いやすいロボットシステムが構築できた。

現代は，「より少ない労力で，効率良く多くのことをこなしていく時代」に入ってきている。このため，「やりたいこと」を「記号化」し，ロボットに理解させる，というプロセスの進化は，ロボットの自律化とともに重要となる。そのようななかで，自然言語による情報入力はロボット技術を普及するなかにおいては重要な要素になると考えられる。

LLM（Large Language Model）の登場もあり，ロボットに人のやりたいことを伝える「記号」として自然言語を用いたインタフェース開発が各分野で加速し始めている。このため，本開発のような「ロボット向けのユーザインタフェースにより，ロボットの内部処理の複雑さを隠蔽し使いやすくなる事例」の増加が予想される。

第１節

生成 AI 時代の音声合成プロダクト「FutureVoice Crayon」

NTT テクノクロス株式会社　鳥居　崇
NTT テクノクロス株式会社　中川　達也
NTT テクノクロス株式会社　高橋　敏

1. はじめに

OpenAI 社が 2022 年 11 月に公開した ChatGPT を機に，生成 AI 時代が到来した。音声の生成である音声合成は，技術の進化により大きな変革を遂げている。特に，深層学習を活用した音声合成技術は，従来の手法に比べて自然で流暢な音声を生成する能力が向上した。これにより，多様な声のスタイルやトーンの表現を実現し，特定のキャラクターや対話の内容やシーンに応じた音声を生成することが可能である。

当社（NTT テクノクロス（株））では，NTT 人間情報研究所で研究開発された最先端の音声合成技術をベースに，「FutureVoice Crayon」という音声合成プロダクトを提供している。このプロダクト名はさまざまな色を使い分ける「Crayon（クレヨン）」のように，さまざまな声を作ることができる音声合成プロダクトという意味で名付けられている。さまざまな声色を実現するためには，人の声を基に学習を行う必要がある。深層学習を活用した音声合成技術を業界に先駆けてプロダクト化し，再現性の高さや表現の豊かさが市場に高く評価され，多様な業種・業態向けに導入されている。

2. 会社紹介

当社は，NTT の研究所の研究成果を事業とする会社として設立された NTT ソフトウェア（株）と，映像・音声メディア処理技術などに強みを持つ NTT アイティ（株）との合併および NTT アドバンステクノロジ（株）の一部事業の譲受により，2017 年に誕生した。

当社は「お客様と未来を共創し続けるソフトウェアリーディングカンパニー」をビジョンに掲げ，NTT の研究所が生み出す技術を軸に，世の中の先端技術やサービスを掛け合わせ，価値を提供することをミッションとして事業を展開している。主要技術分野は AI，クラウド，セキュリティ，ネットワークなど多岐にわたる。

3. FutureVoice Crayonのプロダクト構成と技術動向

3.1 プロダクト構成

FutureVoice Crayonでは，顧客のサービスやシステム構成に応じたプロダクトのラインアップを取りそろえている。

3.1.1 FutureVoice Crayon Cloud

Webサービスおよびシステムやスマートフォンのアプリ向けにリアルタイムの連携可能なWe-bAPIと，24時間365日Webブラウザを利用して合成音声の作成および調整がオフラインで利用できるGUIを有するクラウドサービスである。

3.1.2 FutureVoice Crayon Server

電話自動音声応答（IVR）や対話システム向けにネットワークを利用してマルチタスクによる処理を可能にした，オンプレミス版サーバソフトウェアである。クラウドサービス同様にWebAPIとGUIが利用可能である。

3.1.3 FutureVoice Crayon SDK

パッケージソフトやロボット，デジタルサイネージなどに最適なスタンドアロン型のソフトウェア開発キットである。サーバをターゲットとしたx86_64アーキテクチャと組み込み機器をターゲットとしたAArch64アーキテクチャに対応し，要件に応じてLinuxの各種ディストリビューションやAndroid，iOSなどさまざまなOSにポーティングした実績がある。

3.1.4 FutureVoice Studio

Webブラウザ上から合成音声の作成および調整が可能な音声合成GUIである。NTTテクノクロスが得意とするデザイン思考を活用し，直感的かつ効率的に操作可能なUIで合成音声のチューニング（調整）や辞書編集を行える機能を実現している。UIの一部の機能について，特許出願中である。

3.1.5 FutureVoice Crayon CustomVoice

人の声を基に深層学習を用いて音声合成モデルを構築するサービスである。既存のカスタムボイスのサービスで課題だった提供期間や提供コストを改善した「Zero-Shot音声合成サービス」と「Few-Shot音声合成サービス」の提供を2024年より開始した。

3.1.6　FutureVoice Actors

「声」の利用に関する権利調整や収録で発生する稼働とコストを軽減し，声優・俳優・著名人の合成音声をいつでも作成してさまざまな用途で利用可能なワンストップ型サービスである。声優事務所の（株）アクロスエンタテインメント所属の人気声優音声合成モデルを取りそろえており，イベントやさまざまなサービスでの活用が可能である。

3.2　技術動向

FutureVoice Crayonでは，NTT人間情報研究所で研究開発されている最先端の音声技術をいち早くプロダクトに取り入れている。

3.2.1　HMM音声合成技術（2015年～）

HMM（Hidden Markov Model）音声合成技術は，音声特徴量のような不確定な時系列データにHMMを用いて統計的にモデル化し，推定された特徴量から合成音声を生成する技術である。この技術では，音素と音声特徴量との関係を隠れ状態の遷移確率や出力確率として学習してモデル化する。音声合成の際には，テキストから得られる音素系列を基に学習済みモデルを用いて特徴量系列を推定する。HMMから得られた特徴量系列を用いてボコーダで音声波形を生成し出力する。HMM音声合成は柔軟性があり多様な音声データに適応できる一方で，自然さや感情表現において限界があるため，近年ではDNN（Deep Neural Network）を用いた手法が主流となっている。

3.2.2　DNN音声合成技術（2017年～）

DNN音声合成技術は，音声特徴量の推定やボコーダに深層学習を用いた技術である。DNNはHMMと比べてより複雑な表現が可能であり，DNNを採用することでより自然な特徴量の生成が可能となる。また，従来のボコーダでは信号処理などを用いて音声波形を生成していたが，DNNを用いたニューラルボコーダが実用化され，DNNを用いた特徴量の生成と合わせてより高品質な，人間の自然発話と同等レベルの合成音声を実現した。

3.2.3　クロスリンガル音声合成技術（2023年～）

クロスリンガル音声合成技術は，従来のDNN音声合成モデルの構造上，単一言語でしか学習できないという課題を解決し，複数言語の音声を同時に学習することでターゲット話者にとってノンネイティブである言語の音声合成を可能とする技術である。たとえば，日本語ネイティブ話者が話すことができない英語，中国語，韓国語といった他言語をターゲット話者の声質で音声合成することができる。

3.2.4　Zero-Shot音声合成技術（2024年～）

Zero-Shot音声合成技術は，ターゲット話者の数秒の音声さえあれば，学習を必要とせず，その話者の音声を生成可能な技術である。従来の単純な話者埋め込みベクトルでは学習済みの単一話者しか表現できなかったが，話者を適切に識別可能な話者埋め込みベクトルを用いて大規模なデータを基にDNNモデルを学習することで，学習していない話者の合成音声も話者性を再現することを可能とした。

3.2.5　Few-Shot 音声合成技術（2024 年～）

Few-Shot 音声合成技術は，学習済みのベースモデルに対して，数十秒程度の少量の音声を用いてfine-tuning をすることで，ターゲット話者の音声を短期間で非常に高いクオリティで再現する技術である。Zero-Shot 音声合成技術では実施しない fine-tuning を実施することで，非常にクオリティの高い音声合成が可能である。

4. FutureVoice Crayon の導入事例

FutureVoice Crayon は，さまざまな業種・業態のサービスで活用されており，提供先の顧客からはサービス性能や品質の高さ，セキュリティや権利保護の面においても高い評価を得ている。

4.1　AI×CG アナウンサー　花里ゆいな

（株）テレビ朝日（以下，テレビ朝日）が開発した放送局向けアナウンサーシステムである。複数人のアナウンサーの声から音声合成モデルを作成しており，ニュースの内容に応じて声色の変更が可能である。クロスリンガル音声合成技術を活用することで，外国語にも対応している。従来のニュース動画への適用に加えて，2024 年のテレビ朝日の夏のイベント「サマーステーション」では，イベント案内システムとしても活用された（**図 1**）。

図 1　2024 年のテレビ朝日の夏のイベント「サマーステーション」における「花里ゆいな」

4.2　SSFF & ASIA におけるオープニングイベント演出

SSFF & ASIA 2024（ショートショート フィルムフェスティバル&アジア）は，短編映画を対象とした日本の国際短編映画祭でアジア最大級の国際短編映画祭といわれている。このオープニングセレモニーのオープニング動画で，俳優の別所哲也の声にクロスリンガル音声合成技術を活用した演出が行われた（**図2**）。

図2　SSFF & ASIA 2024 のポスターと俳優の別所哲也の収録の様子

4.3　Licca Meets

「リカちゃん」（発売元：（株）タカラトミー）との会話を楽しむことができるデジタル対話コンテンツ「Licca Meets（リカ・ミーツ）」（**図3**）を東京おもちゃショー 2024 にて披露した。「リカちゃん」の声に Few-shot 音声合成技術を活用することで，わずか数分程度の「リカちゃん」声優の音声から合成音声を作成可能とし，会話や場面に応じたさまざまな表現の声を合成音声で実現している。

© TOMY

図3　「LIcca Meets」の画像

5. 今後の適用業界の拡大

音声合成技術の目覚ましい進展とそれに伴う合成音声の品質向上により，これまで導入が難しい業界においてもさまざまな活用拡大が見込まれている。

・カスタマーサポート

自動応答システムやチャットボットに音声生成AIを組み込むことで，24時間対応のカスタマーサポートが実現する。

・教　育

オンライン教育プラットフォームでの講義や教材の音声化により，コンテンツ制作者の負荷軽減と学習者にとっての理解を深める手助けができる。

・エンターテインメント

ゲームやアニメーションにおいて，キャラクターの音声を生成することで，制作コストを削減し，より多様なキャラクターの展開が可能である。

・広告・マーケティング

音声広告やナレーションの生成により，ターゲットオーディエンスに対して効果的なメッセージを届けることができる。また，会話を通してマーケティングでの活用も同時に行うことができる。

・医　療

患者への情報提供や健康管理アプリにおいて，音声生成AIを活用することで，より親しみやすいコミュニケーションが実現する。

・交　通

ナビゲーションシステムや音声アシスタントにおいて，運転中の安全性を高めるための音声インターフェースとして活用が期待される。

・スマートフォーム

音声アシスタントを通じて，家庭内のデバイスやIoT機器を操作するためのインターフェースとしての役割が求められている。

・デジタルツイン

自分の分身を仮想空間上に登場させ，現実世界では経験できないような体験や業務の補完や新たなビジネスの創出の期待がある。

6. 今後の課題

技術の進化とともにさまざまな課題が浮かび上がっている。今後はこの課題解決をステークホルダーと進めることが，音声合成の技術およびビジネスの発展に欠かせない。

・自然さと感情表現

まだ人間の声の自然さや感情のニュアンスを完璧に再現できているとは言い難い。肉声との差を生む要素を解明し，残された技術課題を設定する必要がある。

・コンテキスト理解

文脈や状況に応じた適切な応答を生成することが難しい場合がある。特に，複雑な会話やユーモアを理解する能力には限界がある。大規模言語モデル（LLM）によるコンテキスト理解と併用するなどが必要になる。

・アクセントと方言

特定の地域のユーザーに対して不自然に感じられることがある。多様な言語や地域のアクセント，方言に対応するための技術開発と膨大な音声/辞書整備が必要である。

・計算リソース

深層学習による音声合成モデルの学習には大量のデータと計算リソースが必要である。GPU プロセッサを搭載した高価な計算機が必要である。

・ユーザー受容

AI との会話に対して抵抗感を持つユーザーが少なからずいる。特に，感情的なコミュニケーションが求められる場面では，人間の声を好む傾向がある。適用先の特性を理解して導入する必要がある。

・プライバシーの概念

音声データの収集や利用に関して，ユーザーのプライバシーが侵害される可能性がある。特に，個人情報を含む音声データの取り扱いには注意が必要である。

・倫理的問題

悪用して偽情報の流布や，他人の声を無断で模倣することが懸念されている。適切な契約を締結することや，業界団体間による取り決め，システムの対処，法的規制や倫理基準の整備が必要になっている。

第２節

落語を演じる音声合成

株式会社 RevComm　加藤　集平

1. はじめに

音声合成技術の進歩は著しく，読み上げ音声など限られた領域においてはすでに人間の音声と聴感上区別が不可能な水準に達している。一方で，音声の表現力という点では依然として課題があり，盛んに研究が行われている。さらに，音声は情報伝達の観点，つまり言語的内容・感情・態度・意図・個人性などを話し手から聞き手に伝達する観点から論じられることが多いが，音声の機能は情報伝達にとどまらない。話芸において，演者が音声を通じて観客を楽しませているのはその一例である。本節では，話芸のなかでも落語に着目し，落語を演じる音声合成技術について解説する。さらに，音声合成がどの程度人を楽しませることができるのかという問いに対して，現状の１つの答えを示す。

2. 情報伝達を超えた音声合成としての落語を演じる音声合成

音声はメディア，つまり情報伝達を行う媒体である。音声によって伝達される情報には言語メッセージ（言語で記述される内容）・感情・態度・意図・個人性などがある[1)]。音声合成の研究や技術開発では多くの場合，目標の音声を正確にモデリングすることにより，これらの情報が正確に伝達されることを期待している。

一方で，音声を情報伝達の観点だけから論じるのは不十分である。たとえば，落語をはじめとする話芸において，演者の発した音声は単に観客に情報を伝達しているだけでなく，観客の感情を喚起し，観客を楽しませているのは明らかである。しかしながら，従来音声合成の研究や技術開発においては，この「人を楽しませる」という点は必ずしも重視されてこなかった。筆者らは世界で初めて本格的に落語を演じる音声合成について一連の研究を行った[2)-4)]。次項では，それらの研究内容に基づいた解説を行う。

3. 落　語

3.1　概　要

落語を演じる音声合成について解説する前に，落語の概要について説明する。落語はいわゆる話芸の１つであり，噺家（落語家）と呼ばれる演者が１人で導入部およびストーリーを演じるのが特徴である。噺家は高座と呼ばれるステージに置かれた座布団に座って身振り手振りを交えながら口演するが，ここでは身振り手振りについては取り扱わず，噺家の発する音声のみに着目する。

落語は大きく分けて江戸（東京）落語と上方落語に分けられるが，ここでは江戸落語を取り扱う。江戸落語には身分制度があり，前座[*1]・二ツ目・真打の順に身分が高くなる。一般的に，前座から二ツ目に昇進するには3～5年，二ツ目から真打に昇進するには10年ほどの期間を要する。

落語の噺（演目）には，観客を笑わせることを重視する落とし噺（滑稽噺）や人情味を重視する人情噺などがあるが，ここでは落とし噺を取り扱う。また，噺は作られた時期に応じて古典落語と新作落語に分けることができるが，ここでは古典落語を取り扱う。古典落語では，登場人物の話す言葉がやや古めかしく，登場人物の性別・年齢・身分・個人性などによって話す言葉や話し方が異なる。

3.2　噺の構造

落語の噺[*2]は５つの部分，すなわちマエオキ（挨拶）・マクラ（導入部）・本題・オチ・ムスビ（結語）に分けることができる[5)]。落とし噺ではムスビはしばしば存在せず，人情噺では逆にオチがしばしば存在しない。また，マエオキはしばしば省略される。５つの部分のうち，マエオキとマクラはしばしばアドリブを交えて展開されるが，本題・オチ・ムスビはほぼ決まったストーリーが演じられる。もっとも，落語は主に口伝によって伝承される芸能であり，通常台本は存在しない。したがって，噺家によって言語的内容（セリフなど）が微妙に異なるのは普通であるし，噺家が積極的に内容の改変を行う場合もある。

3.3　上　演

先述した通り，落語は噺家１人で演じるものである。したがって，噺家は複数の登場人物を１人で演じ分ける必要がある。ストーリーは登場人物の会話を中心に展開され，地の文は少ないか存在しない。先述したように台本は存在せず，演者の記憶に頼って（あるいはマエオキ・マクラを中心にアドリブを交えて）演じられる。また，江戸落語においては小道具として扇子と手拭いが用いられることがあるが，ここでは取り扱わない。

上演時間は噺や状況によって数分～数十分以上とさまざまである。なお，小噺と呼ばれる数秒～数

---

*1　厳密には一人前の噺家としては扱われない。

*2　本節では，噺家が高座に上がってから降りるまでに発声する全ての部分を指す。

分以内のものは（本格的な）噺の原型とされ，しばしばマクラのなかで用いられる。

4. リサーチ・クエスチョンと技術的課題

本項におけるリサーチ・クエスチョンは，「音声合成は人を楽しませることができるのか？　できるとすれば，どの程度か？」である。**2.** で述べたように，音声合成の研究や技術開発においては，人を楽しませるという観点は必ずしも重視されてこなかった。ここでは，落語を演じる音声合成を開発し，これを用いて評価実験を行うことにより，この問いに対する１つの答えを提示する。

落語を演じる音声合成を開発するにあたっては，以下のような技術的課題が存在した。本項では，それぞれの課題の解決に向けてどのようなアプローチを取ったかについても説明する。

① 音声合成に適した落語音声コーパスが存在しない
② 落語音声は（読み上げ音声と比べて）表現が非常に多様であり，モデリングが困難である
③ 噺家は１人で多数の登場人物を演じており，それぞれを適切に区別するための音声のモデリングが困難である
④ 人をどの程度楽しませるかの評価方法が未確立である

5. 落語を演じる音声合成を作る

5.1　落語音声コーパスの構築

5.1.1　概　要

4. で挙げた①～④の技術的課題のうち，最も根本的なものは①である。音声合成モデルの訓練に用いる音声は雑音や残響の少ないクリーンなものが理想であるが，市販の落語の録音の多くはライブ録音であり，条件を満たさない。そこで，筆者らは独自に落語音声を収録し，コーパスを構築することにした。

構築したコーパスは２つのサブコーパスからなる。１つ目（サブコーパスI）は音声合成モデルの訓練に用いるもので，２つ目（サブコーパスII）は後述する（人間の）噺家との比較評価実験に用いるものである。

5.1.2　音声収録

サブコーパスIは2017年７月から９月にかけて収録を行った。演者は柳家三三（落語協会所属，2006年真打昇進）であり，収録当時噺家として20年以上のキャリアを持っていた。収録は録音スタジオで行い，演者は録音ブースの中において１人で落語を演じ，観客および観客からの反応は存在しなかった。この状況は通常の落語公演の状況とは大きく異なるが，噺家が普段１人で噺の練習をしていることを鑑みると，一定の合理性はあると考えられる。収録した演目は江戸落語における古

典落語 25 演目で，録音時間は 6〜47 分であった（合計 13.2 時間，ただし文間のポーズを含む）。再録音は，発音の誤りや言い直しについて演者自身から申し出があった場合に限り行った。これは，落語を演じるうえでは流れが重要であるという演者の見解によるものである。また，演じ方については筆者らを含む何人も指示を出さず，演者に一任した。

サブコーパス II は 2020 年 1 月に収録を行った。演者は柳家小ごと（落語協会所属，2017 年前座*3），柳亭市童（落語協会所属，2015 年二ツ目昇進），柳家三三の 3 名であり，収録条件はサブコーパス I と同様であった。収録した演目は江戸落語における古典落語の演目『味噌豆』で，録音時間は演者ごとにそれぞれ 2.5 分（小ごと・前座），2.7 分（市童・二ツ目），4.2 分（三三・真打）であった。なお，細かな言葉遣いは演者によって異なることに注意されたい。また，前座の演者については『味噌豆』を持ちネタとしていなかったことから，収録中に真打の演者が適宜指導を行った。

5.1.3　書き起こし

サブコーパス I として収録した音声に対して，筆者が書き起こしを実施した。書き起こしは音素およびポーズに対して定義した記号を用いて行った（**表 1**）。落語は演者の記憶に頼って（あるいはアドリブを交えて）演じられることから発音誤り・言い直し・フィラーがどうしても多くなり，また笑い声のような特殊な音声も多用されるが，これらに対して特別な記号は定義しなかった。合成時には少なくともこの記号を入力し，対応する落語音声が出力として合成される。

文は以下のいずれかに当てはまる場合に区切った。

- 文法的に区切れる箇所で，後にポーズが続く
- 話者交替が起きる箇所
- 上昇調のイントネーションの直後

日本語はピッチアクセントを持つ言語であり，通常の日本語テキスト音声合成においてはアクセント情報を付与することが多いが，サブコーパス I においては付与しなかった。これは，古典落語では登場人物の話す日本語が古めかしいために形態素解析やアクセント情報の自動付与が困難であり，手動で全てのアクセント情報を付与するのは現実的に困難だったためである。

表 1　サブコーパス I の書き起こしに用いた記号

音　素	母音	a, e, i, o, u
	子音	b, by, ch, d, dy, f, fy, g, gw, gy, h, hy, j, k, kw, ky, m, my, n, N, ng, ny, p, py, r, ry, s, sh, t, ts, ty, v, w, y, z
	その他	cl（促音）
ポーズ		pau（読点），sil（文頭および文末），qsil（疑問符）

*3　2020 年 3 月廃業。

5.1.4 コンテキストラベルの付与

サブコーパスⅠとして収録した音声に対しては，書き起こしの他に文単位でコンテキスト（文脈）ラベルを付与した（**表2**）。これは，**4.** で述べた技術的課題②および③に対処するものである。

表2のコンテキストラベルのうち **"part"**（噺のどの部分か）以外は筆者が定義したものである。落語においてこれらのラベルに相当する分類が確立されていなかったために独自に定義した。

"role"（登場人物の役）は，落語の本題が主に登場人物の会話によって展開されることを鑑み重要であると考え定義したものである。**"individuality"**（登場人物の個人性）は，しばしば与太郎と呼ばれる間抜けな登場人物を区別するための分類である。**"condition"**（登場人物の状態）は，登場人

表2　コンテキストラベル

グループ	名　前	詳　細
ATTRibute of character（登場人物の属性）	**role** of character（登場人物の役）	性別：噺家，男，女 年齢：噺家，子供，若者，壮年，老人 身分：噺家，侍，職人，商人，その他町人，田舎者，その他方言，現代人，その他
	individuality of character（登場人物の個人性）	噺家，間抜けでない，間抜け
CONDition of character（登場人物の状態）	**condition** of character	平常，感心している，諌めている，気取っている，怒っている，懇願している，ごまをすっている，陽気である，不満である，自信がある，困惑している，納得している，泣いている，憂鬱である，（何かを）飲んでいる，酔っ払っている，食べている，励ましている，興奮している，怖がっている，不審がっている，体調不良である，眠たい，心苦しく思っている，疑念を持っている，拍子抜けしている，寒がっている，苛立っている，幽霊のようである，喜んでいる，もじもじしている，興味を持っている，正当化している，掛け声をかけている，大声で話している，笑っている，甘えている，説教している，軽蔑している，焦っている，ペットに向かって話している，とぼけている，我慢している，反抗している，拒否している，悲しんでいる，誘惑している，呆れている，叫んでいる，小声で話している，なだめている，力んでいる，驚いている，得意になっている，からかっている，叱っている，息が切れている，思い出そうとしている，高を括っている，不快である（60種類）
SITuation of character（登場人物の置かれた状況）	**relationship** to talking companions（話し相手との関係性）	噺家，地の文，独り言，目上，目下
	n_companion（話し相手の数）	噺家，地の文，1人，2人以上
	distance to talking companions（話し相手との距離）	噺家，地の文，近い，中くらい，遠い
STRucture of story（噺の構造）	**part** of story（噺のどの部分か）	マクラ，本題，オチ

「噺家」は登場人物のセリフ以外の部分に対応する

物がその感情や意図などに応じてさまざまな音声表現をすることに対応するものである。ここでは60種類のラベルが定義されているが，全て筆者が音声を注意深く聞いて，（言語的）文脈も考慮して定義したものである。“relationship”（話し相手との関係性）では「同等」に相当するラベルが定義されていないが，これは落語においては複数の登場人物の会話は必ずどちらかが目上でどちらかが目下として扱われるからである[*4]。“n_companion”（話し相手の数）は，登場人物の発話は独り言であったり，1人あるいは複数の人物に対するものであったりするが，それらを区別するために定義した。“distance”（話し相手との距離）は，登場人物と話し相手との物理的距離を表現している。“part”（噺のどの部分か）においては，マエオキはマクラに，ムスビはオチにそれぞれ統合した。

5.2　モデルの訓練

5.2.1　モデルの基本構造

基本となる音声合成モデルにはTacotron 2[6)]およびそれを自己注意（self-attention）[7)]で拡張したモデル（以下，SA-Tacotron）[8)]を採用した。詳細な構造やパラメータは文献2）を参照されたい。また，Tacotron 2およびSA-Tacotronが予測するメルスペクトログラムを音声波形に変換するモデルとして，WaveNet[9)]ベースのボコーダー[10)11)]を用いた。

5.2.2　訓練に使用したデータ

モデルの訓練には**5.1**で構築したサブコーパスⅠに含まれる25の噺のうち，アノテーションが完了していた16の噺を用いた。録音時間はおよそ4.31時間（文間ポーズを含まない）で，7,341文を含んでいた。このうち6,437文（3.74時間）を訓練セット，715文（0.40時間）を検証セット，189文（0.17時間）をテストセットとした。訓練セットおよび検証セットは，モデル中の注意機構におけるアラインメント誤りを減らすために，長さが0.5秒未満の非常に短い文および20秒以上の非常に長い文を含めないようにした。

5.2.3　訓練したモデル

落語を演じる音声合成として適したモデル構造を見つけるために，**表3**の12種類のモデルを訓練した。

5.3　モデルの評価（聴取実験）

5.3.1　実験に用いた音声

表3の12種類のモデルの性能を評価するために聴取実験を行った。聴取実験には，**5.2.2**のテストセット189文を**5.2.3**の各音声合成モデルで合成した音声および再合成音声（AbS）[*5]を用いた

[*4] 同じ登場人物でも話し相手によって目上になったり目下になったりする。

[*5] ここでは，自然音声の波形をいったんメルスペクトログラムに変換し，それをWaveNetベースのボコーダーで再び音声波形に戻したものを指す。

表3 訓練したモデル[2)]

モデル名	基本モデル	Global style tokens[12)]を使用	コンテキストラベルのうちATTRのみを入力	全てのコンテキストラベルを入力
Tacotron	Tacotron 2	−	−	−
Tacotron-GST-8		✓	−	−
Tacotron-ATTR		−	✓	−
Tacotron-context		−	−	✓
Tacotron-GST-8-ATTR		✓	✓	−
Tacotron-GST-8-context		✓	−	✓
SA-Tacotron	SA-Tacotron	−	−	−
SA-Tacotron-GST-8		✓	−	−
SA-Tacotron-ATTR		−	✓	−
SA-Tacotron-context		−	−	✓
SA-Tacotron-GST-8-ATTR		✓	✓	−
SA-Tacotron-GST-8-context		✓	−	✓

(合計13システム)。テストセット189文は13の小噺からなっており，小噺ごとの録音時間は11秒～1分58秒であった（自然音声および再合成音声の場合）。

合成音声は文ごとに合成し，文間ポーズ長に応じた無音を挟んで連結することで小噺単位の合成音声とした。ただし，文間ポーズ長は予測せず，自然音声のものをそのまま用いた。

音声のサンプリング周波数は16 kHzとし，sv56[13)]を用いて噺全体の音量が−26 dBovとなるように音量の正規化を行った。

5.3.2 評価項目および聴取者

評価項目は，1）自然性，2）どの程度登場人物を区別できたか，3）どの程度内容を理解できたか，4）どの程度楽しめたか，の4つとした。一般的に音声合成の聴取実験で最もよく用いられる評価項目は自然性であるが，本研究では音声合成がどの程度人を楽しませることができるのかに主眼を置くため，項目4を設けた。さらに，どのような要因が人を楽しませる程度に影響するかを調べるために，項目1～3を用意した。それぞれの項目は1～5の5段階で評価された。ただし，集計時には聴取者間および小噺間の変動を抑制してモデルの比較をより公平に行うために，聴取者ごとに，次いで小噺ごとにスコアを平均が0，分散が1になるように標準化した。

聴取者はクラウドソーシングにより募集した日本語話者183名で，13全ての小噺についてそれぞれ評価を行った。ただし，小噺とシステムの組み合わせおよび提示順はランダムとした。

5.3.3 結果と考察

結果を**図1**に示す。統計分析として，標準化したスコアについて項目ごとにBrunner-Munzel検

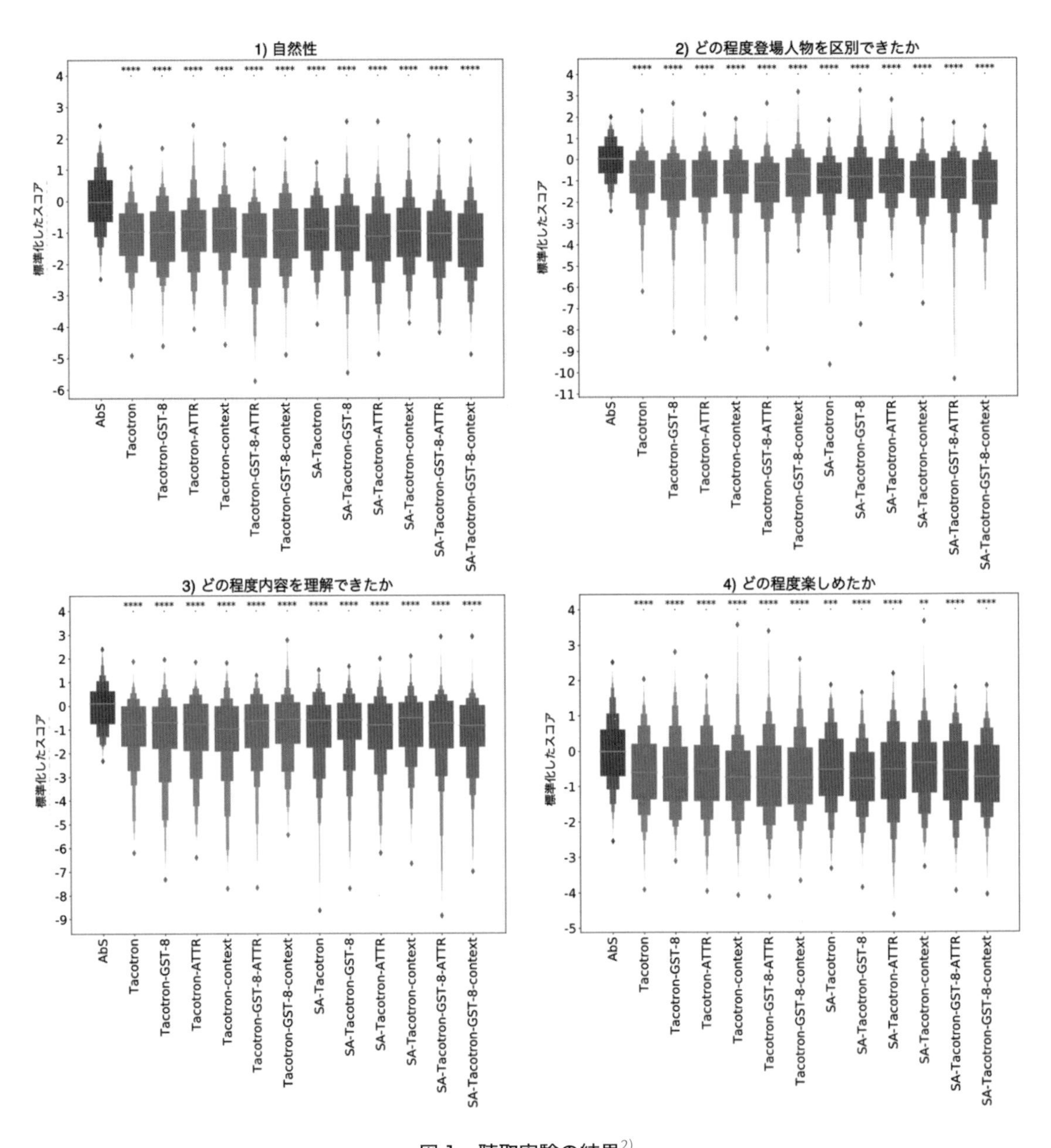

図１　聴取実験の結果[2]

＊＊：p＜0.01，＊＊＊：p＜0.005，＊＊＊＊：p＜0.001

定[14]を行い，Bonferroni 法によって補正した。結果として，有意差は再合成音声（AbS）と音声合成の各モデル間についてのみ観測され，音声合成モデル間に有意差はなかった。ただし，項目４（どの程度楽しめたか）については，SA-Tacotron-context が他のモデルと比べて再合成音声との有意差が小さかった。

評価項目1～3のうち，どの項目が最も項目4（どの程度楽しめたか）に影響しているかについても調査した。1～3の各項目と項目4に対する標準化したスコアの相関係数は，項目3が最も大きく，次いで項目2，項目1の順であった（**図2**）。このことから，音声合成における最も一般的な評価項目である自然性よりも，内容理解や登場人物の区別の程度の方が人を楽しませる程度との間により強く関連していることが示唆される。

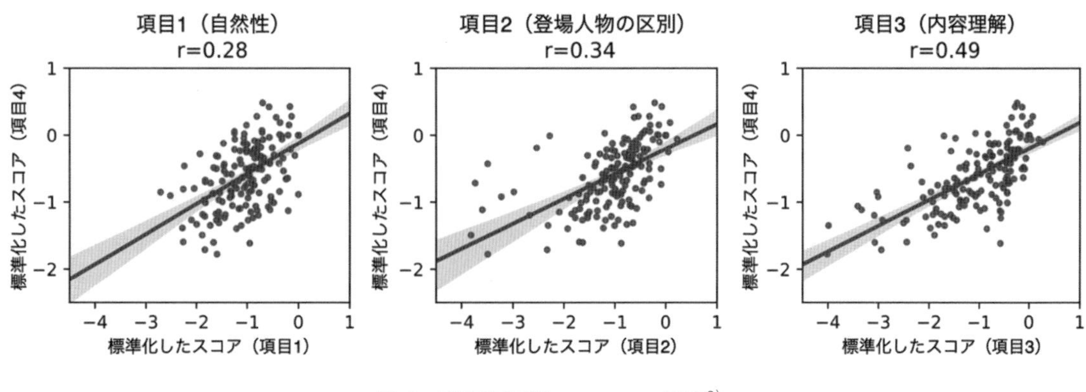

図2　評価項目間のスコアの相関[2)]

6. 落語の音声合成は前座・二ツ目・真打ならどの水準に相当するのか

6.1　動　機

5.3の聴取実験では，落語を演じる音声合成は自然性・登場人物の区別・内容理解・人を楽しませる程度のいずれの観点においても再合成音声に及ばないという結果であった。ところで，この再合成音声は訓練に用いた噺家（柳家三三，真打）のものであり，真打という身分を鑑みると，噺家あるいは落語の水準としては最も高い水準に位置するといえる。それでは，音声合成はより低い身分（前座・二ツ目）の噺家と比べるとどの水準に位置するのであろうか。これを明らかにするために，別の聴取実験を行った[3)4)]。

6.2　聴取実験

6.2.1　実験に用いた音声

実験には自然音声（人間の噺家の音声）および合成音声を用いた。自然音声としては，5.1で述べたサブコーパスIIに含まれる前座・二ツ目・真打の音声を用いた。合成音声としては，5.3の聴取実験で最も良い評価を得たSA-Tacotron-contextにより合成した音声を用いた。

5.3では評価に13の小噺を用いたが，今回は演目『味噌豆』を用いた。これは，小噺よりも（正式な）噺の方が落語音声の評価としてより適切であると考えたためである。一方で，聴取時間が長すぎると評価の品質が落ちる恐れがあることから，比較的短い演目である『味噌豆』を採用した。録音時間長または音声長は，2.5分（前座），2.7分（二ツ目），4.2分（真打），3.7分（合成音声）であった。ただし，合成音声は文ごとに合成し，文間ポーズ長はサブコーパスⅠに含まれる『味噌豆』のものを用いた[*6]。

また，5.3で用いた音声合成モデルの訓練セットには『味噌豆』の一部が含まれていたことから，SA-Tacotron-contextについては当該訓練セットから『味噌豆』の音声を除いたものを用いて再訓練を行った。また，音声のサンプリング周波数を24 kHzに変更した。

6.2.2　評価項目および聴取者

評価項目は5.2.3の4項目（自然性[*7]・登場人物の区別・内容理解・どの程度楽しめたか）に加えて，5）演者の噺家としての技術はどの程度だと思ったか，という項目を設けた。それぞれの項目は5.2.3と同じく1～5の5段階で評価されたが，今回は集計時にはスコアを標準化せず単純に平均した。

聴取者はクラウドソーシングにより募集した日本語話者292名で，各聴取者は自然音声（前座・二ツ目・真打）あるいは合成音声のいずれか1つのシステムについて評価を行った。

6.2.3　結果および考察

結果を**図3**に示す。統計分析として，スコアについて項目ごとにBrunner-Munzel検定を行い，Bonferroni法によって補正した。結果として，いずれの評価項目においても音声合成は人間の噺家（前座・二ツ目・真打）の水準に及ばなかった。しかしながら，有意差の傾向には差が見られ，自然性の観点からは合成音声は比較的高い評価を得た。

5.3の実験と同様に，評価項目間のスコアの相関係数を計算した（**表4**）。5.3の実験と同じく，項目4（どの程度楽しめたか）との間の相関係数は項目1（自然性）よりも項目2（登場人物の区別）や項目3（内容理解）の方が大きく，音声合成の一般的な評価項目である自然性だけを追求しても，人を楽しませる音声合成としては不十分であることが改めて示唆された。

それでは，どのような原因で登場人物の区別や内容理解が不十分なのであろうか。原因の1つとしては，登場人物によって声の高さを変える程度が不十分であることが考えられる。**図4**は合成音声および自然音声に対して，文ごとの対数基本周波数の平均を計算したものである。『味噌豆』には定吉（丁稚）と旦那（壮年の男性）という2人の登場人物がいるが，合成音声は（人間の）噺家よりも声の高さの区別の程度が小さいことがわかる。合成音声の訓練に用いた演者である真打（柳家

---

*6　サブコーパスⅠにも同じ演者（柳家三三，真打）の『味噌豆』が含まれているが，サブコーパスⅡの音声収録時に改めて『味噌豆』を収録した。したがって，細かな言葉遣いや文間ポーズ長は真打の自然音声と合成音声で微妙に異なっている。

*7　ただし，自然性という言葉ではなく，「演者は人間だと思うか？」という言葉を用いた。これは，聴取実験時に聴取する音声が自然音声か合成音声かを明かさなかったためである。

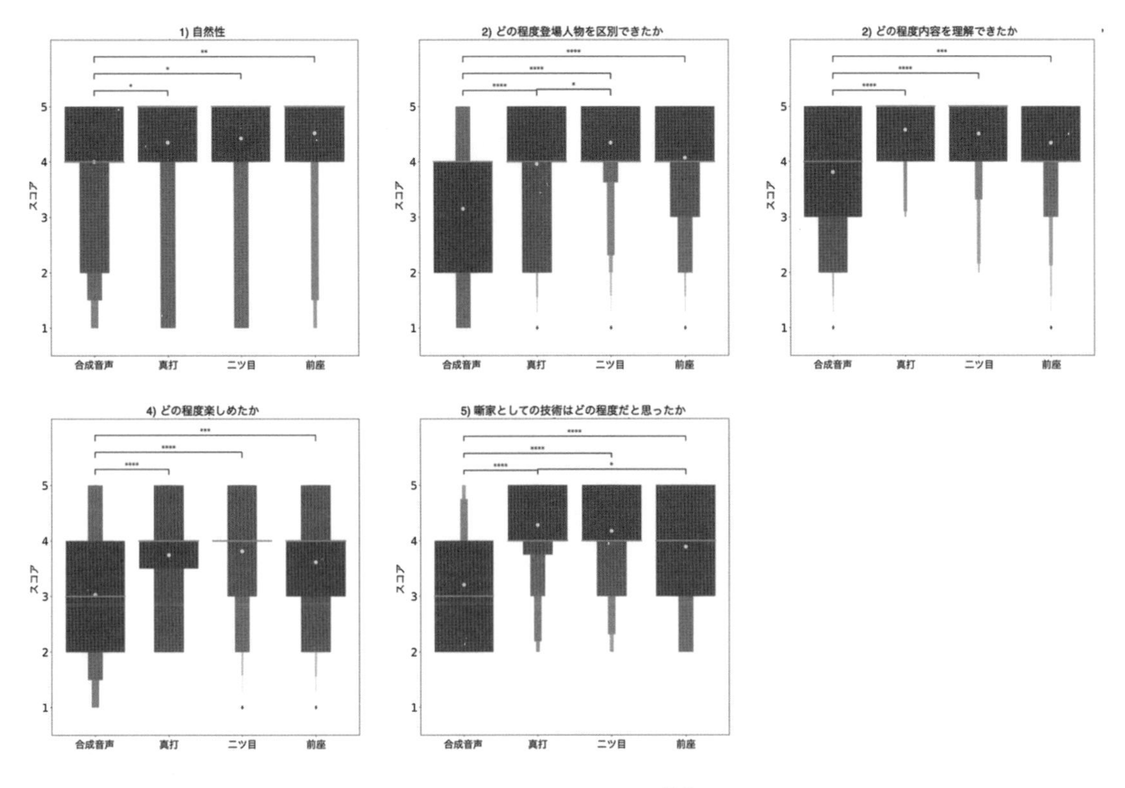

図３　聴取実験の結果[3)4)]

＊：p＜0.05，＊＊：p＜0.01，＊＊＊：p＜0.005，＊＊＊＊：p＜0.001

表４　評価項目間のスコアの相関係数[3)4)]

	項目２	項目３	項目４	項目５(技術水準)
項目１（自然性）	0.287	0.303	0.317	0.339
項目２（登場人物の区別）	−	0.538	0.486	0.580
項目３（内容理解）	−	−	0.597	0.582
項目４（どの程度楽しめたか）	−	−	−	0.656

三三）は登場人物の区別を大げさにつけないようにしているとのことだが[15)]，その真打の自然音声と比べても差が小さい。このことから，本実験で用いた音声合成は声の高さによる登場人物の区別が不十分であるといえよう。

さらに，話者性についても分析を行った。**図５**は，合成音声および自然音声に対して，文ごとにx-vector[16)]＊8を求め，それを役別に分類したうえで，t-SNE[17)]を用いて平面上に可視化したものである。

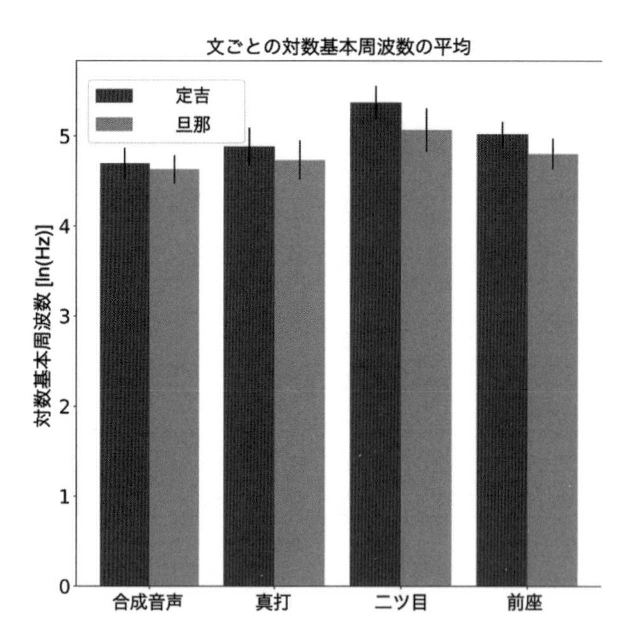

図4　文ごとの対数基本周波数の平均[3)4)]

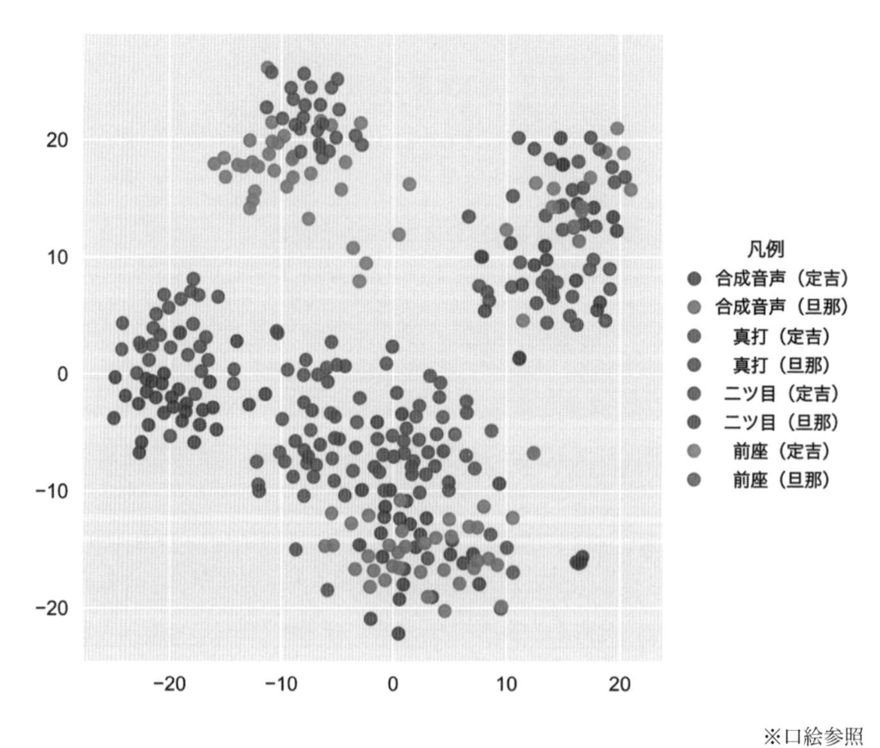

※口絵参照

図5　文ごとに計算した x-vector の t-SNE による可視化[3)4)]

図５では，「前座」，「二ツ目」，「真打および合成音声」，「全システム」の４つのクラスタが確認できる。さらに，「前座」および「二ツ目」のクラスタは，おおむね登場人物ごとにさらにクラスタリングされている。一方で，「真打および合成音声」のクラスタについては，真打と合成音声でさらにクラスタリングされているものの，登場人物ごとにはクラスタリングされていない。しかしながら，図３によれば，真打の自然音声は十分に登場人物を区別可能なものである。図４（声の高さによる登場人物の区別）もあわせて考えると，真打の演者は二ツ目および前座とは異なる方法で登場人物の区別を付けている可能性がある。具体的にどのような方法を用いているかについては現状では不明であり，さらなる探求が必要であると考えている。

7. おわりに

本節では，落語を演じる音声合成技術について解説するとともに，音声合成がどの程度人を楽しませることができるのかという問いに対して現状の１つの答えを示した。本節で見てきたように，現状の音声合成は人を楽しませるという観点からはまだまだ不十分なものであり，自然音声とどのような点において差異があるのかということを含め，さらなる研究および技術開発が必要である。特に，真打の演者が前座や二ツ目と異なる方法で登場人物の区別を付けている可能性があることは注目すべき点である。真打の演者は音声合成において話者性の埋め込み表現としてよく用いられる x-vector で捉えられないような特徴を利用している可能性があり，今後の研究の１つの方向性となるだろう。

文　献

1) 森大毅ほか：音声は何を伝えているか―感情・パラ言語情報・個人性の音声科学―，コロナ社，4-13 (2014).
2) S. Kato et al.: *IEEE Access*, **8**, 138149-138161 (2020).
3) 加藤集平ほか：情報処理学会研究報告，2020-SLP-133(15), 1-6 (2020).
4) S. Kato et al.: *Proc. ICASSP*, 6488-6492 (2021).
5) 野村雅昭：落語の言語学，平凡社 (1994).
6) J. Shen et al.: *Proc. ICASSP*, 4779-4783 (2018).
7) A. Vaswani et al.: arXiv: 1706.03762 [cs. CL] (2017).
8) Y. Yasuda et al.: *Proc. ICASSP*, 6905-6909 (2019).
9) A. Oord et al.: arXiv: 1609.03499 [cs. SD] (2016).
10) X. Wang et al.: *Proc. ICASSP*, 4804-4808 (2018).
11) A. Tamamori et al.: *Proc. INTERSPEECH*, 1118-1122 (2017).
12) Y. Wang et al.: *Proc. ICML*, 5180-5189 (2018).
13) International Telecommunication Union: Recommendation G. 191 (2005).
14) E. Brunner and U. Munzel: *Biometrical Journal*, **42**(1), 17-25 (2000).

---

*8　話者性の埋め込み表現として，話者認識にしばしば用いられる他，多話者音声合成で話者性を区別するための入力としてもよく用いられる。

15) 東京弁護士会：*LIBRA*, **11**(11), 22-25 (2011).
16) D. Snyder et al.: *Proc. ICASSP*, 5329-5333 (2018).
17) L. Maaten and G. Hinton: *Journal of Machine Learning Research*, **9**, 2579-2605 (2008).

第３節

日本放送協会における音声合成の研究開発と実用化

日本放送協会　栗原　清

1. はじめに

当協会（日本放送協会，以下，NHK）では2000年代よりアナウンサー業務の補助を目的として音声合成の研究開発を推進してきた。近年，これらの研究成果は実用化され，「NHKニュース」，「政見放送」，「ラジオ気象情報」など多岐にわたる業務において実用されている。本節では，NHKにおける音声合成の研究開発とその実用化例について詳述する。

2. 研究開発

NHKでは，2011年に波形接続方式・録音編集方式の音声合成手法[1)]を開発し，NHKラジオ第２放送「株式市況」，「気象通報」で実用化しており，2025年現在も放送を継続している。これらの手法は，録音した音声をつなぎ合わせ，音声を生成する手法[1)]のため，任意の音声を生成できず，事前に録音した音声しか放送できない制約があったため，実用された番組は限定的であった。その後，Hidden Markov Model（HMM）[2)]を用いた音声合成の登場で任意文の音声合成や，Deep Learningを用いた統計的音声合成手法[3)]が登場し，録音した音声ではない音声も一定の品質で生成できるようになった。2018年，NHKでは現在の日本語音声合成の主流となっている系列変換モデル（Sequence to Sequence with Attention）を用いた音声合成[4)]を日本語化する技術[5)]を開発した。この技術は，安田ら[6)]が開発した系列変換モデルと同時期に登場し，ともに現在の音声合成の日本語化手法として音声合成の研究開発・実用に貢献した。これらの技術の登場により，世界の最新の音声合成技術を日本語のまま研究開発を行える環境が整った。これらの技術は，音声合成のコミュニティーの開発者によってオープンソース化[7)]され，書籍に掲載されたことで，新規開発者の参入が容易になり，研究開発コミュニティーの活性化に貢献している。

2.1　系列変換モデル音声合成の日本語化手法

系列変換モデル音声合成は，Encoder・Decoder・Attentionで構成される[4]。この手法は2017年に登場したが，その後1年近くで人間が録音した音声と同等の音質を達成した[8]。この手法は，Transformer[9]を用いた音声合成においても実験から有効性が確認されており[5]，生成AIの基礎技術であるTransformerを用いたGPT（Generative Pretrained Transformer）[10]においても有効に動作すると考えられ，2024年現在の最新の大規模言語モデルを用いた音声合成手法とも高い親和性があると考えられる。

系列変換モデル音声合成で英語の学習を行う場合，音素を入力することで音声合成の学習を正しく行うことができるが，日本語では音素に相当する片仮名を用いて学習させてもアクセントを正しく再現できない問題[5]があり，2017年ごろには系列変換モデルの日本語化手法は登場していなかった。これらの問題を解決するために，NHKでは読み仮名と韻律記号を用いる手法[5]を提案した（**図1**）。この手法は，音素と音素の間に，アクセント記号を挟むことでその高低アクセントを再現できる手法である（**図2**，**表1**）。この手法には，主に3つの利点がある。1つ目は，現在の主流であるEn-

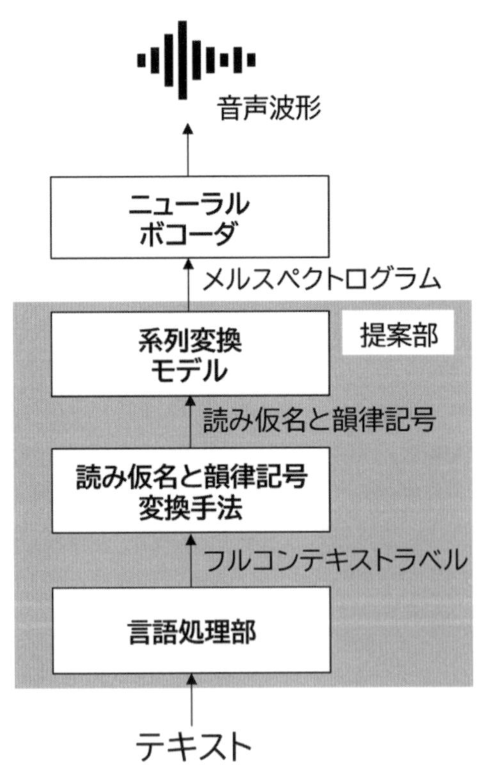

出典：栗原清：映像情報メディア学会誌，78(2)，236（2024）.

図1　系列変換モデルを用いた音声合成手法

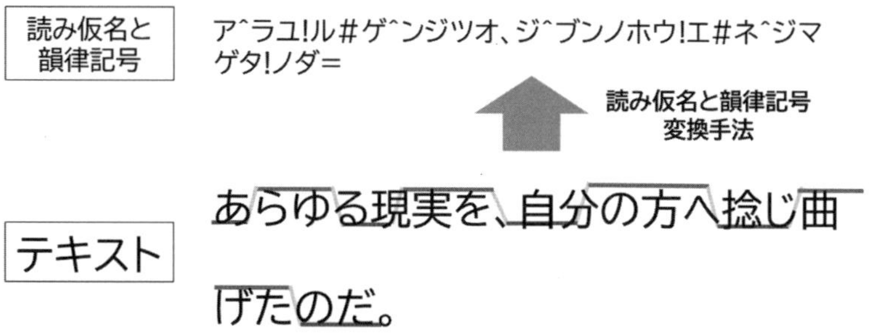

読み仮名と韻律記号	ア^ラユ!ル#ゲ^ンジツオ、ジ^ブンノホウ!エ#ネ^ジマゲタ!ノダ=

テキスト	あらゆる現実を、自分の方へ捻じ曲げたのだ。

出典：栗原清：映像情報メディア学会誌，78(2), 236 (2024).
※口絵参照

図２　高低アクセントと読み仮名と韻律記号

coder・Decoderを持つ音声合成手法に対して汎用的に適用できる点，２つ目はモデルを改変することなく適用できる点，３つ目は文字列の形で適用できる点である。これらの利点から，ESPnet[7]においてサードパーティ実装が公開され，さまざまな手法に適用され実用化されている。また，先述の通り文字列として扱いやすいため，2.2で説明するように音声生成部以外のタスクにおいてTransformerなど既存の言語モデルの手法を適用しやすくなり応用範囲が広がった。

表１　韻律記号一覧

アクセント位置の指定	
アクセント上昇記号	^
アクセント下降記号	!
句・フレーズの区切り指定	
アクセント句の区切り	#
文末イントネーションの指定	
文末（通常）	=
文末（体現止め）	(
文末（疑問）	?
ポーズの指定	
ポーズ	,

2.2　日本語言語処理部

2.1で提案した「読み仮名と韻律記号」を，日本語テキストから推定する日本語音声合成手法を開発した（**図３**）。この手法の構成部の１つである言語処理部は，日本語における発音に関わる部分であり，正しい読みやアクセントを再現するうえで重要である。そのため，言語処理部では日本語テキストから正しい読み方とアクセントを正しく推定できることが求められる。日本語は，漢字など同形異音語が多く存在し，特に地名や氏名などの固有名詞は正しい読み方とアクセントの把握が難しいという問題がある。これらの問題が，言語処理部の技術的難易度を上げており，音声合成のアクセントが不安定となる要因であると考えられている。本手法では，日本語テキストとラベルデータである「読み仮名と韻律記号」の対をTransformerに学習させることで，日本語テキストからラベルの推定を可能にする手法を解説する。NHKにおいて実用化する際は，学習データに，アナウンサーの音声を人間が聞き取り，アノテーションしたデータを活用し，正しいアクセントの推定に役立てている。また，Transformerだけでは単語の読み・アクセント辞書を適用することができないため，図

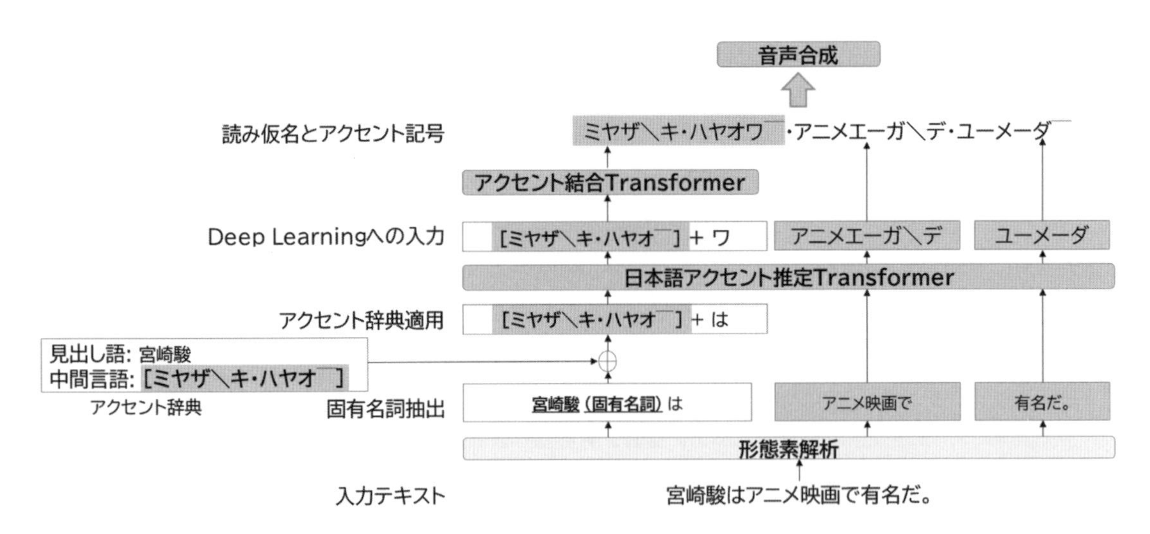

図３　開発した日本語音声合成言語処理部

３のように形態素解析で名詞・数詞などを特定し，その単語に辞書を適用できる手法を開発[11]した。これにより，Transformerでは推定が難しい名詞・数詞などをより正しく推定する言語処理部を開発することができた。この手法を用いた音声合成手法は，2023年より実際の放送で実用化している。

2.3　音声から音声合成用ラベルを推定する技術

2.1，2.2において，NHKが開発した音声合成手法を紹介したが，NHKでは音声からこれらの「読み仮名と韻律記号」を推定する手法についても開発[12]している。この手法では，音声から音声認識の形で読み仮名と韻律記号を推定することができるため，事前学習モデルのためにデータ量を増やすのに最適である。放送のように，音声データは豊富にあるが，そのラベルデータを作るにはアノテーションが必要となるため，学習用のラベルデータをあまり用意できない場合などに最適な手法となる。本手法では，自己教師あり音声認識手法であるWav2vec 2.0[13]に音声と読み仮名と韻律記号を学習させている（**図４**）。また，子音の認識誤り（phonetic confusion[14]）を防ぐために，「音素認識誤りTransformer」を用いることで，認識率の向上に努めた。

3. NHKにおける音声合成の実用化

NHKでは，「NHKニュース」など，視聴者の多い番組において音声合成を実用化[15]している。音声合成の最も古い実用化例は，地上デジタル音声放送実用化試験放送（デジタルラジオ）で2006年10月より行われていた「株式市況」の自動放送があり，その開発の歴史は長い。その後，NHKでは2018年にDeep Learningを用いた音声合成を実用化[16]し，今に至る。本項では，系列変換モデル[4]を用いた音声合成の実用化以降のNHKの音声合成の実用例について述べる。

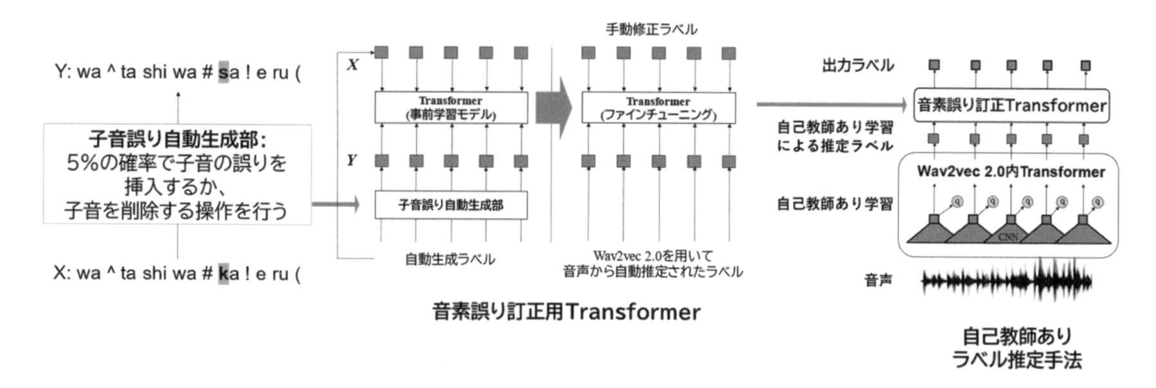

図4　自己教師あり学習を用いた音声合成用ラベル推定手法

3.1　ユーザーインターフェースの開発

NHKでは，2.1の系列変換モデルの日本語音声合成を考案した後，速やかに実用化システムの開発に着手し，2020年には業界に先駆けて実用化を実現した。実用化においては，放送現場において活用することを前提に設計したため，早く正確に制作できるシステムが必要だった。そこで，新たにユーザーインターフェースを設計[15]し，正確かつ迅速に音声を制作できるシステムを整備した。

インターフェースは，音声合成の機能をWebAPIで呼び出せるようにした。これにより，他のシステムとの連携を可能にし,「ラジオ気象情報」などさまざまな自動制作システムに活用した（3.4)。また，ユーザーインターフェースはブラウザベースで開発し，クラウド・オンプレミスともに同様のシステムで駆動できるようにした（図5)。音声出力は，テレビ放送におけるラウドネス値の基準である−24.0 LKFSに自動で調整する機能を付け，編集した後に音声の調整が必要ないよう工夫した。アクセントは，東京方言におけるアクセント規則[17]に基づきアクセント核をワンクリックすれば，アクセント句内のアクセントを自動で決定できるようにした。また，2023年には開発した日本語言語処理部（2.2）を応用し，任意のアクセント辞書を用いることができるようにし，NHK日本語発音アクセント新辞典[18]やアナウンス室から提供された地名辞書を適用することで，正確な発音を再現できるよう工夫した。

3.2　「NHKニュース」での実用化

NHKは2022年から全国放送のニュース番組において音声合成技術を導入[15]している。アナウンサーは通常，事前に原稿の下読みを行うが，その時間は多忙な業務のなかで限られる。このような状況下で，音声合成技術の導入はアナウンサーの負担軽減を図り，他の重要な業務に集中するための有用な手段となっている。音声合成のニュース読み上げの本格的な導入は新聞などでも取り上げられ，ニュース読み上げにおける音声合成の有効性を広く視聴者に示すことができた。

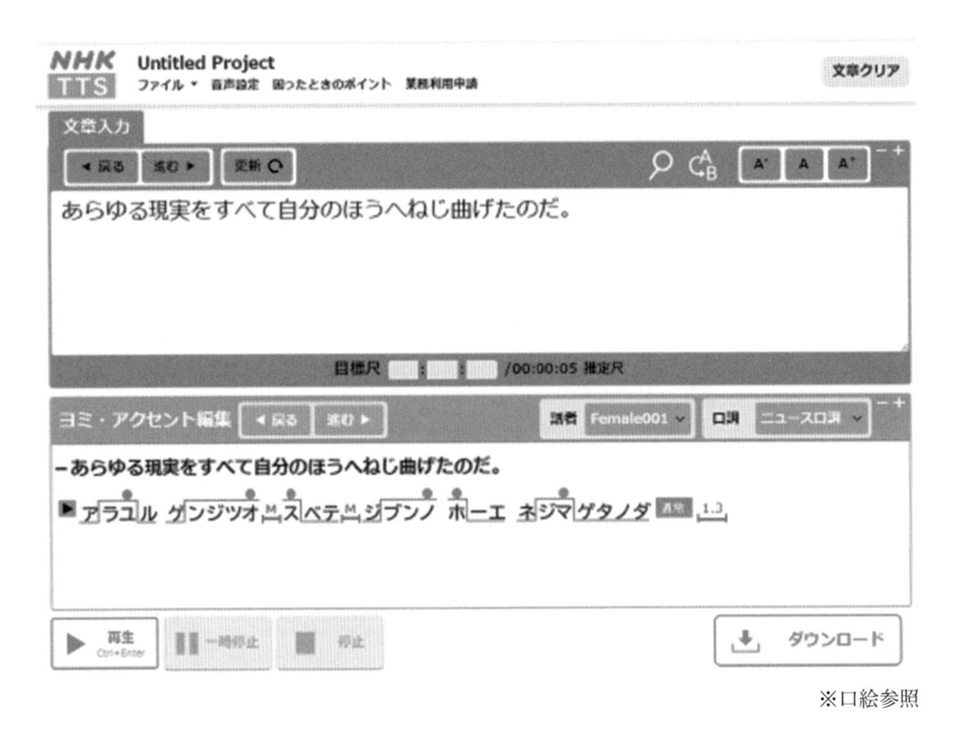

※口絵参照

図5　開発したユーザーインターフェース

3.3　一般番組での活用

NHK総合テレビでは，ニュース番組以外にも多くの番組に音声合成技術が導入されている。たとえば，「ニュースLIVE! ゆう5時」，「みみより！くらし解説」などの情報番組，「連続テレビ小説 おかえりモネ」や「信長のスマホ」，「観光クエスト」といったエンターテインメント番組，「へんろ88」，「公共メディア通信」，「ドキュメント20min.」などのドキュメンタリー番組が挙げられる。ラジオ第1放送においても，「安心ラジオ」，「らじるの時間」，「気象情報」，「お知らせ」などの番組で実用されており，NHKの番組において広く実用化が進んでいる。

3.4　地域局ラジオ気象情報の自動送出装置

NHKの地域局のラジオ第1放送「ラジオ気象情報」を自動で放送するシステム[19]に系列変換モデルを用いた音声合成を活用した。このシステムでは，気象庁や日本気象協会から受信した気象電文や観測データから原稿を自動生成する（図6）。気象情報は，天候の状況によって原稿の分量が大きく増減する性質がある。そのため，原稿を自動生成する際には原稿の分量を基準の分量に自動調整する機能を実装した。この原稿を音声合成で音声ファイルを生成し，その音声ファイルを自動再生することで，自動で気象情報を送出するシステムを開発した。

出典：栗原清：映像情報メディア学会誌，78(5)，104 (2024).

図6　地方局ラジオ気象情報自動送出装置

3.5　政見放送での実用化

NHKは，政見放送の制作効率を向上させるために音声合成技術を導入[19]した。公職選挙法に基づき，政見放送はNHKと基幹放送事業者の設備を用いて実施するが，NHKの放送分についてはNHKの設備を用い職員が収録を担当する。この収録業務は高い正確性が求められ，多くの人員リソースを必要とする。

これらの業務の効率化を図るべく，NHKは政見放送の届け出を表計算ソフトで電子化し，テロップとナレーションを自動生成システムするシステム[19]を構築した（**図7**）。その結果，政見放送の本編素材に対する事前説明と事後説明のテロップとナレーションが自動化され，アナウンサーや収録担当者の負担が軽減された。このシステムは2023年に実用化され，総務省および各都道府県選挙管理委員会と協力し運用している。都道府県知事選挙や国政の補欠選挙における政見放送および政見経歴放送での実績を積みながら，システムの改良を継続している。

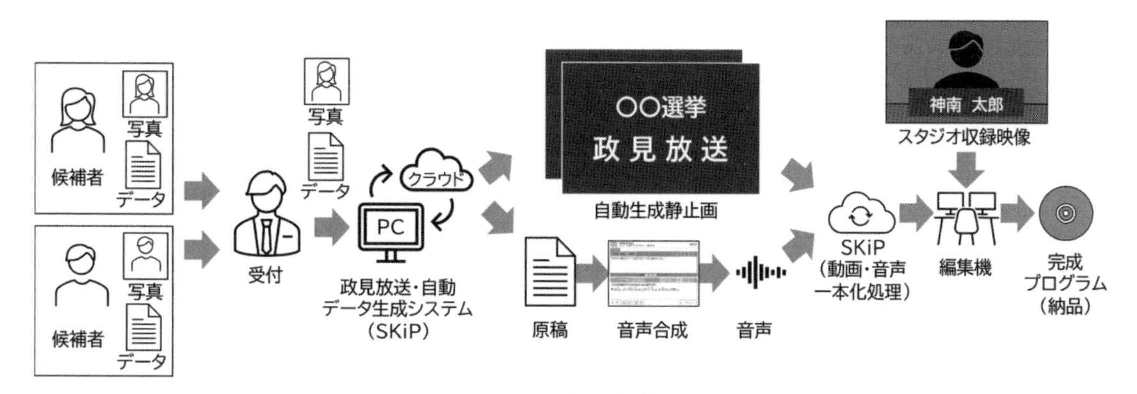

出典：栗原清：映像情報メディア学会誌，78(5)，105 (2024).

図7　政見放送・自動制作システム概要

3.6 NHKアナウンサーの命を守る“防災の呼びかけ”

NHKは，放送以外の場面でも防災対策の普及を図るため，防災に関連する「呼びかけの文言」とその合成音声を公開するウェブサイトを提供[19]している。この活動は，その他のさまざまな防災の取り組みとともに評価され“「NHKアナウンサーの命を守る呼びかけ」に関する一連の取り組み”として，放送批評懇談会の選定する第61回ギャラクシー賞報道活動部門大賞（2023年度）を受賞した。

3.7 世界最大級のスポーツ大会における自動解説音声の付与

NHKは，2018年に世界最大級のスポーツ大会における解説音声の自動付与技術を実用化[20][21]した。このような大規模な大会では，放送枠の関係で放送される競技が限られる。また，これら各競技に解説音声を付与するには，多くの工数や人員が必要となるため，全ての競技を放送するのは難しい。また，解説放送がないため，視覚障害者に配慮した内容の解説を付けられず，視覚障害者が競技内容を理解できないという問題もある。この課題を解決するため，国際オリンピック委員会（IOC）が提供する公式競技データであるOlympic Data Feed（ODF）を活用し，テンプレートベースで原稿を自動生成し，音声合成によって解説音声を自動作成する技術を実用化した。この手法により，ODFに基づいた実況原稿の自動生成が可能となった。近年では生成AIの進展によって，動画内容を説明する文章を生成する技術[22]も登場しており，これにより競技データと合わせた高度な実況原稿自動生成技術の発展が期待される。

4. おわりに

NHKでは，音声合成の研究開発を行うとともにその技術を迅速に実用化してきた。2018年に開発した系列変換モデルを用いた日本語音声合成は，2020年にいち早く放送で実用化し，ニュース番組における「AIアナウンス」の知名度を大きく上げることに貢献した。また，開発した系列変換モデルの日本語化手法は，サードパーティ実装がオープンソースプロジェクトや書籍で公開されたことで，日本語音声合成の普及に貢献している。今後も，視聴者に新たなサービスを提供するために，音声合成の技術の発展に寄与していく。

文　献

1) H. Segi et al.: *ICASSP*, 1757 (2011).
2) H. Zen et al.: *IEICE Trans. Inf. & Syst.*, **E91**: **D**(6), 1764 (2008).
3) H. Zen et al.: *ICASSP*, 7962 (2013).
4) J. Shen et al.: *ICASSP*, 4779 (2018).
5) K. Kurihara et al.: *IEICE Trans. Inf. & Syst.*, **E104**: **D**(2), 302 (2021).
6) Y. Yasuda et al.: *ICASSP*, 6905 (2019).
7) T. Hayashi et al.: *ICASSP*, 7654 (2020).
8) J. Sotelo et al.: *ICLR*, 1 (2017).

9) A. Vaswani et al: *NIPS*, 1 (2017).
10) A. Radford et al.: Improving Language Understanding by Generative Pre-Training (2018).
11) K. Kurihara and M. Sano: *INTERSPEECH*, 2790 (2024).
12) K. Kurihara and M. Sano: *ICASSP SASB*, 164 (2024).
13) A. Baevski et al.: *NeurIPS*, **33**, 12449 (2020).
14) P. Serai et al.: *ICASSP*, 7255 (2019).
15) 栗原清：映像情報メディア学会誌，**78**(2)，234 (2024).
16) K. Kurihara et al.: *SMPTE Motion Imaging J.*, **130**(3), 19 (2021).
17) H. Kubozono: 言語研究，**148**, 1 (2015).
18) NHK 放送文化研究所：NHK 日本語発音アクセント新辞典，NHK 出版 (2016).
19) 栗原清：映像情報メディア学会誌，**78**(5)，519 (2024).
20) K. Kurihara et al.: *SMPTE Motion Imaging J.*, **128**(1), 41 (2019).
21) T. Kumano et al.: *BMSB*, 1 (2019).
22) R. Machel et al.: *arXiv*, arXiv: 2403.05530 (2024).

第1節

音声による感情認識の開発

山形大学　小坂　哲夫

1. はじめに

以前より，人間とコンピューターが音声によりコミュニケーションを行う音声対話システムの研究が進められている。1990年初頭に開発されたマサチューセッツ工科大学の音声対話システムでは，音声認識や音声合成を組み合わせ，さらに画像出力も併用することで，町の案内や航空チケットの予約，天気の問い合わせなどの機能が実装された[1)]。このような情報検索など，何らかの目的を持って対話を行うシステムをタスク指向型対話システムと呼ぶ。一方，近年では特定の目的を持たずに雑談のような対話を行う非タスク指向型のシステムも注目されている。このシステムでは，対話を継続したいというユーザーの欲求を満たすことが重要である。対話に対する積極性の度合いをエンゲージメントと呼ぶが，エンゲージメントの向上が検討課題となっている。このため，コンピューター側がロボットや擬人化エージェントといった形態を取ることで，人間と会話するのと同様な感覚で会話が楽しめるような工夫が検討されている。たとえばMMDAgentと呼ばれるオープンソースの音声インタラクション構築ツールキット[2)]においてはユーザー側が音声を用いるのに対し，システム側が音声およびディスプレーに表示された擬人化エージェントにより応答する。擬人化エージェントはプログラムに従って，表情を変化させたり身体動作を行ったりすることが可能なため，システム側から非言語情報を伝達することができる。

以上のように非タスク指向型対話システムにおいては，人対人のコミュニケーションと同様の対話ができることが重要である。人間同士の対話においては言語情報のみならず非言語情報も重要な役割を果たす。Birdwhistellによれば会話でやりとりされるメッセージのうち言語そのものによる情報は全体の30～35%で，残りは非言語によって伝えられるとしている[3)]。人間による非言語情報の伝達手段として代表的なものが音声や表情および身体動作である。もちろん音声は言語情報を伝達するのが主要な役割ではあるが，発声の仕方により感情のような非言語情報の伝達においても主要な役割を果たす。本節ではこの音声により伝達される感情の認識について述べる。

音声による感情認識では主に音響特徴が用いられる。感情が伴う音声では，パワー，声の高さ，発話継続時間などが通常の音声と異なる。たとえば喜びの感情が伴うと，声が大きくなり，声の高さが全般的に高く変動も大きくなる。さらに語尾の音節の継続長が伸びるなどが観察される。感情を抽出する際の特徴量としてはいろいろ議論されているが，音響特徴量抽出ソフトウェア openSMILE で抽出される特徴量が使用される場合が多い[4)]。openSMILE は国際会議 INTERSPEECH2009 Emotion Challenge でコンペティションに用いられたソフトウェアであり，その後バージョンの更新が行われている。openSMILE ではまず LLD（Low-Level Descriptors）と呼ばれる時系列特徴が得られる。特徴量にはパワーや MFCC（メル周波数ケプストラム係数），F0（基本周波数），音声確率，ゼロ交差率などが含まれる。さらにその特徴量をもとに発話全体に対する統計量が求められる。統計量としては最大値，最小値，最大・最小の差分，平均，線形近似の勾配やオフセット，標準偏差などが含まれる。

一方，音響特徴のみならず言語的な特徴からも感情推定は可能である。SNS などのソーシャルメディアが普及したことにより，これらの投稿をマーケティングに利用しようという SNS マーケティングが注目されている。技術的にはテキスト情報を解析し投稿内容に含まれる感情についてネガティブかポジティブあるいは中立かを判断する方法である。たとえば「残念」といった単語が含まれるとネガティブ，「楽しかった」という表現があればポジティブといった具合である。音声による感情認識においても，発話内容に含まれる言語的情報を感情推定に利用することが可能である。

以上より音声によって伝達される感情は，言語・非言語情報の相互作用からもたらされると考えることができる。この場合，言語情報による感情と音響情報による感情が相反する状況も起こり得る。いわゆる冗談や皮肉は両者が一致しない場合に生じ，人間の脳にはこの食い違いを検出するメカニズムが存在することが指摘されている[5)]。冗談や皮肉の検出は興味深いテーマではあるが，本節では言語情報と音響情報による感情が一致する場合を想定した研究内容について述べる。

ここでは音声に含まれる音響的特徴と言語的特徴を併用して感情認識を行う手法について述べる。もしも音響的特徴と言語的特徴の両者において誤り傾向が類似している場合は併用の効果は少ない。しかし後述するように両者の誤り傾向は異なっており，相補的効果により認識性能の向上が見込まれる。

2. 感情音声コーパス

感情認識手法について述べる前に音声コーパスについて概説する。テキストを対象とした感情分析では SNS などを利用すれば大量のデータを確保することができるが，音声の場合多数の話者を集め発声してもらう必要があり，収集にコストがかかる。このためコーパスの種類は多くはない。**表1**に代表的な日本語感情音声コーパスについてまとめた。感情の種類と数をバランス良く集めるためには，あらかじめどのような感情で発声するかを話者に伝え発声してもらう方法が取られる。これを演

表1 日本語感情音声コーパス

タイトル	公開年	演技/自発	内 容
UUDB	2012	自発	課題遂行対話
OGVC	2012	自発（一部演技）	オンラインゲームチャット
JTES	2017	演技	ツイッター（現X）読み上げ
声優統計コーパス	2017	演技	音素バランス文

技音声と呼ぶ。しかしあくまで演技であるため，自然な感情による発声とは異なると考えられる。本来は自発的な感情の発露による音声の収録が必要で，このような方法で集められた音声をここでは自発音声と呼ぶ。表中には演技音声か自発音声かについても記載した。

演技音声の代表的なコーパスとしてJapanese Twitter-based Emotional Speech（JTES）が挙げられる[6]。このコーパスはツイートで構成され，各発話に感情ラベルが割り当てられている。Twitter（現在Xと改名）などのSNSでは感情表現を含むツイートが多数見られる。またツイートはテキストではあるが，話し言葉に近い口語表現が頻繁に用いられる。JTESはTwitterのツイートの中から感情表現語を含む口語的な文章を，音韻や韻律のバランスを考慮し選出した感情音声コーパスである。「自分が意図する感情を機械に伝えるように」発話するように指示がされており，人対コンピューターの対話を意識しているところがこのコーパスの特徴である。コーパスは100名（男女各50名）の発話からなる。また収集対象の感情の種類は「喜び」「怒り」「悲しみ」「平静」の4種類である。発話内容文章セットの決定においてはエントロピーによる文選択アルゴリズムを用いて各感情50文の音韻・韻律のバランスが取れた文章を選択している。以上よりJTESの発話の総計は20,000（=100名×4感情×50発話）となる。

次に自発音声の代表的なコーパスとしてオンラインゲームチャットコーパス（OGVC）について述べる[7]。自発音声を収集するためには話者に自由に発話してもらう必要があるが，特殊な状況でなければ感情が入った音声はそう簡単には得られない。「喜び」の音声であれば話が盛り上がれば集められるかもしれないが，「怒り」を含む音声を自由対話から得ることはそう簡単ではない。そこで，なるべく感情音声が発話される状況となるタスクを設定して発話してもらう方法が取られる。OGVCでは，音声チャットを利用したオンラインゲームを実際に行ってもらい，その音声を収録してコーパスとしている。参加者同士が協力して敵と戦うといった状況のため，感情のこもった発話を得ることができる。各発話に対する感情の種類の決定は，収録した音声に対し複数人で聴取して感情ラベルをつけ多数決で発話に対する感情を定めるといった方法が取られる。このため感情ラベルは本人がどのような感情で発声したかではなく，あくまで第三者が主観で感じる感情となっている。また多数決で決める理由は，どの感情かという判断はあくまで主観であり，人によって感じ方が異なるためである。よって感情ラベル通りに100%認識できたとしても，それが絶対的に正しいとはいえない点は注意する必要がある。

海外では演技音声としてIEMOCAP[8]，自発音声としてRECOLAが存在する[9]。なお，感情はパラ言語情報の1つであるため，音響的特徴による感情認識では，言語に依存しない特徴を持つと考えられている。よって他言語コーパスの併用により性能向上が得られる可能性がある。感情コーパスの構築が困難な少数言語，すなわちその言語を使用する話者の少ない言語の場合，英語などの高リソース言語で学習したモデルをもとに少量のデータで転移学習して感情認識モデルを作成するなどの手法が取られる場合が多い。

3. 言語特徴と音響特徴を併用した音声感情認識

3.1 概　要

言語特徴と音響特徴を併用した手法としては特徴抽出の段階で言語特徴と音響特徴を結合して識別器に入力する早期融合，言語特徴および音響特徴それぞれで感情認識して得られた結果を統合する後期融合が存在する。ここでは当研究グループで行っている後期融合に基づくシステムについて紹介する[10]。言語特徴と音響特徴を併用した音声感情認識のシステム構成図を**図1**に示す。システムは言語特徴による感情抽出部，音響特徴による感情抽出部，および両者の融合部からなる。入力音声からの特徴抽出について，音声認識と音響特徴による感情抽出では異なる特徴量を用いているため，構成図では別個に記載した。言語特徴による感情抽出部では，いったん入力音声を音声認識により発話内容のテキストに変換する。音声認識では必ずしも100%正確に認識するとは限らず，得られたテキストには誤りが含まれている可能性があることに注意が必要である。認識結果のテキストを深層学習モデルに入力し4感情に対応する4次元ベクトルを得る。なお本項において扱うのは「喜び」「怒り」「悲しみ」「平静」の4感情とする。音響特徴による感情抽出部では，時系列をそのまま利用した深

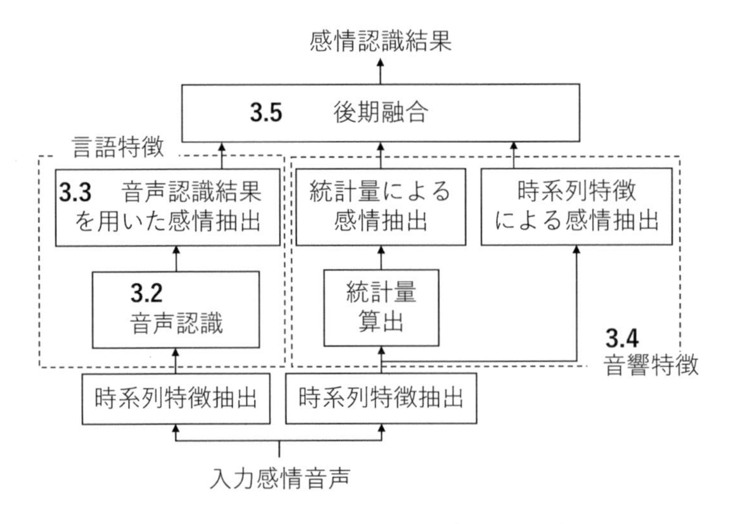

図1　言語特徴と音響特徴を併用した音声感情認識システム

層学習モデルと，時系列から発話全体に対するさまざまな統計量を得て，それを用いて感情認識を行う深層学習モデルを併用する。各モデルは4感情に対応する4次元ベクトルを出力する。したがって発話ごと4次元ベクトルが3種類，合計12次元のベクトルが得られる。本システムではこの12次元の感情特徴ベクトルを深層学習モデルにより融合し，最終的な感情推定結果を出力する。以下3.2では音声認識部，3.3では言語特徴による感情抽出部，3.4では音響特徴による感情抽出部，3.5では両者の融合部について述べる。

3.2 感情音声認識

言語特徴による感情抽出部では，いったん入力音声を音声認識手法によりテキスト化し，それを深層学習モデルに入力し4次元感情ベクトルを得る。このため感情音声を対象とした音声認識が必要となる。感情音声を対象とした音声認識を感情音声認識と呼ぶ。人間が音声を聴取する場合，通常は感情の有無に関わらず認識が可能であるが，自動音声認識システムにおいては，感情音声の認識は一般には困難である。感情音声の音響特性は，非感情音声の音響特性とは大きく異なっている。さらに，音響特性は感情の種類や強さによっても変動が生じる。言語特徴に関しても，通常の発話と比較して，感情的な単語や表現が用いられる。また，フォーマルな発話ではなく，より口語的な口調で発話される場合が多い。一方言語モデルを作成するためのテキストについては口語調のコーパスは少ない。口語調のコーパスを作成するためには，たとえば日本語話し言葉コーパス（Corpus of Spontaneous Japanese: CSJ）のように[11]，実際に発声された音声を書き起こす必要があるが，これには大きなコストがかかる。またCSJの場合は学会講演と模擬講演からなるが，メインの学会講演はフォーマルな口調で，かつ感情表現は少ない。

これらの問題を解決するために，音声認識システムの音響モデル（AM）と言語モデル（LM）を感情音声に適応させることで認識性能の向上を図る[12]。適応手法を用いれば一般に学習に比べ少ないデータで性能向上の効果が得られる。従来，話者適応については多くの方法が提案されている。感情的な音声への適応も話者適応と同じ方法の利用が可能であると考えられるが，研究例は限られている。これは，感情コーパスの種類や量が少ないためと考えられる。特に感情音声のテキストコーパスは不十分であり，感情音声に対するLM適応の研究は限られている。

本研究では，ディープニューラルネットワーク（DNN）ベースの隠れマルコフモデル（DNN-HMM）を音響モデルとして利用し，Nグラムモデルを言語モデルとする音声認識システムを利用した。デコーダとしては2パスデコーダを用いる。第1パスで音響モデルとしてトライフォン，言語モデルとしてバイグラムを用い，ビームサーチにより単語グラフを生成する。その後第2パスでは第1パスで生成された単語グラフをトライグラムによりリスコアし最終的な認識結果を得る。

DNNベースの音声認識は，大語彙の連続音声認識タスクにおいて従来のガウス混合モデル（GMM）ベースの認識よりも優れたパフォーマンスを示している。同様に感情的な音声認識においても性能向上が得られる。しかしDNNベースのモデルを使用してもなお性能は不十分で，その認識性能は非感情的な音声よりも大幅に低下する。

性能向上のためAM適応およびLM適応を併用する。AM適応ではCSJで学習したDNN-HMMを初期モデルとして，さらにJTESを用いて教師付き適応を行った。初期モデルの学習にはCSJの学会講演を使用した。適応手法としては一般的な誤差逆伝播法を用いた。実験条件についてDNNの構成は入力層が825ノード，隠れ層は7層2048ノードである。HMMはトライフォンの状態共有を行い3003状態としたため，それに合わせDNNの出力層を3003ノードとした。適応データとしてJTES14,400発話を用いた。

次にLM適応について述べる。本研究ではLM適応として混合Nグラム法を用いる[13)]。この方法では大量に用意された汎用テキストによるNグラムと少量の目的ドメインの適応テキストによるNグラムを適切な重みで混合し，目的ドメインへの適応を図る。混合方法としては，それぞれのNグラムを作成してから重み付き混合する方法と，n-gramカウントを重み付きで混合してからNグラムを作成する方法が存在する。本研究では後者の方法を利用した。適応後の単語w_iの出現確率を以下の式で求める。

$$P(w_i)=\frac{\alpha \cdot n_i^{adapt}+n_i^{base}}{\alpha \cdot N^{adapt}+N^{base}}$$

ここでn_i^{adapt}およびn_i^{base}はそれぞれ適応テキストと汎用テキストにおける単語w_iの出現カウント，N^{adapt}およびN^{base}はそれぞれ各テキストの全単語出現回数である。またαは両者のバランスを取る重みで実験的に定める。実験では総単語数約6.68万のCSJの学習テキストにより初期言語モデルを作成し，JTESなどを利用して適応を行う。JTESのみによる適応では1,960文と適応文数が少なく適応の効果が十分には得られない可能性がある。そこでTwitter（現在X）からツイートデータを収集して適応データとして使用した。ここでは前者のJTESで適応した言語モデルを小規模LM，後者のTwitterからデータを収集して適応した言語モデルを大規模LMと呼ぶ。元データには絵文字，顔文字などの記号，タイプミスなどによる表記ゆれが含まれておりそのままの形では利用ができない。このため以下の処理により整形を行った。

- URL，ハッシュタグ，改行，返信先を句点に置き換え
- 句点位置は文章の区切りとし，別のテキストとして分割
- 3～20単語の文に制限することにより，極端な長さの文を除去

さらに日本語として自然な文章を選択するため，CSJによる初期言語モデルのうちバイグラムから計算したパープレキシティが50～300という制限を設けてテキストの抽出をした。パープレキシティが高いテキストは日本語として不自然と考えられ，一方極端に低いテキストは初期モデルの学習テキストと類似している可能性があるため排除した。以上により2,586万単語の大量のツイートデータが得られ，これにより大規模LMの適応を行った。

以上によりAM適応およびLM適応を併用したシステムで音声認識実験を行った。評価データとしては学習データとは話者および発話内容が異なる400発話を用いた。音声認識結果を**表2**に示す。表では適応なし，LM適応のみ，AM適応のみ，LM適応＋AM適応の4種類について単語誤り

表2　感情音声認識結果（単語誤り率（%））

適応なし	LM 適応のみ	
	小規模 LM	大規模 LM
36.11	30.95	25.68
AM 適応のみ	LM 適応＋AM 適応	
	小規模 LM	大規模 LM
26.91	24.15	17.77

率を示している。また LM 適応については小規模 LM と大規模 LM の 2 種類を示した。性能が低い順に並べると，適応なし＜LM 適応（小規模 LM）＜AM 適応＜LM 適応（大規模 LM）＜LM＋AM 適応（小規模 LM）＜LM＋AM 適応（大規模 LM）となっている。適応なしでは単語誤り率が 36.11％なのに対し適応後の最良の結果では 17.77％と誤りがほぼ半減している。LM 適応については大規模 LM の効果が高い。小規模 LM の適応には JTES を使用しているため感情がこもったテキストのみを利用しているのに対し，大規模 LM については，データ量は多いが特に感情がこもったテキストを選択しているわけではない。それでも適応が効果的だったのは，感情音声は一般に口語調であり，またツイートデータが書き言葉ながら話し言葉に近い文体で記述されているツイートが多かったためと考えられる。LM 適応，AM 適応はいずれも有効だが，併用した場合特に性能が高い。これは両方の適応の効果が異なっているからと考えられる。たとえば正解が「間に合いそう」に対し AM 適応のみでは「マニア位相」として認識される。誤認識ではあるが音素の並びは正しく，音としては正確に認識できていることがわかる。一方 LM 適応のみの結果は「ものにアイスを」となり，音が全く合っていない。しかし AM 適応と LM 適応を併用することにより「間に合いそう」と正しく認識できるようになり，併用することの効果が出ていることがわかる。またこの他，両適応の併用による効果で目立ったのは発話の終わりが口語調の場合である。口語調の場合書き言葉と異なりくだけた表現になる場合が多い。AM 適応のみでは「長過ぎだろ」が「長過ぎだろう」,「すぎでしょ」が「すぎでしょう」へと文末で誤認識が発生する場合が多いが，LM 適応も併用することにより正しく認識されるようになる。これについてもツイートに口語調の表現が多いことが影響していると考えられる。

3.3　言語特徴による感情抽出

3.2 で説明した音声認識結果を用いて，言語特徴による感情抽出を行う。感情抽出のためのモデルとしては BERT を用いる[14]。BERT とは Bidirectional Encoder Representations from Transformer の略で，双方向 Transformer エンコーダに基づくモデル構造を持つ。Transformer は時系列を表現でき，また自己注意機構により時系列相互間の関連性を表現する深層学習モデルである。以前より時系列のモデル化に用いられているリカレントニューラルネットワーク（RNN）と異なり，時間的に離れた特徴の関連性を保持できるため，長期記憶が可能とされている。この Transformer

をもとに BERT や GPT といったモデルが開発されている。以上のように BERT は Transformer に基づいた，自然言語処理用に構築されたモデルである。文脈を理解できるという性質から，言語特徴による感情抽出に向いているといえる。また一般に深層学習モデルでは大量の学習データが必要となるが，BERT ではあらかじめ大量のデータで学習された事前学習モデルが存在するため，それを利用すれば少量のデータにより転移学習が可能という利点がある。

実験では日本語 Wikipedia のテキストにより学習した事前学習モデル[15]を用い，JTES の 1,963 文で転移学習を行い，４感情を対象とする感情識別器を構築した。また４感情に対するモデルの出力を４次元ベクトルとし，後期融合部の入力の一部とした。学習データとは異なる 400 発話を評価データとする。言語特徴による感情認識結果を**表３**の２段目に示す。この結果は音声認識性能とも深く関わるため，合わせて最上段に単語誤り率を示した。ここでは **3.2** で示した音声認識結果を用いている（「適応なし」の値は表２の適応なしに該当，「適応あり」の値は表２の LM＋AM 適応（大規模 LM）に該当する）。また認識誤りのない場合が性能上限となるため，合わせて「書き起こし」として表中に示した。結果から音声認識の性能が感情認識の性能に大きく影響を及ぼすことがわかった。適応後音声認識の場合の言語特徴による感情認識の結果は 51.50％で決して高くはない。これは BERT の事前学習モデルが Wikipedia の書き言葉によるテキストであり，感情音声のような口語調の発話に対してはミスマッチしているためと考えられる。このため口語調のテキストで学習した事前学習モデルの使用により性能向上が見込まれる[16]。

3.4　音響特徴による感情抽出

ここでは音響特徴による感情抽出について述べる。図１の構成図の右側部分に該当する。**3.1** で説明した通り，時系列特徴からの感情抽出と統計量による感情抽出の２手法を併用して用いる。以前は統計量のみを使用して感情認識を行う方法が主流であった。この場合は発話全体に対し１つの多次元ベクトルを抽出するため時系列を考慮する必要がなく，単純な全結合型ニューラルネットワークで認識が可能である。しかし必ずしも発話全体に感情が乗るとは限らず，発話の一部分のみ感情が込められる場合もある。このため時系列特徴から直接感情を認識する方法も必要と考えられる。以上よ

表３　感情認識結果（％）

種類＼条件	適応なし	適応あり	書き起こし
単語誤り率	36.11	17.77	0.0
言語特徴による感情認識率	45.50	51.50	62.50
音響特徴による感情認識率		77.25	
融合後の感情認識率	82.00	82.25	85.50

り統計量から4次元，時系列特徴から4次元の計8次元の感情ベクトルを抽出する方法について検討した。時系列を扱う深層学習モデルとして代表的なものとしてRNNが挙げられるが，時間方向に対する勾配消失が問題となるため，現在はLSTM（Long Short-Term Memory）やGRU（Gated Recurrent Unit）が多く利用されている。本研究では予備検討の結果から双方向LSTM（BiLSTM）と双方向GRU（BiGRU）を組み合わせたモデルを使用した。

以下音響特徴による感情抽出の実験条件について述べる。特徴量としてはThe large openSMILE emotion feature setを用いた。この場合1フレームあたり168次元の特徴ベクトルが抽出される。統計量を用いる場合は各次元あたり39種類の統計量を求めるため，1発話に対し39×168の計6552次元の特徴ベクトルが得られる。これを全結合型のDNNに入力し4感情に対応する4次元のベクトルを得る。DNNの構造としては，入力層は6552ノード，隠れ層は2048ノード3層，出力層が4ノードとなる。時系列特徴による感情抽出のモデルは入力に近い層からBiLSTM1層，BiGRU1層，全結合層は512ノード，256ノード，64ノードの3層，および出力層の構成とした。学習にはJTES14,400発話を用い，学習データとは話者および発話内容が異なる400発話を評価データとして用いた。

認識実験の結果，統計量のみによる感情認識結果は69.25%，時系列特徴のみによる認識結果は75.75%となった。参考までに両者のベクトルに和が1となる重みをかけて結合し認識結果を求めたところ77.25%が得られ，併用の効果が確認できた。表3の「音響特徴による感情認識率」はこの値を記載している。

3.5　言語特徴と音響特徴の融合による感情認識

これまで**3.3**および**3.4**で説明した通り，言語特徴に関し4次元，統計量に関し4次元，時系列特徴に関し4次元の計12次元の感情ベクトルが得られる。この12次元のベクトルを入力とした全結合モデルで感情認識を行う。モデル構造は3層構造からなり，1層目が128ノード，2および3層目が32ノード，出力層が感情クラス数と同一の4ノードである。学習および評価データは音響特徴のみの実験と同様とした。

感情認識結果を表3の最下段に示す。結果からわかるように言語特徴と音響特徴の併用による感情認識は非常に効果的である。たとえば適応ありの例を見ると言語特徴のみが51.5%，音響特徴のみが77.25%に対し融合の場合は82.25%の認識率を示している。言語特徴による認識性能が低いにもかかわらず，最終的な認識性能に貢献していることがわかる。また単語誤り率と融合後の感情認識率を比較するとわかる通り，単語誤り率の差ほどは感情認識の性能差は大きくはなく，音声認識の性能が多少悪くてもあまり大きな問題にはならないという結果が得られている。**表4**に感情認識結果の混同行列を示す。言語特徴による感情抽出には適応ありを用いている。3種類の特徴の比較をすると，どの特徴を使うかにより誤りの傾向が大きく異なることがわかる。誤りの傾向が異なるため，言語と音響特徴を併用すると相補的な効果が出て認識性能が向上すると考えられる。たとえば言語特徴のみの場合，「平静」が「喜び」や「悲しみ」に間違う場合が多い。一方音響特徴のみではそのよう

表４　感情認識結果の混同行列（%）

	言語特徴のみ				音響特徴のみ				音響特徴・言語特徴の併用			
正解＼予測	怒り	喜び	悲しみ	平静	怒り	喜び	悲しみ	平静	怒り	喜び	悲しみ	平静
怒り	52	4	24	20	85	14	0	1	86	8	0	6
喜び	12	55	27	6	38	57	3	2	23	72	3	2
悲しみ	20	25	53	2	1	2	82	15	1	4	81	14
平静	10	23	21	46	1	6	8	85	2	3	5	90

な誤りは少ない。結果的に両方の特徴を使用することにより，これらの誤りは大幅に削減できる。一方音響特徴では「怒り」と「喜び」の混同が多い。これは両感情においては基本周波数の変動や発話の強弱が他の感情に比べ大きいという音響的な類似性が影響していると考えられる。これに対し言語特徴では，音響的類似性は無関係でありこれらの混同は少ない。言語特徴と音響特徴を併用することにより，これらの誤りも低減することができる。

4. まとめと今後の展望

本節では音声による感情認識の手法と結果について述べた。言語特徴で認識した場合と音響特徴で認識した場合は誤り傾向が異なるため，両特徴を併用することにより相補的効果が得られ，認識性能が向上することが示された。なおJTESコーパスにおいて音響特徴のみに着目するよう指示した条件下での人間による感情認識率は75.5%と報告されている[17]。今回示した音響特徴のみによる認識結果は77.25%であり人間と同等の性能を示している。深層学習モデルの利用は，音声情報処理分野のさまざまな応用に対しその有用性が示されているが，感情認識の分野においてもその技術の進展に大きく貢献している。今回述べたシステムも，多種類の深層学習モデルの組み合わせとなっている。また近年ではBERTやwav2vec 2.0などの事前学習モデルが公開されており[18]，学習データが比較的少量でも感情認識の成果を得ることが可能となった。

しかし問題が全て解決されたわけではなく，いまだ解決しなければならない点は残されている。実際に感情認識で扱う必要があるのは自発音声と考えられるが，充分な検討は進んでいない。現在公開されている音声コーパスの多くは演技音声である。これは **2.** で述べたように自発音声による感情音声コーパスの構築が非常に困難なためである。自発音声による感情が乗った音声を収集するためOGVCではゲームチャットを利用しているが，発話内容はゲーム特有の表現が多く，今回述べたような言語特徴が利用しにくい面もある。また自発音声の場合人間が聞いてもどの感情であるか判断することが難しい。演技音声であれば感情の種類を限定することが可能だが，自発音声の場合は，どの感情カテゴリに区分すればよいのか悩ましい場合が多い。なお本節では感情の分類として，喜びや怒りなど感情カテゴリを設定して分類する方法を取ったが，カテゴリ分けではなく，複数次元の感情べクトルで表現する方法がある。ラッセルが提唱した円環モデルにおいては横軸に「快－不快」，縦軸に「覚醒－非覚醒」を取り，この2次元平面でさまざまな感情が表現されるとしている[19]。自発音声感情でカテゴリに当てはめるのが困難な場合，この方法が有効である。

また今回は言語特徴と音響特徴が一致する場合について検討を行ったが，**1.** で述べたように冗談や皮肉では，両者は一致しない。逆にこの不一致の特徴を利用すれば冗談や皮肉の検出の可能性も考えられる。さらに今回は音声を対象とした感情認識について述べたが，人対人の対話においては音声以外の情報，たとえば表情やしぐさなども感情認識の重要な手がかりになる。音声以外の情報の利用の検討も今後さらに進展していくものと思われる。人と擬人化エージェントの対話システム[20]においては冒頭に述べたようにエンゲージメントの向上が重要である。感情認識技術の向上に伴い，より人間らしい擬人化エージェントの出現が期待される。

文　献

1) V. Zue et al.: *Proc. of ICSLP1996*, 2207-2210 (1996).
2) 李晃伸ほか：電子情報通信学会技術報告, SP2011-96 (2011).
3) R. L. Birdwhistell: *Introduction to Kinesics, foreign Service Institute* (1952).
4) F. Eyben et al.: *Proc. of the 18th ACM Multimedia*, 1459-1462 (2010).
5) T. Watanabe et al.: *Social Cognitive and Affective Neuroscience*, **9**(6), 767-775 (2014).
6) E. Takeishi et al.: *Proc. of O-COCOSDA2016*, 16-21 (2016).
7) Y. Arimoto et al.: *Acoust. Sci. Technol.*, **33**(6), 359-369 (2012).
8) C. Busso et al.: *Lang. Resour. Eval.*, **42**(4), 335-359 (2008).
9) F. Ringeval et al.: *Proc. of FG2013*, 1-8 (2013).
10) K. Sato, K. Kishi and T. Kosaka: *Proc. of APSIPA2023*, 998-1003 (2023).
11) K. Maekawa: *Proc. of ISCA & IEEE Workshop on Spontaneous Speech Processing and Recognition*, 1-6 (2003).
12) T. Kosaka et al.: *IEICE Trans. Inf. & Syst.*, **E107-D**(3), 363-373 (2024).
13) 伊藤彰則，好田正紀：電子情報通信学会論文誌 D-II, **J83-D-II**(11), 2418-2427 (2000).
14) J. Devlin et al.: *Proc. of NAACL2019*, 4171-4186 (2019).
15) Tohoku NLP Group: https://github.com/cl-tohoku/bert-japanese (2024年8月21日閲覧).
16) 岸恵汰，佐藤清秀，小坂哲夫：情報処理学会研究報告，**2023-SLP-149**(20) (2023).
17) Y. Chiba et al.: *Proc. of INTERSPEECH2020*, 3301-3305 (2020).
18) S. Schneider et al.: *Proc. of INTERSPEECH2019*, 3465-3469 (2019).
19) J. A. Russell: *Journal of Personality and Social Psychology*, **39**(6), 1161-1178 (1980).
20) 細谷謙多，関戸陽士，小坂哲夫：電子情報通信学会技術報告，HCS2024-40 (2024).

第２節

共感的な傾聴対話ロボットの開発

京都大学　井上　昂治

1. はじめに

大規模言語モデル（LLM）の登場により，音声対話システムの応答生成は劇的に進化した。現在，LLM を搭載した会話ロボットの実用化が加速しており，実社会でのさまざまなタスクを対象にした研究開発が進んでいる[1)-3)]。この流れは今後さらに拡大していくと予測される。その過程でさまざまな課題が浮かび上がり，LLM の研究開発へフィードバックされることで，基礎研究と応用研究の理想的なサイクルが生まれることが期待される。したがって，現段階では，LLM を搭載した会話ロボットを多様な社会的対話タスクに適用していくことが，現実的な一歩といえるだろう。

本節では，社会的対話タスクの一例として「傾聴対話」に焦点を当てる。傾聴対話とは，相手の話に集中して耳を傾けるコミュニケーションの場面である。適切な聞き手応答を行うことで，相手が安心して話しやすい環境を提供することが目的である。カウンセリングのように問題解決を目的とするものではなく，日常的な話題を含め，相手の話を深く受け止めることが重視される。また，現代社会では，高齢者や自然災害の被災者への精神的ケアを目的とした「傾聴ボランティア」が活動している。傾聴ボランティアでは，話を聞く際に次のようなふるまいが重要視される[4)]。

- 語られたことをそのまま繰り返す
- 語られた内容を言い換えて繰り返す
- 語られた内容を要約する
- もっと語るように問い返す
- 話し手に共感し，気持ちを言葉にする
- 相槌などにより聴いていることを示す

このように，話し手の話をしっかりと聴くことで，自尊感情や安心感が高まることが期待される[5)]。少子高齢化が進行し，独居高齢者が増加する現代では，傾聴ボランティアの需要はますます高まっている。しかし，その人材は不足しており，供給は限られているのが現状である。

そこで，傾聴ボランティアを補完する役割として，傾聴対話システムの実現が期待されている[6]。筆者が所属する研究グループでは，アンドロイド（人間酷似）型ロボットに統合することを目指した傾聴対話システムの開発を進めている。アフォーダンス[7]の理論を踏まえると，アンドロイドはその外見から人間同様の対話能力を持つことが期待される。すなわち，人間らしく自然で頑健な傾聴対話を実現する必要がある。そして，相手に「本当に人間に聞いてもらっている」と感じさせ，人間同士のように長く深い傾聴対話を行うことが最終的な目標である。また，ユーザの発話に対して理解・共感を示すことは，現在の音声対話システム全般の課題であり，傾聴対話はこの課題を解決するための有望なターゲットでもある。本節では，これまでの研究開発の成果である音声処理，マルチモーダル統合，応答生成，そして非言語的ふるまい制御について紹介する。

2. 傾聴対話システム

筆者らの研究グループがこれまでに開発してきた傾聴対話システム[8][9]について詳述する。このシステムはアンドロイドERICA[10]に搭載することを想定して開発されたが，技術的には他のロボット・CGエージェントにも実装可能である。

2.1 システム構成

まずは，アンドロイドERICA（以下，ERICA）のシステムについて説明する。ERICAは，人間レベルの自然なインタラクションを実現するための研究開発プラットフォームである。顔，頭部，肩，腰，腕，手の計46ヵ所に能動関節があり，空気圧アクチュエータで動作する。音声発話だけでなく，視線，うなずき，表情，ジェスチャなどの非言語的ふるまいも表現することができる。

ERICAのシステム構成を**図1**に示す。音声と画像の2つのモダリティを入力としている。音声はマイクロフォンアレイ，画像は深度カメラである。特にマイクロフォンアレイを用いることで，ユーザはマイクを把持する必要がなくなり，より自然なインタラクションを誘発することが期待できる。

マイクロフォンアレイでは，音源方向推定および音声強調を行う。また，深度カメラでは3次元

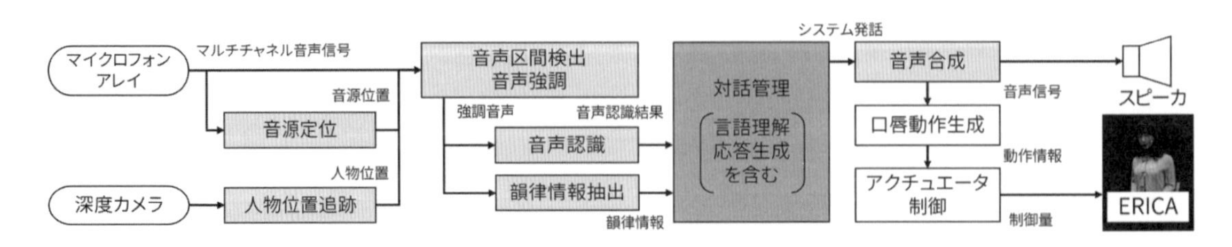

図1 アンドロイドERICAのシステム構成

文献8）より引用

空間中の人物位置追跡を行い，これらの2つの結果を照合することで，ユーザの発話音声のみに対して，音声認識や韻律抽出などの後続の処理を行う。これにより周囲に対話に参加しない人々がいたり，さまざまな雑音が生じていたりしても，システムは頑健に対話を進行することができる。なお，前述のようにERICA以外のロボット・CGエージェントに実装する際には，これらのセンサを接話マイクのみに切り替えることも可能である。

対話処理後の出力部分については，音声合成によりERICAの発話を再生する。ただし，後述する聞き手応答において，相槌やフィラー（「えっとー」などの言い淀み表現）はテキストから合成すると自然さが不十分であるため，あらかじめ録音されたものを用いる。また，合成した音声に対してアンドロイドの口唇や頭部の付随動作も生成する[11)]。これには約300ミリ秒の処理時間を有するため，実際の音声はこの分の遅延を施したうえでスピーカから再生される。

2.2　聞き手応答生成

続いて，対話処理のメインである，聞き手応答生成について説明する。入力は前述のマイクロフォンアレイ処理により抽出された強調音声をもとに行う音声認識ならびに韻律抽出の結果である。出力はテキスト形式のシステム応答である。また，この機能は特定の話題に限定したものではなく，あらゆる状況に対して対応することができる。

図2に聞き手応答の一覧，ならびに処理の流れを示す。ここでは，相槌，話題提供，繰り返し，掘り下げ質問，評価応答，語彙的応答（極性），語彙的応答を生成する。これらは傾聴対話においてよく用いられる応答であり，ユーザ発話の情報のみから生成することが可能である。つまり，システム側には何の設定や知識も必要としない。また，相槌と話題提供はそれぞれ必要に応じて，それ以外の応答は発話の優先順位が設定されており，評価応答，掘り下げ質問，繰り返し，語彙的応答（極性），語彙適応の順に生成できたものを発話する。ただし，評価応答または掘り下げ質問を発話したらしばらくは発話しないようにするロジックも備えている。

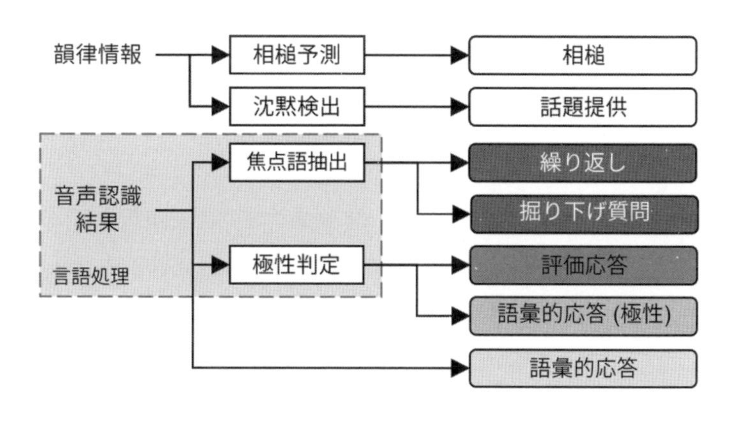

図2　聞き手応答の一覧

文献8）より引用

2.2.1 相　槌

ユーザ発話に合わせて，「うん」や「うんうん」などの相槌を生成する。相槌を生成するためには，そのタイミングと種類を予測する必要がある。相槌のタイミング予測には，韻律情報に基づくロジスティック回帰モデルを用いている。このモデルは，100 ミリ秒ごとに，その時点から 500 ミリ秒以内に相槌を打つか否かを予測する[12)]。特徴量は，基本周波数（F0）およびパワーについての，平均，最大，最小，レンジなどの統計値である。相槌の種類については，「うん」「うんうん」「うんうんうん」の３種類とし，筆者らが過去に収録した傾聴対話データにおいて，実際に使用された割合に基づいてランダムに選択する。

2.2.2 繰り返し

ユーザ発話から，その話の焦点である単語（「焦点語」と呼ぶ）を抽出し，オウム返しのように焦点語を繰り返す応答を生成する。たとえば，「昨日，駅前にあるレストランでナシゴレンを食べました」というユーザ発話に対して「ナシゴレン」を焦点語として抽出する。名詞が連続する場合は複合語と見なして，その複合語を焦点語の候補とする。最終的な応答は「（焦点語）ですか」とする。上記の例では「ナシゴレンですか」となる。焦点語抽出にはルールベース（たとえば，発話において最後尾の名詞）や機械学習モデル（たとえば，キーワード抽出モデル）を用いることができる。ただし，焦点語となる単語の音声認識の信頼度が閾値以下の場合には，繰り返し応答は生成されない。

2.2.3 掘り下げ質問

疑問詞と焦点語を組み合わせることで，焦点語に関する掘り下げ質問を生成する。ここでは，「どんな」「どの」「なんの」「なにの」「どこの」「いつの」「だれの」の７種の疑問詞を用いる。そして，各疑問詞と焦点語の組み合わせについて，それぞれの N-gram 確率を算出し，それが閾値以上かつ最大のものを用いて応答を生成する。前述の例では，仮に「どんな」と「ナシゴレン」の組み合わせが選ばれるとすると，「どんなナシゴレンですか」という質問が生成される。ただし，焦点語がそもそも抽出されていない，あるいは上記の処理において全ての N-gram 確率が閾値以下の場合には，掘り下げ質問は生成されない。

2.2.4 評価応答

ユーザ発話の極性（ポジティブまたはネガティブ）に応じて応答を選択する。ポジティブの場合には「いいですね」または「素敵ですね」，ネガティブの場合には「大変ですね」または「残念でしたね」という応答を使用する。ただし，いずれの極性にも判定されない（ニュートラル）場合には，この評価応答は生成されない。極性の判定には，感情単語辞書や極性判定の機械学習モデルを用いることができる。

2.2.5 語彙的応答

前述の応答のバックアップとして，「そうですか」「そうなんですね」「なるほど」といった定形表現も用意しておく。これらの応答はほとんどの文脈において使用することができるといえる。また，ユーザ発話の単語数が少ない場合には，ユーザ発話が継続することを想定して「はい」という短い語彙的応答を用いる。

2.2.6 語彙的応答（極性）

評価応答と語彙的応答の中間として，ユーザ発話の極性に応じて語彙的応答の韻律パターンを切り替える。たとえば，ポジティブな場合には，ポジティブな印象を与える韻律の「そうですか」を用いる。これらは前述の音声合成において，あらかじめ録音された音声として用意されているものである。

2.2.7 話題提供

ユーザが一定時間以上沈黙している場合には，オープンな質問を投げかける。たとえば，「そのあとはどうでしたか？」や「そのときはどう思いましたか？」などである。

2.3 ターンテイキング

ターンテイキングは音声対話システムにおける基本的機能の1つであり，ユーザの発話権終了を検出し，システム発話を開始するものである[13]。つまり，ターンテイキングの機能が不十分であると，システムが発話できない，あるいはユーザ発話の途中に無理やり割り込んでしまう，といった問題が生じる。ここでは，音声認識結果の単語系列を入力とするLSTM（Long Short-Term Memory）ベースのニューラルネットワークモデルによりユーザの発話権終了を二値で予測する。さらに，状態遷移モデルと統合することで，実際に何秒のポーズを置いてからシステムが発話を開始するかを決定する[14][15]。この際，ポーズの途中でユーザが再度発話した場合にはシステム発話は行わない。まとめると，上記のLSTMが出力するターン終了の事後確率の値が高いほど待機ポーズ長は短く，小さいほど待機ポーズ長は長くなる。

2.4 対話例

ここまでに説明してきた対話システムを使用した場合の対話例を以下に示す。ただし，わかりやすさのために相槌は表示していない。

ユーザ（U）	：	最近，夢中になっていることはガーデニングです
システム（S）	：	ガーデニングですか（繰り返し）
U	：	はい，いろんな植物を育てています
S	：	どんな植物ですか？（掘り下げ質問）
U	：	いろいろありますが，最近だとハーブです

S　　：　ハーブですか（繰り返し）
U　　：　はい，香りがとても好きなんですよ
S　　：　いいですね（評価応答）
U　　：　毎朝水やりをするのが日課になっています
S　　：　そうなんですね（語彙的応答）

3. 高齢者との対話実験

これまでに説明した傾聴対話システムをERICAに実装し，高齢者との対話実験を行った。この実験では，2つの条件を設定した。1つは，前述の傾聴対話システムを用いた自律的な対話を行うものである（システム条件，**図3**左）。もう1つは，別室のオペレータがシステムの代わりに対話を行い，その音声をERICAのスピーカから再生する形で実施した（人間条件，図3右）。つまり，対話能力において，自律的なシステムと人間の傾聴能力を比較することを目的とした実験である。

実験参加者は20名の高齢者であり，両方の条件下で対話を行ってもらった。対話時間は各条件とも7分間とし，全ての参加者が7分間の対話を継続することができた。オペレータ役は3名の劇団員が務め，そのうち1名が人間条件の各対話に参加した。対話終了後，参加者に対話およびロボットへの印象評価を行ってもらった。

表1に評価結果の一部を示す。「ロボットは集中して話を聞いていた」「ロボットは積極的に話を聞いていた」といった項目に関しては，システム条件と人間条件の間で有意差は認められなかった。一方，「ロボットは話を理解していた」「ロボットは話に対して興味を示していた」「ロボットはあなたに対して共感を示していた」といった項目では，両条件間で有意な差が見られた。すなわち，基本的な「話を聞く」という姿勢においては，人間と同等の印象を与えられる一方で，より高度な「話の理解や興味・共感の表明」といったスキルに関しては，まだ人間には及ばないことが明らかとなった。このように，人間との比較を通じて，システムの達成点や課題を浮き彫りにすることは，今後の研究の方向性を決定するうえで貴重な知見となる。このアプローチは，今後のAI研究においても引

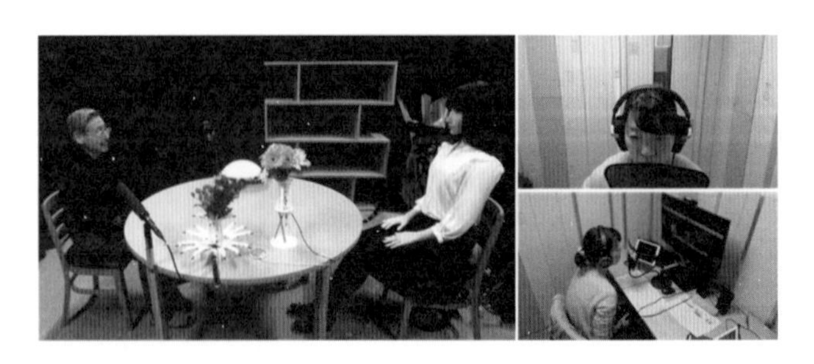

図3　高齢者との対話実験の様子

左：システム条件，右：人間条件

表1　評価結果

質問項目	システム条件	人間条件
Q1：ロボットは集中して話を聞いていた	5.6	5.7
Q2：ロボットは積極的に話を聞いていた	5.4	5.6
Q3：ロボットは話を理解していた	5.0	5.9
Q4：ロボットは話に対して関心を示していた	5.2	5.8
Q5：ロボットはあなたに対して共感を示していた	5.1	5.8

文献8）より抜粋

き続き有効であると考えられる。

4. 同調笑いの生成

前述の対話実験を通じて，「理解・共感・関心」という課題が浮かび上がった。本項では，そのなかでも「共感」に焦点を当て，共感の実現に向けた取り組みを紹介する。共感的な対話システムは，現在多くの研究者によって注目されている主要なトピックである[16)]。筆者らは，共感を表現する手段として「笑い」に着目した。対話における笑いは，社交的なふるまいとして，相手との関係を築くうえで重要な役割を果たす。傾聴対話においても，適切な場面で笑いを返すことで，相手に共感を示すことができると考えられる。

しかしながら，対話システムが適切なタイミングで笑いを返すことは非常に難しい。そもそも，対話における笑いは社会的かつあいまいな要素を持つため，これを正確に扱った研究はまだ少ない[17)]。また，不適切な場面で笑ってしまった場合のリスクは，たとえば相槌の失敗と比べても非常に大きいといえる。

そこで，筆者らの研究グループは，あらゆる笑いの現象を対象とするのではなく，「同調笑い」に焦点を絞って研究を開始した。同調笑いとは，対話相手が笑ったときに，それに合わせて笑うことを指す。音声対話システムにおいては，ユーザが笑った際にシステムもともに笑う仕組みである。これまでにも，決められた場面で一方的に笑うシステムは存在していたが，ユーザの笑いに対して適切に反応して笑い返すシステムはなかった。本項では，筆者らが開発した同調笑い生成システムについて述べる[18)]。

4.1　システム構成

同調笑いを生成するシステムの構成を次に示す。このシステムは3つのモジュールで構成されており，それぞれ個別にモデルが学習される。学習データは，独自に収集・アノテーション（情報付与）した初対面会話82対話分のデータである。ただし，各モジュールにおいて学習可能なサンプル数が異なるため，これに応じて適切な規模のモデルを選択する必要がある。

(1) ユーザの笑いの検出

最初のモジュールでは，音声特徴量（メルフィルタバンク係数）からユーザの笑いを検出する。モデルは双方向ゲート付き再帰ユニット（BiGRU）であり，8割以上の検出率を達成している。

(2) 同調笑いの予測

1つ目のモジュールで笑いを検出した場合に2つ目のモジュールが使用される。これは同調笑いの予測であり，同様の音声特徴量に基づき，システムも一緒に笑うか否かの二値を出力する。1つ目のモジュールと比べて学習可能なサンプル数が限られるため，ロジスティック回帰モデルを使用している。

(3) 笑いの種類の選択

2つ目のモジュールにおいて「システムも笑う」と選択した場合にのみ，3つ目のモジュールが使用される。3つ目のモジュールは笑いの種類の選択であり，ここでは「大笑い」か「社交笑い」の2種類のみを使用している。当然ではあるがこれ以外にも詳細な分類は可能であるが[19)20)]，機械学習可能という観点からこの2つに大別することとした。このモジュールも学習可能なサンプル数が限られるためロジスティック回帰モデルを用いて，同様の音声特徴量を入力としている。

4.2 聴取評価実験

学習した同調笑いの生成モデルを，前述のERICAの傾聴対話システムに実装した。そして，4種類の音声対話サンプルを作成し，クラウドソーシングにて聴取評価実験を行った。この実験では，提案システムに加え，次の2つの比較対象を設定した。(1) 同調笑いの機能を持たないシステム（笑いなし），および (2) ユーザの笑いを検出した際に必ず社交的な笑いを行うシステム（常に社交的笑い）である。評価項目は「ユーザに対して共感を示しているか」「会話が自然か」「システムが人間らしく感じられるか」「ユーザの話を理解しているか」の4つで，各項目について1～7の7段階で評価を依頼した。結果は**表2**に示す通りで，いずれの項目においても提案システムが最も高い評価を得た。この結果により，同調笑いが傾聴対話システムにおいて効果的であることが確認された。

なお，本システムは音声特徴量のみを利用しているため，言語的な内容を十分に理解しているとは言い難い。言い換えれば，相手が話している内容を把握していないにもかかわらず，「雰囲気で笑っている」ともいえる。したがって，今後は大規模言語モデルなどを活用し，言語的な側面からも同調笑いを生成できるようなシステムの開発が期待される。

表2　聴取評価実験の結果

	共感している	自然な会話	人間らしい	相手を理解
提案システム	4.61	4.01	4.36	4.39
(2) 常に社交的笑い	4.53	3.83	4.16	4.24
(1) 笑いなし	4.30	3.89	3.99	3.92

文献18）より抜粋

5. おわりに

本節では，傾聴対話システムを題材に，共感的な音声対話システムを実現するための取り組みを紹介した。現在，高速かつ頑健なLLMの利用が容易になり，傾聴対話システムにおける応答生成の多くがすでにこれらのモデルに置き換えられている。しかし，相槌や笑いといった連続的かつリアルタイムな予測が求められる非言語的なふるまいに関しては，従来のアプローチに加え，新たなアーキテクチャの開発が必要である。今後，LLMを含む大規模事前学習モデルを活用したリアルタイム対応モデルの登場が期待される。

さらに，傾聴対話システムはあくまでも「話を聴く」ことに特化したシステムであり，人間の対話機能の一部を模倣しているに過ぎない。実用的なシステムを構築するためには，対話の他の側面とも統合し，「話を聴くべき場面」を適切に判断し，対話モードを柔軟に切り替える機能が不可欠である。このような自律的な機能を備えたAIシステムや会話ロボットの実現に向け，今後も研究を進めていくべきだろう。

文　献

1) T. Minato, R. Higashinaka, K. Sakai, T. Funayama, H. Nishizaki and T. Nagai: Design of a Competition Specifically for Spoken Dialogue with a Humanoid Robot, *Advanced Robotics*, **37**, 1349-1363 (2023).

2) M. J. Kian, M. Zong, K. Fischer, A. Singh, A.-M. Velentza, P. Sang, S. Upadhyay, A. Gupta, M. A. Faruki, W. Browning, S. M. R. Arnold, B. Krishnamachari and M. J. Mataric: Can an LLM-Powered Socially Assistive Robot Effectively and Safely Deliver Cognitive Behavioral Therapy? A Study With University Students, *arXiv*, 2402.17937 (2024).

3) B. Irfan, S. Kuoppamäki and G. Skantze: Recommendations for Designing Conversational Companion Robots with Older Adults through Foundation Models, *Frontiers in Robotics and AI*, **11**, 1363713 (2024).

4) 三島徳雄，久保田進也：積極傾聴を学ぶ：発見的体験学習法の実際，中央労働災害防止協会 (2003).

5) ホールファミリーケア協会（編）：新傾聴ボランティアのすすめ：聴くことでできる社会貢献，三省堂 (2009).

6) 下岡和也，徳久良子，吉村貴克，星野博之，渡部生聖：音声対話ロボットのための傾聴システムの開発，自然言語処理，**24**(1), 3-47 (2017).

7) ジェームスJ. ギブソン：生態学的視覚論：ヒトの知覚世界を探る，サイエンス社 (1986).

8) 井上昂治，ラーラー・ディベッシュ，山本賢太，中村静，高梨克也，河原達也：アンドロイドERICAの傾聴対話システム―人間による傾聴との比較評価―，人工知能学会論文誌，**36**(5), H-L51 (2021).

9) K. Inoue, D. Lala, K. Yamamoto, S. Nakamura, K. Takanashi and T. Kawahara: An Attentive Listening System with Android ERICA: Comparison of Autonomous and WOZ Interactions, Annual Meeting of the Special Interest Group on Discourse and Dialogue (SIGDIAL), 118-127 (2020).

10) K. Inoue, P. Milhorat, D. Lala, T. Zhao and T. Kawahara: Talking with ERICA, an Autonomous Android, Annual SIGdial Meeting on Discourse and Dialogue (SIGDIAL), 212-215 (2016).

11) 石井カルロス寿憲，劉超然，石黒浩，萩田紀博：遠隔存在感ロボットのためのフォルマントによる口唇動作生成手法，日本ロボット学会誌，**31** (4), 401-408 (2013).
12) D. Lala, P. Milhorat, K. Inoue, M. Ishida, K. Takanashi and T. Kawahara: Attentive Listening System with Backchanneling, Response Generation and Flexible Turn-taking, Annual SIGdial, Meeting on Discourse and Dialogue (SIGDIAL), 127-136 (2017).
13) G. Skantze: Turn-taking in Conversational Systems and Human-Robot Interaction: A Review, *Computer Speech & Language*, **67**, 101178 (2021).
14) A. Raux and M. Eskenazi: A Finite-State Turn-Taking Model for Spoken Dialog Systems, Annual Conference of the North American Chapter of the Association for Computational Linguistics: Human Language Technologies (NAACL-HLT), 629-637 (2009).
15) D. Lala, K. Inoue and T. Kawahara: Evaluation of Real-Time Deep Learning Turn-Taking Models for Multiple Dialogue Scenarios, International Conference on Multimodal Interaction (ICMI), 78-86 (2018).
16) H. Rashkin, E. M. Smith, M. Li and Y-L. Boureau: Towards Empathetic Open-domain Conversation Models: a New Benchmark and Dataset, Annual Meeting of the Association for Computational Linguistics (ACL), 5370-5381 (2019).
17) Y. Tian, C. Mazzocconi and J. Ginzburg: When Do We Laugh?, Annual Meeting of the Special Interest Group on Discourse and Dialogue (SIGDIAL), 360-369 (2016).
18) K. Inoue, D. Lala and T. Kawahara: Can a Robot Laugh with You?: Shared Laughter Generation for Empathetic Spoken Dialogue, *Frontiers in Robotics and AI*, **9**, 933261 (2022).
19) H. Tanaka and N. Campbell: Acoustic Features of Four Types of Laughter in Natural Conversational Speech, International Congress of Phonetic Sciences (ICPhS), 1958-1961 (2011).
20) C. Ishi, H. Hatano and H. Ishiguro: Audiovisual Analysis of Relations Between Laughter Types and Laughter Motions, Speech Prosody, 806-810 (2016).

第３節

聞き手の反応によって発話タイミングを変える音声ガイダンス

宇都宮大学　森　大毅

1. はじめに

現在，音声で人間と対話するシステムは広く普及しており，音声合成はそのようなシステムにおいて不可欠な要素である。また，音声対話システムに限らず，コールセンターの自動応答や再配達受付，美術館の音声ガイドなども，広義の音声インタフェースとして利用されている。

これらのシステムによる音声説明が，煩雑に感じられたことはないだろうか。機械による説明と人間による説明の最大の違いは，聞き手の理解度に合わせた説明ができているかどうかにある。人間同士のコミュニケーションでは，たとえ話し手が一方的に情報を伝える状況であっても，話し手は聞き手の反応に敏感に対応し，その反応を基に説明を調整する。たとえば，聞き手が相槌を打っていればテンポよく話を続け，相槌が途切れた場合には説明のペースを落としたり，理解度を確認するために話の進行を一時的に止めるといった行動が見られる。これに比べると，現状の音声ガイドは，さながら目をつぶり，耳をふさぎながら，予定していた内容をただ話している人のようなものだろう。

本節では，聞き手反応[1]に代表される社会的シグナルを監視し，聞き手の理解度に応じて発話タイミングを適応的に調整する「聞き手アウェア」な音声ガイダンスシステムに関する研究[2]を紹介する。社会的シグナルとは，感情，態度，意図，その他のコミュニケーションに関わる状態を示す非言語的な合図であり，表情，ジェスチャー，声のトーンなどが含まれる。これらは人間のコミュニケーションや社会的相互作用において重要な役割を果たしており，特定の社会的シグナルは隠したり偽装したりすることが難しいため，正直シグナルと呼ばれることもある[3]。

本研究では，聞き手の理解度を把握するための社会的シグナルとして，相槌とフィラーに着目している。

図１は，ユーザの相槌に応じてシステムがユーザの理解度に適応しながら説明を進める例である。相槌がある間は，次の発話が間を置かずに進行するが，相槌がなくなると，システムはユーザを少し

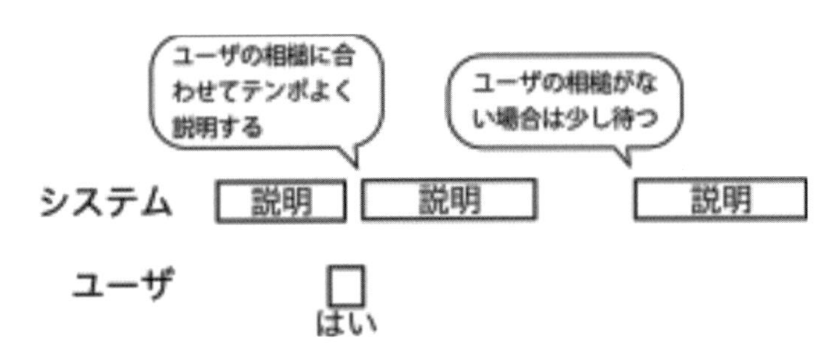

図1　ユーザの理解状態に適応して説明するシステム[2)]

待つ。従来の音声ガイドシステムでは発話間のポーズが一定であるが，提案する音声ガイドシステムでは，ユーザが説明を理解している場合にはテンポよく進み，理解が追い付いていない場合には進行を調整する。これにより，ユーザの理解度に合わせた効率的な説明が可能になることが期待される。

2. 聞き手反応の実時間検出

相槌およびフィラーをリアルタイムで検出するため，人間同士の音声による説明場面を収録した対話コーパスを用いて，相槌およびフィラーをモデル化する。

2.1　音声コーパスと音響特徴量

相槌とフィラー検出のための学習・評価用コーパスとして，計算尺使い方説明タスクコーパス[4)]を用いた。このコーパスには，説明者が被説明者に対して計算尺の使い方を音声のみで教える場面が収録されている。収録時間は約140分であり，説明者1名と被説明者13名による全13セッションが含まれている。

音響特徴量の抽出にはopenSMILE[5)]を使用した。用いる音響特徴量は，Interspeech 2013 Social Signals Sub-Challenge[6)]のベースライン特徴量を参考にして決定した。フレーム幅25 ms，フレームシフト10 msで音響特徴量を抽出した。**表1**に用いた低次特徴量を示す。文献6）と同様，特徴量はこれらの低次特徴量，その前後4フレームずつから計算される平均，および標準偏差からなる135次元を用いた。

2.2　検出方法

音響特徴量を用いてフレーム単位で単純に聞き手反応を分類すると，現実には存在し得ないほど短い相槌やフィラーが検出されてしまう。そこで，聞き手反応が聞き手発話の冒頭部分に出現することが多い（相槌97.9%，フィラー69.9%）

表1　使用した低次特徴量

低次特徴量	次元数
MFCC 1-12, Δ, ΔΔ	36
root-mean-square frame energy, Δ, ΔΔ	3
voicing probability, Δ	2
log harmonic-to-noise ratio（HNR), Δ	2
zero-cross-rate, Δ	2

という特徴を利用し，発話単位で聞き手反応を認識する方法を採用する。具体的には，発話の冒頭一定区間を単一の発話イベントと仮定し，この区間に対して音響特徴量を用いて聞き手反応を検出する。

式（1）のように，発話の開始時刻 f_n から f_n+T フレームまでが全て同一の聞き手反応 c に属するとしたとき，c の事後確率が最大となる $c_{max}\in${相槌，フィラー，その他}を検出する。右辺の $p(\mathbf{x}|c)$ は音声コーパスの相槌，フィラー，その他の音声から学習した混合ガウス分布(GMM)から計算される確率密度であり，$P(c)$は各発話イベントが聞き手反応 c に属する事前確率である。

$$c_{max}=\mathrm{argmax}_c\prod_{t=f_n}^{f_n+T}p(\mathbf{x}|c)P(c) \tag{1}$$

予備実験の結果，発話開始時刻からのフレーム数を $T=30$，GMM の混合数 K を $K=16$ と定めた。

2.3　評価実験

モデルのトレーニングデータには説明者 13 セッション，被説明者 12 セッションのデータを用いた。テストデータには被説明者 1 セッションのデータを用い，leave-one-speaker-out 交差検証で評価した。**表 2** に交差検証した再現率，適合率，F 値の平均を示す。

表 2　検出精度

	再現率	適合率	F 値
相　槌	0.905	0.649	0.756
フィラー	0.418	0.344	0.377

3. 聞き手アウェアな音声ガイドシステムの開発

3.1　聞き手反応に対するシステムのふるまい

ユーザの聞き手反応に対する本システムのふるまいは，以下のように定めている。

- 相槌が検出された場合，すぐに次の発話を開始する。
- 相槌が検出されなかった場合，ユーザの相槌を少し待つ。
- 数発話にわたって相槌が検出されない場合，「大丈夫ですか」と発話し，応答を促す。
- フィラーが検出された場合，システムは即座に発話を中断し，ユーザの後続発話を待つ。

また，ユーザが直前の説明に現れた用語を繰り返した場合（例：仮数部分って）には，システムはその部分に対する追加説明を行う。

対話管理は，MMDAgent[7]の制御に用いられている有限状態トランスデューサ（FST）によって行われる。FST は，各状態での入力記号に応じて記号を出力し，対応する状態に遷移する。**図 2** にシステムの状態遷移図の一部を示す。各アークは FST の入力記号/出力記号を表している。ユーザが相槌を打つと説明を続け，相槌がない場合は少し待ってから先に進む。しばらく相槌がなかった場合は「大丈夫ですか」と発話し，ユーザの応答を待つ。また，ユーザがフィラーを発した場合は，後

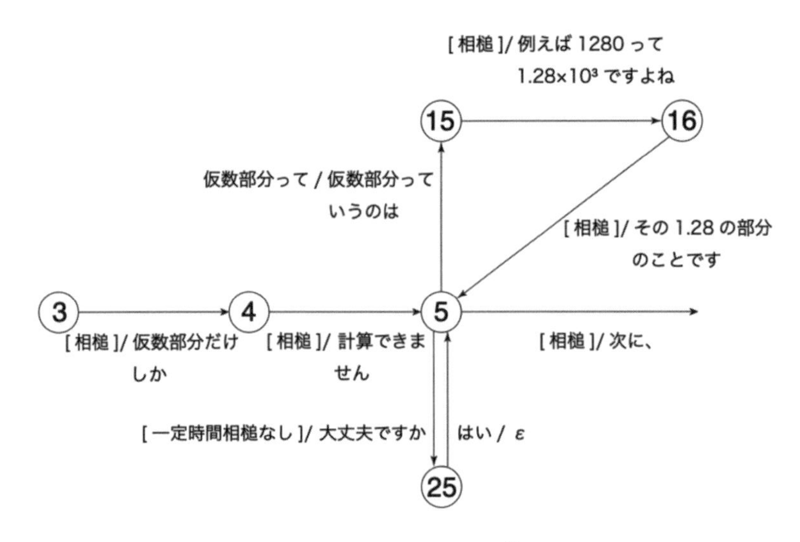

図２　状態遷移図の例[2)]

続の発話を待つ状態になる。これらの動作を実現するFSTファイルは複雑であり，手作業で記述するには大きな労力を要する。そこで，説明スクリプトを記述したXMLファイルを入力すると，聞き手反応を監視しながら説明するためのFSTファイルを自動生成するスクリプトを作成した。

3.2　音声ガイドシステムの概要

システムの構築にはMMDAgentを用いた。**図３**にシステムのモジュール図を示す。新しいモジュールとして，聞き手反応を検出するためのモジュールを追加し，音声認識と並列に動作させる。

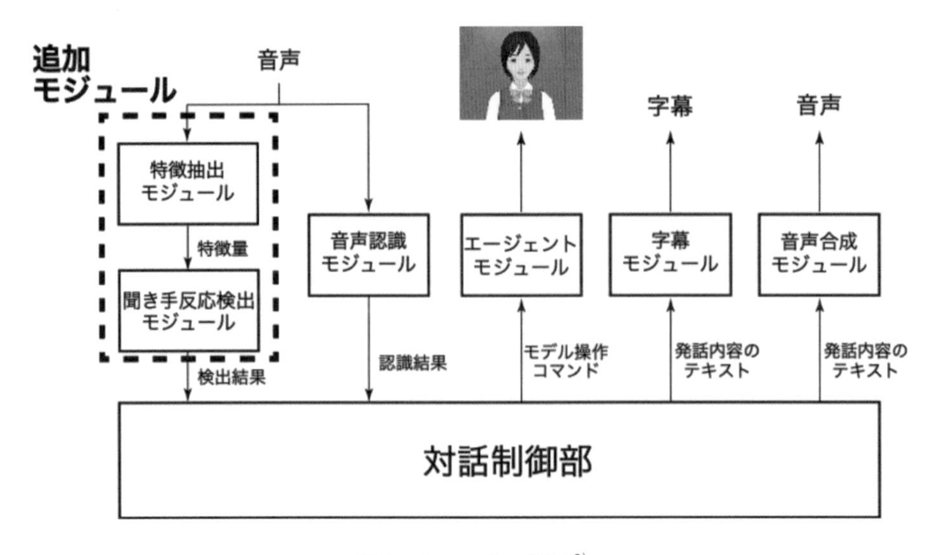

図３　システムの概要[2)]

これにより，音声認識の結果を待つことなく聞き手反応を検出することができる。

特徴抽出モジュールでは，入力された音声を，Julius[8)]の付属ソフトウェアであるadintoolを用いて音声区間を切り出す。切り出した音声の音響特徴量をopenSMILEを用いて抽出し，聞き手反応検出モジュールに送る。聞き手反応検出モジュールでは入力された音響特徴量を用いて，聞き手の発話が相槌，フィラー，その他のいずれであるかを識別し，対話制御部に送る。

3.3　動作例

図４にユーザの相槌の有無によってシステム発話のタイミングが変わる例を示す。図４（a）では，ユーザの相槌が検出されたため，システムはすぐに次の発話を開始している。一方，図４（b）では，システムはユーザの相槌を少しの間待っている。

図５にフィラーによりシステムがユーザの発話を待つ例を示す。フィラーが検出されるとシステムは即座に発話を中断して，ユーザの発話を待っている。その後，ユーザの質問に応じて追加説明を

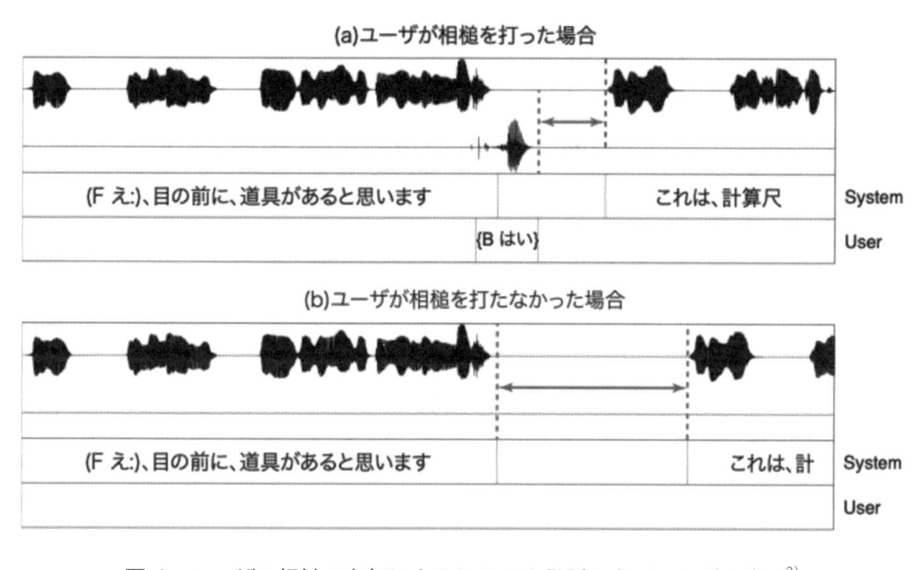

図４　ユーザの相槌の有無によるシステム発話のタイミングの違い[2)]

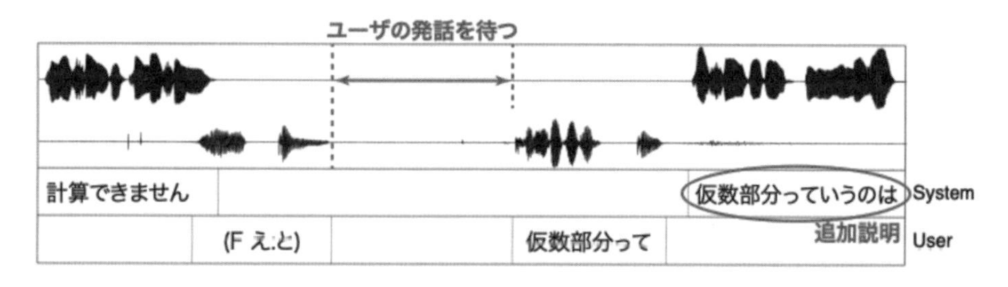

図５　フィラーによりシステムがユーザの発話を待つ様子[2)]

行っている。

4. 音声ガイドシステムとのインタラクション実験

4.1 実験条件

音声ガイドシステムの説明内容は，以下に示す要件に基づいて定めた。

- 基本的に話し手から聞き手への一方的な説明であること。
- 説明談話を構成する談話単位が一定の長さを持ち，一度に説明されると理解が難しいが，順を追って説明を聞けば全体を理解することが可能な難易度であること。
- 聞き手が説明を正しく理解しているかどうかを検証できること。

これらの観点を満たすタスクとして，計算尺の使い方をユーザに説明するという内容に定めた。

実験参加者は，計算尺の使い方を知らない 19～24 歳の大学生および大学院生 24 名（男性 14 名，女性 10 名）である。事前の音声対話システムの利用経験に関するアンケート項目では，全員が普段ほとんど音声対話システムを利用しないと回答した。実験参加者は 4.2 で述べる 2 つのシステムのうちどちらか 1 つのシステムから説明を受ける。2 つのシステムにはそれぞれ 12 名の実験参加者を無作為に割り当てた。実験参加者には 2 つのシステムがあることは伝えていない。実験は以下の手順で実施した。

① 音声ガイドシステムによる説明を受けている実験者の動画を視聴してもらう。この動画では，実験者がシステムに対して相槌を打ったり質問をしたりする様子が収録されている。この目的は，システムがユーザの相槌や質問に反応する能力を持つことを暗示し，実験参加者に自発的に聞き手反応を促すことである。

② 実験参加者に音声ガイドシステムから説明を受けてもらう。実験開始時に「計算尺の使い方を教えてください」と発話し，システムから「準備はいいですか」と聞かれたら「はい」と答えることで説明が開始されることを教示する。実験が開始してから終了するまではシステム主導の説明を手元の計算尺を動かしながら聞いてもらう。

③ 実験終了後，実験参加者に計算尺を使って計算問題を解いてもらう。問題は説明中の例題よりも難易度が高く設定されており，説明を理解していないと解けない難易度に設定されている。テストは全 3 問で正解の場合は 10 点，不正解だが計算尺の使い方は理解していると判断できる解答の場合は 5 点，不正解の場合は 0 点で採点をした。

④ 最後に，アンケートに回答してもらう。アンケートは，システム説明の心的負荷や説明方法に対する評価項目からなり，それぞれ 1～5 の 5 段階で評価させる。評価項目は次に示す 5 項目である（*は逆転項目）。

 1. エージェントの説明はわかりやすかったですか
 2. エージェントはあなたのことを気にしながら説明してくれましたか

3. *エージェントの説明は一方的でしたか
4. *説明を受けて疲れましたか
5. 楽しかったですか

4.2　比較対象システム

ユーザの聞き手反応に応じてシステムのふるまいを変更する効果を検証するために，Listener-aware システムと Unaware システムの2つを用意した。

Listener-aware システムは，ユーザの相槌およびフィラーに応じてふるまいを変更するシステムである。以下に Listener-aware システムのふるまいを示す。

- 相槌が検出された場合，すぐに次の説明を始める。
- 相槌が検出されなかった場合，ユーザの相槌を少し待つ。
- 当該談話単位の間に相槌が一度も検出されない場合，最後に「大丈夫ですか」と発話し応答を促す。
  - 「大丈夫ですか」に対して「はい」「うん」「大丈夫」「オッケー」「たぶん」を含む肯定的な応答をすると，そのまま説明を続ける。「わからない」「わかりません」「もう一度」「一回」「ちょっと」を含む否定的な応答をすると，「もう一度説明しますね」と発話してから当該談話単位の最初の説明に戻る。
  - 一定時間内にこれらが認識されなければ，「大丈夫ですね，先に進みます」と発話して説明を続ける。
- フィラーが検出された場合，システムは即座に発話を中断してユーザの発話を待つ。
- 特定の単語が認識されたら，質問と見なして追加説明を行う。

Unaware システムは，ユーザの聞き手反応に応じてふるまいを一切変更しないシステムである。以下に Unaware システムのふるまいを示す。

- 相槌およびフィラーに応じてふるまいを変更しない。
- システムの次の説明のタイミングは一定（前の発話末から 1.3 秒後）。
- 「大丈夫ですか」のような確認は行わない。
- 特定の単語が認識されたら，質問と見なして追加説明を行う。

また，両システムにおいて聞き手が自然な反応を示すよう，エージェントのふるまいをできるだけ人間同士の説明場面に近づける工夫を施した。具体的には，「えーと」などのフィラーを発する際に，3D エージェントが軽く視線をそらす動作を加えるなどの工夫を行った。システムの発話内容は，計算尺使い方説明タスクコーパスの説明者の発話内容を基に作成した。

4.3　結　果

Listener-aware システムの実験において，1名の実験参加者のマイクに終始鼻息が入っていた。この実験参加者との対話では，鼻息がフィラーと誤検出され，フィラーの検出数が他の実験参加者の平均に比べ約100倍多くなり，システムが正常に動作しなかった。このため，その実験参加者は分析から除外することにした。**表3**に，インタラクション実験における各実験参加者ごとのシステムの相槌検出精度と相槌の数を示している。相槌の数は収録音声の書き起こしから算出した。一部の実験参加者は相槌の発声が弱く，adintoolによる音声区間検出の段階で音声が認識されず，再現率が低くなっている。

図6に，実験参加者ごとの相槌の数と理解度テストの点数の散布図を示す。相槌の数は，Unawareシステムでは平均21.4回，Listener-awareシステムでは平均27.5回であり，その差は有意ではなかった（$t(20.1)=-0.84$，$p=0.41$）。理解度テストの点数の平均値はUnawareシステムでは13.8点，Listener-awareシステムでは8.2点で，その差は有意ではなかった（$t(21.0)=1.79$，$p=0.09$）。

セッションの総時間は，主たる説明の時間と，追加のインタラクションの時間からなる。たとえばListener-awareシステムでは実験参加者が長い間相槌を打たなければ「大丈夫ですか」と確認する。さらにそれに対する応答（肯定的/否定的/質問/それ以外）によってシステムの状態は分岐し，質問に対する答えや説明の繰り返しを行うこともある。ここでは，そのような追加のインタラクションの時間を除いた，全ての実験参加者が共通で受ける説明に要した時間を調べた。両システムの説明時間の分布を**図7**に示す。Unawareシステムは聞き手反応に応じてふるまいを変更しないため，説明時間はどの実験参加者もほぼ同じであった。一方，Listener-awareシステムは説明時間が短く，Unawareシステムに比べて平均で9.8秒短縮された（$t(10.0)=3.00$，$p<0.05$）。最も説明時間が短い実験参加者では，Listener-awareシステムが説明時間を30秒以上短縮した。

システムの発話間ポーズ長の分布を**図8**に示す。発話間ポーズは，収録音声の書き起こしから求

表3　インタラクション実験における相槌検出の再現率（正しく検出された相槌の数/全ての相槌の数）および適合率（正しく検出された相槌の数/システムが検出した相槌の数）

(a) Unawareシステム（検出結果は使わない）

	再現率	適合率
#1	1.00（2/2）	1.00（2/2）
#2	1.00（8/8）	1.00（8/8）
#3	0.88（15/17）	1.00（15/15）
#4	0.59（23/39）	1.00（23/23）
#5	0.51（18/35）	1.00（18/18）
#6	0.50（12/24）	1.00（12/12）
#7	0.48（12/25）	1.00（12/12）
#8	0.20（8/40）	0.73（8/11）
#9	0.15（7/47）	1.00（7/7）
#10	0.11（1/9）	1.00（1/1）
#11	0.00（0/11）	0.00（0/1）
#12	―（0/0）	―（0/0）

(b) Listener-awareシステム（検出結果を使う）

	再現率	適合率
#13	0.86（36/42）	1.00（36/36）
#14	0.73（22/30）	1.00（22/22）
#15	0.65（13/20）	1.00（13/13）
#16	0.64（21/33）	1.00（21/21）
#17	0.58（38/65）	0.90（38/42）
#18	0.50（2/4）	1.00（2/2）
#19	0.39（13/33）	1.00（13/13）
#20	0.14（5/37）	1.00（5/5）
#21	0.05（1/20）	1.00（1/1）
#22	0.00（0/18）	―（0/0）
#23	―（0/0）	―（0/0）

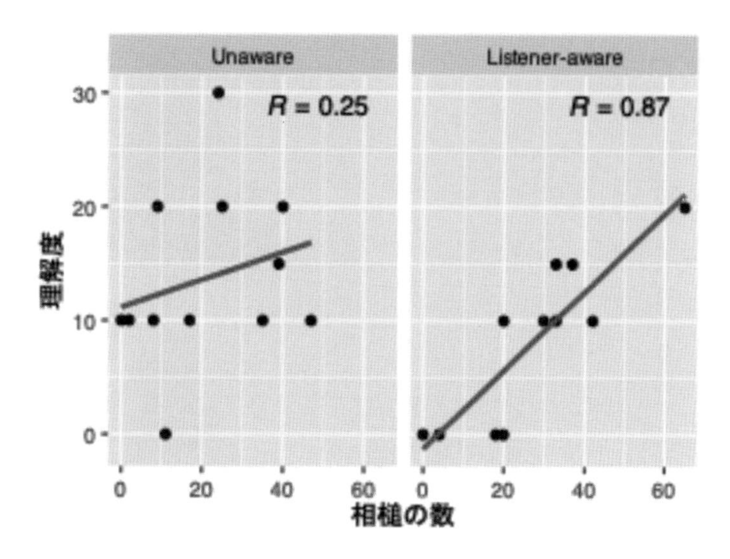

図6　相槌の数と理解度との関係[2)]

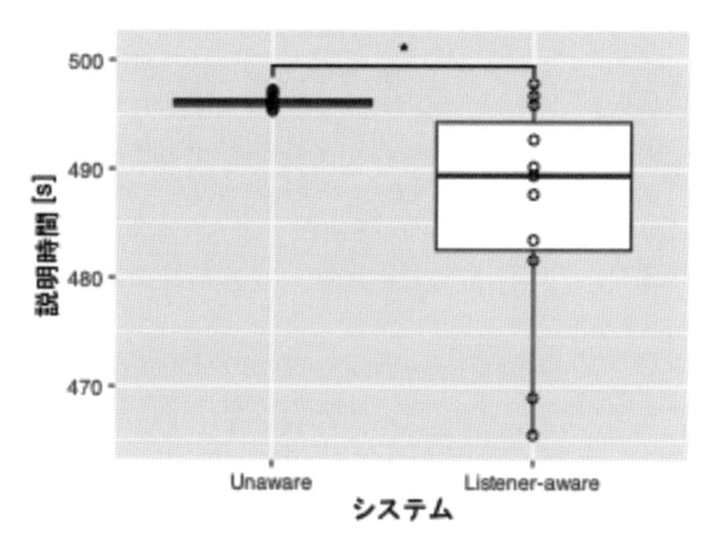

図7　説明時間の比較[2)]

めた。比較を容易にするため，ここでは説明の区切りでのポーズ（通常の発話間よりも長く取るようプログラムされている）は除外している。Unaware システムは平均 1.38 秒，Listener-aware システムは平均 1.31 秒であり, Listener-aware システムではポーズ長が短くなった（$t(375.3)=5.62$, $p<0.05$）。Unaware システムのポーズ長が常に 1.3 秒になっていないのは，システムの発話終了命令と実際の発話終了タイミングにずれがあることや，システムの休止処理の他にモデルの動作や字幕の処理に時間を要することが原因である。また，Listener-aware システムが相槌を検出したためす

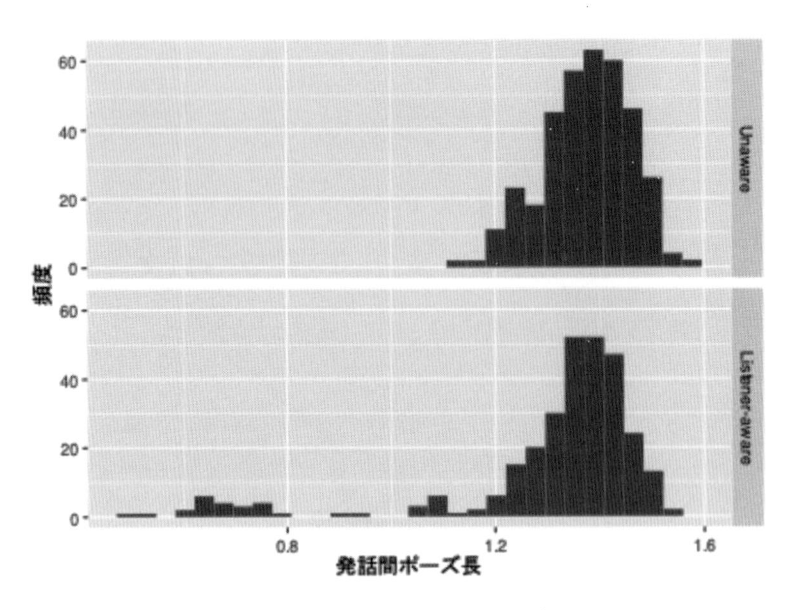

図8　発話間ポーズ長の比較[2)]

ぐに次の発話を始めた回数は平均で5.64回であった（最大26，最小0，標準偏差8.04)。

数発話にわたって相槌が検出されなかったため，「大丈夫ですか」とListener-awareシステムが確認した回数は，平均8.18回（最大13，最小1，標準偏差4.31）であった。相槌が最も少なかった実験参加者（0回）の場合，全ての談話単位の最後でシステムが確認を行った。また，確認に対するユーザの否定的な応答に従って再説明を行った回数は，平均0.91回（最大4，最小0，標準偏差1.45）であった。

実験中にフィラーを発した実験参加者は，Listener-awareシステムでは11名中1名，Unawareシステムでは12名中1名であった。そのうち，Listener-awareシステムがフィラーを検出した回数は1回中0回であった。

アンケートの結果について，5段階評価の平均は，Unawareシステムでa：3.2，b：2.5，c：3.3，d：3.2，e：4.0，Listener-awareシステムでa：2.6，b：3.1，c：2.6，d：3.5，e：3.7であった。ウィルコクソンの順位和検定を行った結果，全ての項目でListener-awareシステムとUnawareシステムとの間の分布の差は有意ではなかった（a. p=0.20，b. p=0.30，c. p=0.17，d. p=0.54，e. p=0.70)。

5. 考　察

5.1　聞き手アウェアネスが相槌の数と理解度に与える影響について

図6より，相槌を多く打つ実験参加者と，あまり打たない実験参加者がいることがわかる。一般に，人は人工物であると認識する度合いが強い相手に対して，社会的シグナルをあまり表出しない傾向がある。前述したように，実験で使用したシステムは，フィラーの表出などノンバーバル行動を取り入れ，できるだけ人間同士の説明場面に近づけるよう設計されているが，それでも明らかな人工物であるため，実験参加者によっては人間を相手にした場合と比べて行動が変容した可能性がある。自発音声コーパスに基づくテキスト音声合成で話すエージェントと対話する人は，一般的なテキスト音声合成を用いたエージェントとの対話時に比べて相槌を多く打つことが報告されている[9]が，本システムの声は読み上げ音声コーパスに基づくOpen JTalk[7]によるものであり，これが相槌の数が減少した一因であると考えられる。

また，図6から，相槌の数と理解度との間に正の相関があることがわかる。相槌には内容理解を示す機能があること[10]を踏まえると，これは直感的に理解できる。一方で，その相関の強さは，システムが聞き手アウェアな場合（R=0.87）とそうでない場合（R=0.25）で異なる。この違いについては，システムが聞き手アウェアである場合，ユーザの相槌行動が発話タイミングとしてフィードバックされることで，エージェントが「自分のことを気にかけている」と実験参加者が認識し，理解できているときには積極的に相槌を打ち，理解できていないときには相槌を控えるという，人間同士のコミュニケーションに近い戦略を取るようになった可能性があると考えられる。

5.2　システムの違いが説明に要する時間に与える影響について

図8下のパネルから，Listener-awareシステムでは一部の発話でポーズ長が短くなっていることがわかる。これは，Listener-awareシステムがユーザの相槌に応じて次の発話を話し始めるタイミングを変えていることを示している。また，相槌を検出したためすぐに次の発話を始めた回数と説明時間の相関係数は−0.79であった。これより，Listener-awareシステムは，ユーザの理解状態を相槌からモニターし，理解が追い付いているユーザに対してはテンポよく説明できていると考えられる。これは，図7において，Listener-awareシステムの場合に限って一部のユーザに対する説明時間が短縮されたという結果にも表れている。説明時間と理解度との相関係数は−0.66であり，短い説明時間で済んだユーザの理解度は高いという傾向が見られた。

説明タスクにおいては，理解度が高いほど，また説明に要する時間が短いほど，成功の度合いが高いといえる。同じ理解度であれば，説明時間が短い方が優れているといえるが，本実験の結果では，Listener-awareシステムの方がUnawareシステムに比べ，理解度テストの平均点が（有意ではないが）低いため，一概にListener-awareシステムの説明が優れていたとは言い難い。前述したように，Listener-awareシステムの理解度が低くなった要因は，ユーザの理解が不十分であった場合にシステムが適切に問題を修復する能力が低かったことにある。今後，この点を改良することで，聞き手アウェアな音声ガイドシステムによる説明がより優れていることを証明できると期待される。

5.3　確認発話によって起動される再説明の影響について

Listener-aware システムでは，相槌が検出されなかった場合にシステムが「大丈夫ですか」という確認発話を行い，これに対してユーザが否定的な応答をした場合，システムは再度説明を行う。この確認発話の回数と理解度テストの点数の相関係数は－0.65 であり，確認発話の回数が多いほど理解度が低い傾向が見られた。もし 2 回目の説明でユーザが理解できれば，この確認発話動作は低い理解度を引き上げる効果があるため，相槌が打たれている場合と比べて理解度が低くなることはないはずである。しかし実際には，再度同じ説明を聞いても理解できないケースが多かった。時には，ユーザが求めた説明とは異なる内容の説明が始まり，さらに混乱させるケースもあった。これが，「大丈夫ですか」という確認発話の回数が多いほど理解度が低くなる原因であり，また，Listener-aware システムの理解度テストの平均点が（有意ではないが）低くなった理由と考えられる。

確認発話動作がユーザの理解度を向上させるためには，別の説明を試みたり，例を挙げたりするなど，より知的な対応を行う能力を対話システムが持つ必要があるだろう。

5.4　主観評価結果について

アンケート項目の（a）および（d）は被説明者の心的負荷の主観評価であり，Listener-aware システムでは Unaware システムに比べ高い評価が得られることを期待していた。しかし，4.3 に示したように，いずれの項目においても有意な差はなかった。その原因として，相槌の検出精度が低い実験参加者の存在が考えられる。Listener-aware システムとこれらの実験参加者とのインタラクションでは，相槌を打ちながら説明を聞いているのに，システムに「大丈夫ですか」と毎回確認されてしまう例があった。さらに，これに対する「大丈夫ではないです」のような応答が「大丈夫」というキーワードを含むため，システムが肯定的な応答と誤認し，説明を続けてしまう例があった。相槌の検出精度が低いと，当然システム体験は悪くなり，相槌検出の再現率の低いグループは高いグループに比べアンケートの評価が平均で 0.76 点低かった。以上のような聞き手反応検出や言語理解の不完全さが，一部の実験参加者に悪い印象を与え，それが聞き手の理解状態に適応することによってもたらされる良い印象を相殺した可能性がある。

6. おわりに

本節では，聞き手アウェアな音声ガイドシステムの開発とその評価について紹介した。聞き手の反応に応じたシステムのふるまいは，人と機械のコミュニケーションを人間同士のコミュニケーションに近づける試みであり，それによって説明が効率化される可能性を示した。一方で，相槌の誤検出やシステムの柔軟性の欠如が，聞き手アウェアな音声ガイダンスの効果を一部制約する結果となった。

システムの構築および実験を行った時期と比較すると，現在では，音声認識技術や大規模言語モデルを用いた対話技術が飛躍的に進歩している。こうした最新技術を取り入れて音声ガイドシステムを再構築することで，これまでの技術的な課題を克服し，聞き手アウェアな音声ガイダンスの真の効果がより明確になることが期待される。

謝　辞

本研究はJSPS科研費18H04128の助成を受けたものです。

文　献

1) Y. Den et al.: Proc. LREC' 12, 1332 (2012).
2) 森大毅，森本洋介：人工知能学会論文誌，**39**(3), IDS6-B (2024).
3) A. Pentland: Honest Signals: How They Shape Our World, The MIT Press (2008).
4) 藍原瞭，森大毅：人工知能学会 言語・音声理解と対話処理研究会資料，**79**, 55 (2017).
5) F. Eyben, M. Wöllmer and B. Schuller: Proc. ACM Multimedia 2010, 1459 (2010).
6) B. Schuller et al.: Proc. Interspeech 2013, 148 (2013).
7) A. Lee, K. Oura and K. Tokuda: Proc. ICASSP 2013, 8382 (2013).
8) 河原達也，李晃伸：人工知能学会誌，**20**(1), 41 (2005).
9) T. Iizuka and H. Mori: IEEE Access, **10**, 111042 (2022).
10) 泉子・K・メイナード：会話分析，くろしお出版 (1993).

第4節

ろう・難聴者や盲ろう者のコミュニケーションを支援する音声処理

大和大学　小林　彰夫

1. はじめに

近年の深層学習の進展により，音声認識や音声合成といった音声処理技術は，スマートデバイスによる音声アシスタントや自動翻訳システムといった一般消費者向けアプリケーションなど，私たちの生活においてさまざまなソフトウェアとして広く利用されるようになっている。一方で，特定のニーズを持つ障害者のコミュニケーションを支援する技術としても大きな期待が寄せられている。ろう・難聴者，盲・弱視者，盲ろう者といった，視覚，聴覚もしくは両方に障害を持つ人々のコミュニケーションの手段は，**図1**に示すように，障害当事者のニーズや特性に応じてさまざまである。したがって，障害者によっては音声をテキストに変換する音声認識のようなモダリティの変換が必要とされる場合や，補聴器や人工内耳の装用者に対して聞き取りやすさを改善する，音声強調のような技術が求められる場合もある。

そこで，障害者の情報保障やコミュニケーション支援における音声処理技術に焦点を当て，その具体的な応用例について，筆者を中心とする研究グループで行った研究内容に基づいた解説を行う。具体的には，ろう・難聴者の発話を対象とした音声認識，盲ろう者を対象とした音声点訳技術，およびろう・難聴者にとって聞き取りやすい音声強調（音源分離）技術である。

本節では，一連の音声処理技術がどのように障害者のコミュニケーションを支援し，情報アクセシビリティーを改善するかを示す。その一方で，情報保障技術は発展途上であることから，実用に至るまでのさまざまな課題についても言及する。ただし，本文中では難解な専門用語の使用はできる限り控え，音声処理を情報保障に活用したい学生や技術者，および福祉や情報保障に携わる実務者にもわかりやすい説明を心がける。

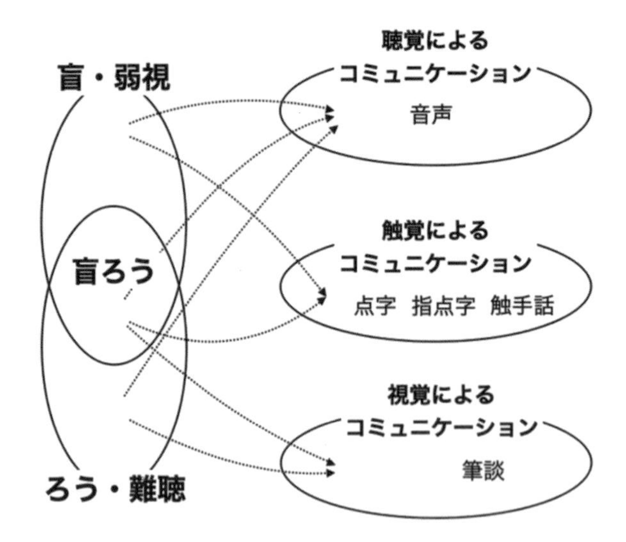

図1　ろう・難聴，盲・弱視，盲ろうのコミュニケーション

障害当事者のニーズに応じて，視覚，聴覚，触覚を活用した多様なコミュニケーション方法が採用される

2. 音声認識を用いた字幕による情報保障

ここでは，**3.** 以降での議論に必要となる音声認識技術についてその概要を述べる。続いて，音声認識を活用した代表的な情報保障手段の1つである字幕制作について説明する。

2.1　音声認識

深層学習が登場する前の従来型の音声認識は，複数のモジュールから構成されていた。すなわち，音響モデルとしてガウス混合モデル（Gaussian Mixture Model: GMM）および隠れマルコフモデル（Hidden Markov Model: HMM），単語の依存関係を表す n-gram 言語モデルである。これら複数のモジュールは互いに独立して学習できるため，単語の追加や言語モデルのタスク適応が簡単であったものの，全体の最適化は難しかった。その後，深層学習を取り入れて GMM を深層ニューラルネットワークで置き換えた DNN-HMM モデル（ハイブリッド音声認識）が登場し，従来の手法から認識性能を大きく改善した[1)2)]。最近では，音声から直接文字や語を推定する end-to-end 音声認識が広がり，音声認識を構成する複数のモジュールは単一のニューラルネットワークに置き換えられた[3)]。その結果，実装が単純化され開発コストも下がり，音声処理を専業としない多数の企業や研究者が参入可能となった。

End-to-end 音声認識の代表的な手法としては，CTC，RNN Transducer および注意機構（アテンション）に基づくアプローチがある。

CTC（Connectionist Temporal Classification）[4]は，長さの異なる入力音響特徴系列と文字や単語などの出力シンボル系列を整列するために，出力にブランク記号を使い，出力シンボル系列の長さを調整する。しかし，CTCでは各シンボルの予測が独立して行われ（条件付き独立），文脈を考慮せずに予測を行うという欠点がある。

CTCの欠点を改善した手法がRNN（Recurrent Neural Network）Transducerである[5]。CTCでは出力されるシンボル同士が独立しているが，RNN Transducerでは出力のマルコフ性を利用し，過去の出力系列に依存して次のシンボルを予測する。これにより，CTCよりも性能の高い音声認識が可能になる。

一方，音声認識では長い文脈を扱うのが難しいという課題があった。注意機構（アテンション）を用いる音声認識では，入力と出力系列の全体を対応付けることが可能であり，高い認識性能を実現できる[6)7]。Transformerは注意機構を使ったモデルで，翻訳などの自然言語処理分野で広く利用されている[8]。Transformerはエンコーダーとデコーダーという2つのブロックで構成され，エンコーダーは入力された特徴間の関係性を自己注意（セルフアテンション）により，デコーダーは入力系列と出力系列の対応を交差注意（クロスアテンション）により処理・整列する。また，Transformerは並列処理による学習が可能で，LSTM（Long-Short Term Memory）[9]に代表されるモデルよりも効率的に学習できる。

また，Conformer[10)-12]などのモデルは，注意機構と畳み込みを組み合わせることで，音声の大域的な特徴と局所的な特徴を捉え，Transformerよりも音声認識性能を改善している。

2.2　字幕による情報保障

ろう・難聴者を対象とした音声認識の代表的なアプリケーションは字幕などのサービスである。情報保障の現場で使われるリアルタイム字幕制作システムは，音声認識だけでなく，認識結果の修正などの機能も統合して運用されている。システムの実装やサービスにはさまざまなバリエーション[13)14]があるが，基本的な機能は**図2**に示すように表すことができる。

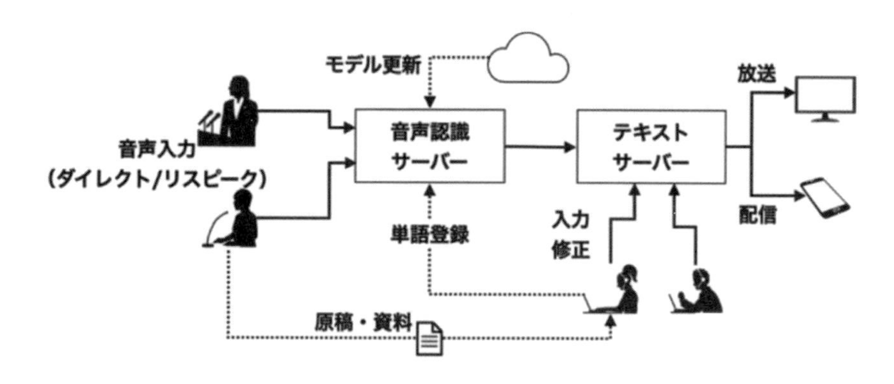

図2　音声認識を利用した字幕制作システムの例
放送や講演などの情報保障では音声認識結果を修正するシステムが利用される

システムの中心は，音声認識サーバーとテキストサーバーに分かれる。音声認識サーバーは，入力された音声をテキスト化する役割を担う。しかし，音声認識の性能は話者や収音条件によって大きく左右されることがある。そこで，認識対象となる発話を復唱するリスピーカーを別室に配置し，リスピーカーによる発話を音声認識するリスピーク方式が併用されることがある[15)16)]。

音声認識で生成されたテキストには誤りが含まれることが多いため，テキストサーバーを介して複数のオペレーターが協力して修正を行う。発話ごとに分割されたテキストを処理単位として修正し，キーボードを用いて作業が行われる。たとえば，学会講演で使用されるシステム[14)]では，要約筆記で使用されるIPTalk[17)]が採用され，複数のオペレーターが共同で修正作業を行うことが可能となっている。

オペレーターは修正作業に先立って，講演の原稿やスライド資料，放送番組のニュース原稿などに目を通し，事前準備を行う。修正作業は通常の文字入力と同様に，認識誤りを訂正し，漢字表記などの修正を行う。原稿が事前に入手できる場合には，かな漢字変換の際に固有名詞（人名や地名など）を登録し，変換候補が優先されるように設定することもある。

従来型の音声認識がシステムに採用されている場合，単語登録機能が備わっていることが多い。これにより，単語発音辞書に新しい単語を登録することで特定の語の認識精度を向上させる。放送番組では，事前に電子原稿が入手できるため，単語登録と同時に原稿内容を反映させた言語モデルの適応も行われる。

3. ろう・難聴者を対象とした音声認識

3.1　背　景

リアルタイム字幕は，テレビ放送や講演などにおいて，不特定多数のろう・難聴者に対する情報保障手段として広く活用されている。一方で，スマートデバイスの普及に伴い，ろう・難聴者が自らの意思を伝えるために音声認識アプリケーションを利用する機会が増加している。

ろう・難聴者は一般に発話が不明瞭であり，音声認識のパフォーマンスは高くない。このような経緯から，ろう・難聴者や，より広範な構音障害者を対象とした音声認識に関する研究がこれまで多数行われてきた[18)-23)]。これらの研究の多くは，運動性構音障害を対象にしており，その一部としてろう・難聴者が含まれる。代表的な研究である文献18）19）24）では，構音障害者の音声を障害のない標準話者の音声に変換して明瞭度を向上させる声質変換と，変換後の音声を認識する2つのニューラルネットワークをマルチタスク学習し，構音障害者の認識性能を改善している。

これらの研究はさまざまな構音障害者を対象としているが，ろう者の発話を集中的に分析したものではない。また，これらの研究では実験に関わったろう・難聴者の人数は限られており，話者の多様性に応じたろう・難聴者の音声認識の性能については十分に明らかにされていない。ろう・難聴者に使いやすい音声認識あるいは音声インターフェースの開発にあたっては，広くろう・難聴者の発話の特性を明らかにする必要がある。

3.2　ろう・難聴者の発話に関する研究

ろう・難聴者の発話に関しては，音声学および音韻論に基づき，特に調音誤りに関して文献 25）で述べられている。同文献によると，ろう・難聴者の発話では，音素の置換，削除，挿入が頻繁に観察され，特に子音の調音位置・方法における置換が多いと報告している。近年の研究[26]では，人工内耳装用者の発話を聴者と比較分析しており，前舌母音や狭母音で置換が見られると述べられている。ろう・難聴者の母音空間は一般に聴者よりも狭く，母音を特徴付けるフォルマント（F1，F2）が大きく変動する傾向がある[27]。また，ろう・難聴者の発話における調音誤りの原因は，聴覚的フィードバックの不足に起因する調音習得の難しさにあるとされる[28]。

3.3　ろう・難聴者の音声コーパス

ろう・難聴者を対象とした音声認識を研究するうえで，多数の話者の音声を収集した音声コーパスを構築することは非常に重要である。これまでに作成されたろう・難聴者を対象としたコーパスとしては，文献 29）にあるコーパスが挙げられる。このコーパスでは，ろう・難聴者の発話に加えて，聴力やコミュニケーション手段などの詳細なメタデータも含まれている。しかし，音声学的な分析を目的としており，音声言語処理を指向したものではない。

音声言語処理の分野では，聴者を対象とした音声コーパスが数多く存在している。日本語に限ってみても，日本語話し言葉コーパス（CSJ）[30]，ASJ 連続音声コーパス[31]，日本語新聞記事読み上げコーパス（JNAS）[32]があり，研究で幅広く利用されている。これらのコーパスでは，ATR による音素バランス文を含むものがあり，日本語の音声言語処理における標準的な読み上げ文章となっている。したがって，聴者と比較するという観点に立つと，ろう・難聴者の音声の分析や音声処理を行うためには，こうした標準的な文を収めたコーパスを作成することが求められる。

筆者を中心とした研究グループでは，ろう・難聴者の多様な発話の収集を進めている[33)-35]。音声言語処理で必要な音素バランス文だけではなく，新聞記事の読み上げや会話などの自由発話を含んでおり，ろう・難聴者との音声コミュニケーション研究に資するようなデータ収集を行っている。以降は，筆者らが収集した音声データを用いた音声認識実験や，聴者との音声認識性能の違いや誤りの傾向について述べる。

3.4　音韻的特徴を利用した音声認識

音素は，単語を他の単語と区別するために使われる最小の単位であり，ろう・難聴者の発話における誤りの傾向を調査するうえで便利である。一方で，音素は音韻論的には調音の観点から特徴付けることができる。音韻的特徴は，音素間の共通の特徴を捉えることから，音素を異なる観点から評価することになる。たとえば，音素/s/（「し」を除くさ行の清音の頭子音）と/z/（濁音の頭子音）を比較すると，どちらも歯茎摩擦音であることは共通するが，/z/は有声音で/s/は無声音であり，有声/

無声といった音韻的特徴で音素を捉えている。音韻的特徴は，第二言語（L2）話者の発音評価時にも導入されることが多い[36)37)]。音韻的特徴を導入することで，音素を異なる尺度から評価することが可能となり，ろう・難聴者の曖昧な発話に対する音声認識の性能を改善できる可能性がある。

音韻的特徴を使って音素を特徴付けるために，有声/無声，母音/子音，調音位置や方法，母音の高さや舌の位置などの特徴を含むようなクラスとして定義した（詳細は文献35)）。音素とは異なり，音韻的特徴は一般に前後に接続する音素の影響を受けるため一意に決定できないが，本研究では簡便のため音素を表す代表的な特徴のみを使用している。

実験では，ろう・難聴者と聴者の音声認識性能を比較するために，Conformer-Transformerによるエンコーダー－デコーダーモデルを利用した。聴者の音声で訓練したネットワークを学習し，その後，ろう・難聴者の少量の音声データでファインチューニングしたネットワークをベースラインとした。評価にはろう・難聴者14名の発話699文を用いた。ベースラインモデルは，デコーダー出力となる音素系列に対するクロスエントロピー損失で学習したモデルである。一方，エンコーダーに音素系列に対するCTC損失を追加したモデル（音素）と，エンコーダーおよびデコーダーに音韻特徴に基づく損失[38)]を追加して学習したモデル（音素＋音韻）の2種類を用意した。

図3に示すように，ベースラインモデルに音素ベースのCTC損失関数を加えて学習したモデル（音素）は，音素誤り率が34.1%に減少し，ベースラインに対して16.8%の誤り削減となった。エンコーダーにCTC損失を追加することにより，ろう・難聴者の音声に対して性能を改善した。エン

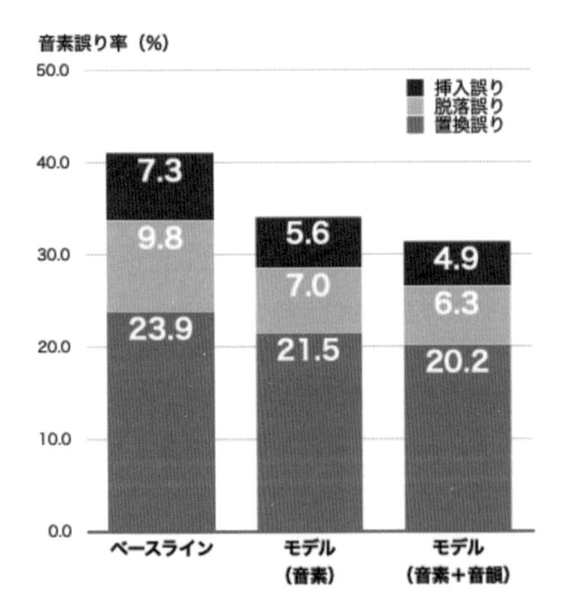

図3　音韻特徴の追加による音素認識結果

音韻特徴を追加したモデル（音素＋音韻）は，ベースライン，モデル（音素）に比べて音素誤り率が削減されている

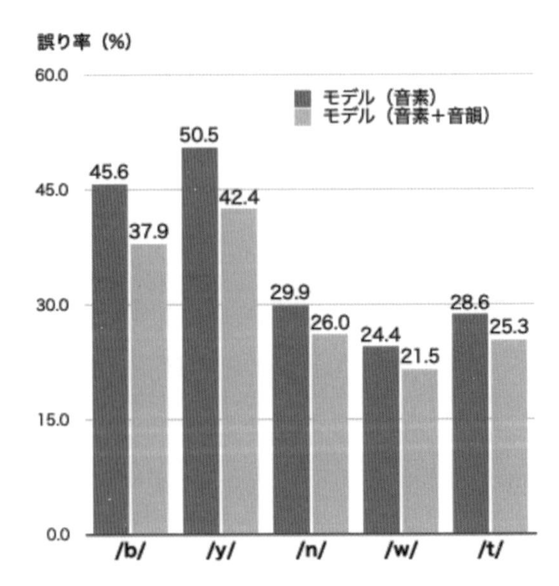

図4　音韻特徴による子音音素の誤り削減

コーダー・デコーダーに音韻的特徴に基づく損失関数を加えて学習したモデル（音素＋音韻）では，音素誤り率が34.1％から31.4％に減少し，7.9％の誤り削減となった。いずれのモデルも子音よりも母音の方が誤り率が低く，モデル（音素＋音韻）では母音が23.0％，子音が40.1％であった。一般に，ろう・難聴者にとって母音は子音より調音が単純である。そのため，音韻的特徴がろう・難聴者の狭い母音空間を補正し，誤りを減少させたものと考えられる。次に，子音の誤り削減を調査した（**図4**）。モデル（音素）とモデル（音素＋音韻）を比較すると，有声破裂音/b/（ば行の子音音素）が最も高い誤り削減率を達成した。また，鼻音/n/や接近音/w/（わ行の頭子音），/y/も誤りが削減された。鼻音化はろう者の発話の特徴の1つであり，頻繁に見られるものである。/w/と/y/は母音に近い発音を持つため，母音と同様の誤り削減の恩恵を受けた可能性が高い。

3.5　ろう・難聴者の音声認識における課題

上述の実験では，聴者とろう・難聴者の音声認識性能を比較するため，使用する音声データの厳密なコントロールを重視し，少量のデータから学習したモデルを採用した。実用面ではwav2vec2.0[39]などの自己教師あり学習に基づくモデルを用いて多言語の音声データから学習した事前学習モデルを採用した方が，音声認識のパフォーマンスは優れている[40]。したがって，実用的なシステムを開発するうえで，今後は聴者の音声データで事前学習された大規模モデルを有効に活用する手法に基づく研究開発がポイントとなる。一方で，ろう・難聴者の音声データは十分に収集されたとはいえない状況であり，今後の収集と拡充に向けた継続的な努力も，ろう・難聴者の音声認識の研究開発において不可欠であるといえる。

4. 盲ろう者のための音声点訳

4.1　背　景

聴覚と視覚の両方に障害がある盲ろう者は，全国に約14,000人いるとされている[41]。盲ろう者といっても，視覚や聴覚の障害の程度に応じて，情報のやり取り方法はさまざまである。たとえば，聴覚障害の後に視覚障害を持つ者（ろうベース）は，手話や書き言葉を使ったコミュニケーションが中心である。一方，視覚障害の後に聴覚障害を持つ者（盲ベース）は，音声や点字を使った情報のやり取りが主となる。

文献41）によると，調査対象の盲ろう者のうち，点字や指点字（指を使って情報を伝える方法）で情報を受け取れる者は全体の6.5％に過ぎない。この事実から，点字による情報保障が可能な対象は限定的であると考えられるが，情報保障の重要性は変わらない。

日本語の書き言葉は極めて多種類の文字で構成されている一方，日本語の点字体系はかな文字を基本としているため，音声との親和性が高いと考えられる。したがって，音声を点字に自動変換（音声点訳）できれば，盲ろう者に対して，継続的で安価な情報提供手段となる可能性がある。放送やインターネット上に存在する膨大な音声を点訳できれば，盲ろう者が多様な情報にアクセスする環境が改善され，社会とのつながりも大きく広がると考えられる。

4.2 音声点訳

上述のように，日本語の点字はかな文字を基にしている。日本語の点字と点訳例を**図5**，**図6**に示す。図からわかるように音声認識で得られたかな漢字を点字に変換すれば，盲ろう者に対する情報提供手段として音声点訳が可能になると考えられる。音声点訳に関する研究はこれまでにも存在するが[42)]，日本語を対象とした研究は少ない。

現在，盲ろう者向けに行われている音声から点字への点訳は，市販の音声認識ソフトと点訳ソフトを組み合わせて実現されている。しかし，学術的な研究や再現性のある実験結果はほとんど報告され

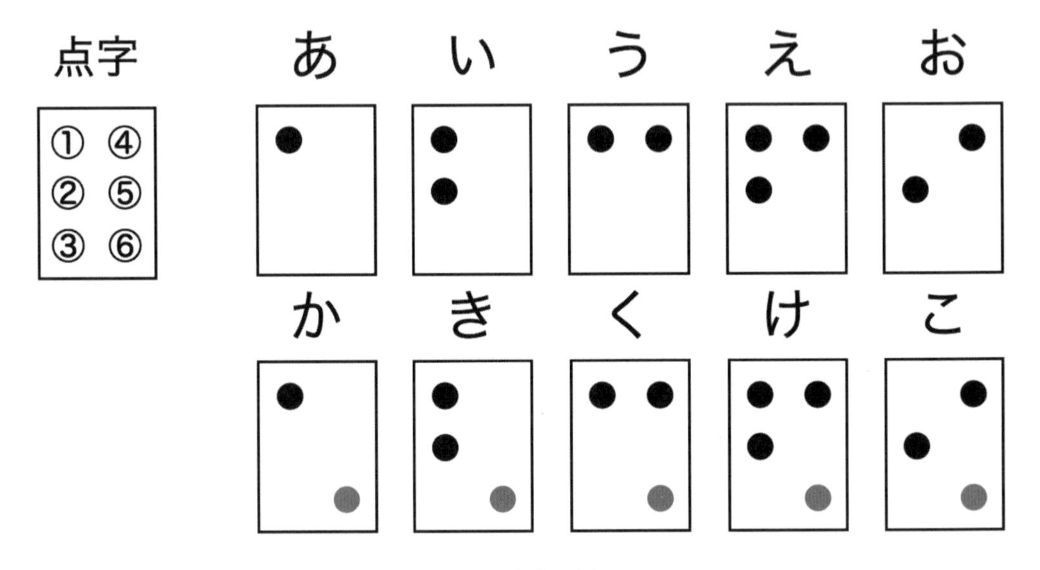

図5　点字の例

6点点字の点の配置と5母音の点字。5母音以外のかなは子音を表す点を添えることにより表す

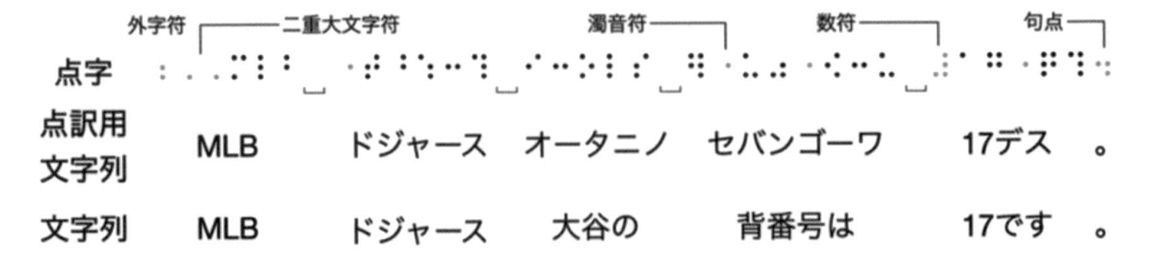

図6　点訳の例

漢字かな交じり文はいったんかなと英数字・記号を含む文に変換され，点字に置き換えられる

ていない。

本項では，音声認識結果を使って点訳を行う方法を2段階点訳と呼ぶことにする。2段階点訳は，音声認識によって得られたかな漢字を基に点訳を行うが，認識結果に含まれる固有名詞などの漢字表記を正しい読み・発音に変換できず，正確に点訳できない場合がある。また，音声認識の誤りが点訳結果にも影響を与え，点訳の品質が低下する（文意が伝わらない）可能性がある。

2.1で説明したend-to-end手法を使えば，音声の持つ発音情報を活用し，かな漢字を経由することなく直接点字を生成できる。この手法では，2段階点訳のように音声認識と点訳の2つのステップを経る必要がなく，1つのニューラルネットワークで音声から直接点字を出力できるため，構造がよりシンプルで効率的である。このend-to-end手法による点訳手法を1段階点訳と呼ぶことにする。

4.3　音声点訳の評価

筆者らの研究グループで2段階および1段階の音声点訳の比較実験を行った[43)44)]。音声点訳の実験では，日本音響学会新聞記事読み上げ音声コーパス（JNAS）[32)]およびワンセグ放送から収集したNHKのニュース音声と字幕テキストをニューラルネットワークの学習に用いた。また，NHKニュースの読み上げ742発話（かな漢字で約39,000文字，点字で約73,000文字）を使って性能を評価した。1段階点訳は，先に述べたエンコーダー・デコーダーモデルの一形態であるConformer-Transducer[10)]を用いた。2段階点訳はConformer-Transducerで音声から漢字かな交じり文を生成したのちに，同様のモデルで点訳を行った。

実験結果を**表1**に示す。表中，音声認識とある欄は2段階点訳におけるかな漢字の文字誤り率，点訳とある欄は点字の文字誤り率である。2段階点訳では，正解（音声認識結果に誤りを含まない）を使った場合に，点訳の誤り率が3.4%となり，1段階音声点訳の3.7%を上回る性能となった。しかし，実際には音声認識結果に誤りが含まれる（2.7%）ため，1段階点訳に比べて点訳の誤りが大きくなった（5.0%）。点訳結果について一対比較による検定[45)]を行ったところ，危険率5%で有意となった。

表1　音声点訳結果の比較（文字誤り率，%）

		音声認識	点　訳
2段階点訳	（正解）	0.0	3.4
	（認識結果）	2.7	5.0
1段階点訳（end-to-end）		−	3.7

1段階音声点訳の誤りを調べたところ，文節を区切るスペースに関する誤りが13.3%を占めていた。これは，日本語の文節区切りの情報が学習時に反映されていないことを示唆している。この問題を解決するには，文節境界を考慮した学習方法，たとえば単語認識などとのマルチタスク学習を行うことが考えられる。また，英文字を示す外字符に関する誤りが14.6%あり，そのうち55%は外字符の脱落であった。これにより，固有名詞の誤読が起こる可能性があり，外字符の脱落を減らすことも重要な課題といえる。

4.4　今後の課題

本研究はまだ初期段階にあり，実用化に向けて解決すべき課題が残されている。本項で示した認識結果は墨点字（エンボス化する前の文字コード）であり，実際には点字ディスプレイ（ピンの上下動により点字を生成する触覚デバイス）などへ出力するが，点字ディスプレイは提示可能な情報量が制約されるため，効果的な連携方法を検討する必要がある。また，曖昧さや文法的な誤りを含む会話などの自由発話をどのように正確に点訳し，伝達するかが重要な課題である。今後はこれらの課題を解決し，実用的なシステムの実現に向けて研究を進める。

5.　ろう・難聴者の聞き取り支援

5.1　背　景

ろう・難聴者が音声を使ったコミュニケーションに参加するとき，他の話者の声が邪魔をして，聞きたい声が聞き取りにくくなることがある。補聴器には雑音を抑圧したり，音声を強調したりする機能を備えたものもあるが，特定の人の声だけを聞き分ける（選択的聴取）ことは難しい。

複数の音の中から特定の音を分離する音源分離手法を用いれば，複数の話者の中から聞きたい話者の声だけを取り出すことが可能である。もし，十分な分離能力を持った音源分離手法があれば，音声コミュニケーションを行うろう・難聴者にとって極めて役立つと期待できる。では，音声分離技術を使って，特定の話者の音声を抽出したときに，ろう・難聴者はどれくらい聞き取りやすくなったと感じているのであろうか。

本項では，筆者らの研究グループがろう・難聴者および聴者を対象に行った，音源分離手法による目的音の聴取実験とその結果について報告する[46][47]。

5.2　ろう・難聴者の聞き取りにおける課題

聴覚に携わる器官に障害があることで，音が聞こえなかったり聞き取りにくくなる。聴覚障害の種類は，伝音性難聴，感音性難聴，混合性難聴と大きく3つに分かれる。中耳までに障害がある場合の伝音性難聴では音が小さく聞こえることが多く，補聴器による聴力の補正が有効である。内耳に障害がある感音性難聴では，音の認知や識別が難しく，障害の程度によっては補聴器による聴力の補正が難しくなる。伝音性難聴と感音性難聴の両方が合わさった難聴を混合性難聴といい，老人性難聴に多く見られる。聴覚障害の原因は多様であるが，障害の程度はおおまかにその平均聴力レベルに応じて分類される。それぞれ，軽度難聴（25 dB 以上 40 dB 未満），中等度難聴（40 dB 以上 70 dB 未満），高度難聴（70 dB 以上 90 dB 未満），重度難聴（90 dB 以上）とされており，聴力レベルに応じて聞き取りの状況も異なる。

ろう・難聴者は聞き取りに関してさまざまな課題を抱えている。たとえば，ろう・難聴者は混合音から目的音を聴取することが困難な場合があり，周波数分解能が低いことが原因として言及されている[48]。さらに，聴力損失によって音源位置やピッチ，音色などの手がかりが得にくくなることで選択的聴取が難しくなることや選択的聴取に時間がかかることについても報告がある[49]。

補聴器や人工内耳の装用によって聞き取りの能力は補償されるものの，選択的聴取に関しては十分な補償とはいえない。複数の話者が参加するグループ内でのコミュニケーションでは，補聴器で特定の話声のみを明瞭に取り出せるわけではなく，意図しない人の声を聞き取ってしまうことがある[50]。補聴器や人工内耳では困難な選択的聴取を支援する方法として，目的話者を複数の発話から抽出する音源分離手法の適用が考えられる。そこで，以降の項では，音源分離手法を用いたろう・難聴者の聞き取りに関する筆者らの研究について解説を行う。

5.3　音源分離

音声を対象とした音源分離手法は数多く提案されており，文献 51)–53) では，聞き取りたい人の声（目的音）に関する情報がエンロール音声（enrollment speech）として事前に得られている場合，それを手がかりにして話者の情報を取り出し，複数の話者が重なり合った音声（混合音）から目的音を分離する。音源分離は，**図7**に概略を示すネットワークに基づいて行われる。まず，ニューラルネットワークを使って，エンロール音声から話者埋め込み（speaker embedding）と呼ばれる，その人の声の特徴を抽出する[54)-56)]。次に，この話者埋め込みを使って，目的の声を取り出すた

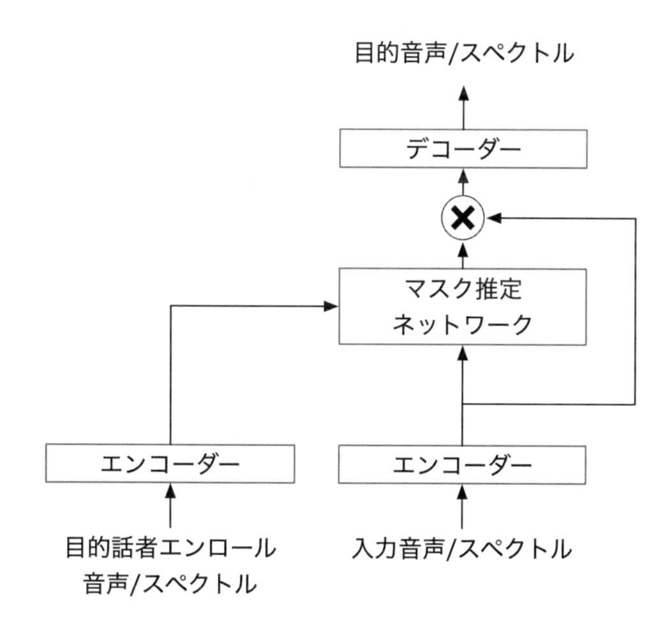

図7　話者の特徴を利用した音源分離

あらかじめ収録した目的話者の音声の特徴を用いて，混合音声から目的話者音声を抽出する

めの話者依存マスクを推定する。最後に，この話者依存マスクと入力された音声（音響特徴）を組み合わせて，目的話者の音響特徴を抽出し，デコーダが音声を時間周波数特徴もしくは波形に変換する。

筆者らの実験では，SpeakerBeam[51)52)]と呼ばれる手法を採用した。SpeakerBeam は ConvTas-Net[57)]という1次元の畳み込みネットワークに基づいている。多くの研究で ConvTasNet はベンチマークとして使われている。最近では，ネットワークの構造を簡素化した E3Net[53)]という新しいネットワークも提案されている。

5.4　聴取実験

5.4.1　聴取努力

音声の品質は，主観評価の結果から得られた平均オピニオン評点（Mean Opinion Score: MOS）によって判断される。一方，ろう・難聴者は日常のコミュニケーションにおいて，音声を聴取する際に精神的な負担が少ないことを望んでいる。これは，ろう・難聴者が音声コミュニケーションで直面する課題が，単純な音声品質評価では明らかにできないことを示している[58)]。

筆者らの研究目的は，ろう・難聴者の日常的な音声コミュニケーションの精神的なストレスを軽減し，コミュニケーション体験を改善することである。そのため，音声品質評価ではなく，聴取努力（listening effort）を用いて音声を評価する手法を導入した。聴取努力とは，聴取にどれだけの精神的リソースが割り当てられるか，または目標達成のために障害を克服しようとする際に意図的に割り当てられる精神的リソースのことである[58)]。また，聴取努力は疲労と関連する重要な指標と考えられている[59)60)]。

聴取による主観評価では，ITU-T P.800 B4.5b[61)]にあるインストラクションを参考に，**表2**に示す日本語の文章を被験者に提示して評価を行った。

表2　聞き取りやすさに関する5段階評価

聞き取りやすさ	スコア
完全にリラックスして理解できる	5
注意を払う必要はあるが，特別な努力は不要	4
ある程度の努力が必要	3
かなりの努力が必要	2
どんな努力をしても意味は理解できない	1

5.4.2　評価音声

聴取実験では，目的話者の発話，その聴取を妨害する音が混じった混合音，音源分離によって抽出した抽出音の3種類を評価音声とした。目的話者音声は，筆者らが作成した音声コーパスから男性話者2名による ATR 音素バランス文の発話を使用し[35)]，一部をエンロール音声として用いた。目的音以外を妨害音とし，千葉大学3人会話コーパスから男性3人組による会話の音源を使った[62)]。目的音と妨害音を 0 dB，10 dB，20 dB の3つの SN 比で混合した音声を混合音として作成した。

5.4.3 音源分離モデル

音源分離に用いたSpeakerBeamの学習には，JNAS[32]の音声を用いた。JNASに含まれる音声データから，評価と同一内容とならない文章を選択し，さらにエンロール音声のために話者あたり5文章を取り除いた。合計242名の話者による音声を学習音声とした。学習音声は64.8時間，エンロール音声は合計4.5時間となった。学習音声に対して千葉大学3人会話コーパスを用いて混合音を作成した。目的音の長さに合わせて，妨害音をランダムな箇所で切り出し，SN比を0 dB，10 dB，20 dBのいずれかで混合した。SpeakerBeamは文献52）に基づきPyTorch[63]で実装したが，損失関数を多重解像度STFT損失[64]およびクロスエントロピー損失に変更した。学習したモデルを用いて，評価音声に含まれる目的話者の音声を抽出した。抽出の際は，混合音声に対するエンロール音声はランダムに選択した。

5.4.4 聴取実験

音声による発信・受信を主なコミュニケーションとしているろう・難聴者（11名）および正常な聴力を有する聴者（11名）が主観評価実験に参加した。主観評価では，参加者は音源を一度ずつ聴取し，目的音の聞き取りやすさを5段階評価した。混合音と抽出音や目的音の話者をランダムに並び替え，参加者1人あたり48の異なる発話を聴取した。**表3**，**表4**にMOSを示す。ろう・難聴者，聴者のいずれの結果も，音源分離後の抽出音の方が音源分離前の混合音よりも聞き取りやすさ（listening effort）の値が高くなり，またSN比が大きくなるにつれて聞き取りやすさが改善する傾向があることがわかった。

音源分離の有無と3つのSN比（0 dB，10 dB，20 dB）を要因として，ろう・難聴者の結果と聴者の結果に対してそれぞれ二元配置分散分析を行った。その結果，ろう・難聴者（F値＝40.05），聴者（F値＝26.40）ともに音源分離の前後で有意差が認められた（$p<0.01$）。交互作用がろう・難聴で認められたため，多重比較による下位検定を行ったところ，SN比が0 dB（F値＝35.52），10 dB（F値＝14.72）のそれぞれで有意差が認められた（$p<0.01$）。また，音源分離に対する効果量はそれぞれ0.28，0.22であった。

以上の結果から，ろう・難聴者においてはSN比の低い条件で聞き取りやすさが大きく改善している一方，聴者はSN比の違いによる聞き取りやすさの改善は見られなかった。音源分離手法は，特にSN比が低い場合にろう・難聴者の聞き取りやすさの改善に大きく役立つのではないかと考えられる。

表3 平均オピニオン評点（ろう・難聴者）

SN比（dB）	混合音（分離前）	抽出音（分離後）
0	2.42±0.11	3.41±0.12
10	3.36±0.12	4.00±0.12
20	3.85±0.12	4.05±0.12

表4 平均オピニオン評点（聴者）

SN比（dB）	混合音（分離前）	抽出音（分離後）
0	2.85±0.13	3.58±0.14
10	3.60±0.13	4.19±0.12
20	4.29±0.10	4.55±0.09

5.5　今後の課題

ここでは，ろう・難聴者および聴者による音源分離後の音声に対する聴取努力の主観評価を調査した。音源分離を含めた音声強調技術の進展は目覚ましいものがあるが，ろう・難聴者にとって聞き取りやすいかどうかの評価，特に聴取努力（聞き取りやすさ）を非侵襲的かつ客観的に推定できる指標の開発が必要である。しかし，聴取努力は主観的要素に依存し，認知負荷が個人間，特に聴力の異なる人々の間で大きく異なると考えられる。さらに，発話の速度や内容の難易度など外的要因の影響も大きいため，その推定は非常に困難である。今後は，より多くのろう・難聴者から主観評価を収集することで，聴取努力の分析が一層進展することが期待される。

6. おわりに

本節では，ろう・難聴者や盲ろう者のコミュニケーションを支援するための音声処理技術に焦点を当て，音声認識や音声点訳，音源分離といった技術の応用可能性について解説した。特に，音声認識技術や音源分離手法を活用することで，ろう・難聴者に対する情報保障をより効率的かつ正確に行える可能性を示した。また，盲ろう者への音声点訳の技術も，コミュニケーションの幅を広げる支援手段となり得ることを示した。

一方で，ろう・難聴者の音声認識の精度向上や，聞き取りやすい音源分離技術の開発が今後の課題であり，ろう・難聴者の特性に応じた個人適応型のモデルの開発が求められる。また，盲ろう者にとっての情報保障手段として，音声点訳技術のさらなる精度向上や，リアルタイム処理の実現，点字ディスプレイとの連携が必要である。これに加え，技術の実用化に向けたコスト面や導入環境の整備も重要な課題として残されている。

今後，これらの技術が盲ろう者を含む多様な障害者支援の現場で広く活用されることで，情報アクセスの向上と，より豊かなコミュニケーションの実現に貢献することが期待される。

謝　辞

本節で紹介した研究の一部はJSPS科研費23K25692，23H00493，21H00901の助成を受けたものである。

文　献

1) G. Hinton et al.: Deep Neural Networks for Acoustic Modeling in Speech Recognition: The Shared Views of Four Research Groups, *IEEE Signal Processing Magazine*, **29**(6), 82-97 (2012).

2) T. N. Sainath et al.: Deep Convolutional Neural Networks for LVCSR, Proc. ICASSP, 8614-8618 (2013).

3) R. Prabhavalkar et al.: End-to-End Speech Recognition: A Survey, *IEEE/ACM Transac-*

tions on Audio, Speech, and Language Processing, **32**, 325-351 (2024).
4) A. Graves et al.: Connectionist Temporal Classification: Labelling Unsegmented Sequence Data with Recurrent Neural Networks, Proc. ICML, 369-376 (2006).
5) A. Graves: Sequence Transduction with Recurrent Neural Networks, *arXiv*, arXiv: 1211.3711 (2012).
6) J. K. Chorowski et al.: Attention-Based Models for Speech Recognition, Advances in Neural Information Processing Systems, 28 (2015).
7) W. Chan et al.: Listen, Attend and Spell: A Neural Network for Large Vocabulary Conversational Speech Recognition, Proc. ICASSP, 4960-4964 (2016).
8) A. Vaswani et al.: Attention Is All You Need, Advances in Neural Information Processing Systems, 30 (2017).
9) S. Hochreiter and J. Schmidhuber: Long Short-Term Memory, *Neural Computation*, **9** (8), 1735-1780 (1997).
10) A. Gulati et al.: Conformer: Convolution-Augmented Transformer for Speech Recognition, Proc. Interspeech, 5036-5040 (2020).
11) Y. Peng et al.: Branchformer: Parallel MLP-Attention Architectures to Capture Local and Global Context for Speech Recognition and Understanding, Proc. ICML, 17627-17643 (2022).
12) K. Kim et al.: E-Branchformer: Branchformer with Enhanced Merging for Speech Recognition, 2022 IEEE Spoken Language Technology Workshop, 84-91 (2023).
13) 本間真一ほか：ダイレクト方式とリスピーク方式の音声認識を併用したリアルタイム字幕制作システム，映像情報メディア学会誌，**63**(3), 331-338 (2009).
14) 平賀瑠美，秋田祐哉：音声自動認識による字幕情報保障トライアル，研究報告アクセシビリティ (AAC)，**6**, 1-5 (2016).
15) A. Marsh: Respeaking for the BBC, Intralinea, Special Issue on Respeaking, http://www.intralinea. org/specials/article/Respeaking_for_the_BBC (2006).
16) T. Imai et al.: Speech Recognition with A Respeak Method for Subtitling Live Broadcasts., Proc. Interspeech, 1757-1760 (2002).
17) 栗田茂明：IPTalkの開発とパソコン要約筆記：聴覚障害者のための情報保障，情報管理，**59**(6), 366-376 (2016).
18) F. Biadsy et al.: Parrotron: An End-to-End Speech-to-Speech Conversion Model and Its Applications to Hearing-Impaired Speech and Speech Separation, Proc. Interspeech, 4115-4119 (2019).
19) R. Doshi et al.: Extending Parrotron: An End-to-End, Speech Conversion and Speech Recognition Model for Atypical Speech, Proc. ICASSP, 6988-6992 (2021).
20) Z. Yue et al.: Multi-Modal Acoustic-Articulatory Feature Fusion for Dysarthric Speech Recognition, Proc. ICASSP, 7372-7376 (2022).
21) S. Hu et al.: Exploiting Cross Domain Acoustic-to-Articulatory Inverted Features for Disordered Speech Recognition, Proc. ICASSP, 6747-6751 (2022).
22) L. Wu et al.: A Sequential Contrastive Learning Framework for Robust Dysarthric Speech Recognition, Proc. ICASSP, 7303-7307 (2021).
23) J. Harvill at al.: Synthesis of New Words for Improved Dysarthric Speech Recognition on An Expanded Vocabulary, Proc. ICASSP, 6428-6432 (2021).
24) Z. Chen et al.: Conformer Parrotron: A Faster and Stronger End-to-End Speech Conversion and Recognition Model for Atypical Speech, Proc. Interspeech, 4828-4832 (2021).
25) M. J. Osberger and N. S. McGarr: Speech Production Characteristics of The Hearing Impaired, Speech and Language, Elsevier, **8**, 221-283 (1982).
26) T. Arias-Vergara et al.: Phone-Attribute Posteriors to Evaluate The Speech of Cochlear Implant Users, Proc. Interspeech 3108-3112

(2019).
27) R. B. Monsen: Normal and Reduced Phonological Space: The Production of English Vowels by Deaf Adolescents, *Journal of Phonetics*, **4**(3), 189-198 (1976).
28) A. C. Coelho, D. M. Medved and A. G. Brasolotto: Hearing Loss and The Voice, An Update on Hearing Loss, 103-128 (2015).
29) L. L. Mendel et al.: Corpus of Deaf Speech for Acoustic and Speech Production Research, *The Journal of the Acoustical Society of America*, **142**(1), EL102-EL107 (2017).
30) K. Maekawa, H. Koiso, S. Furui and H. Isahara: Spontaneous speech corpus of Japanese, Proc. LREC (2000).
31) 日本音響学会：日本音響学会 研究用連続音声データベース（ASJ-JIPDEC), https://doi.org/10.32130/src. ASJ-JIPDEC (2007).
32) 日本音響学会：日本音響学会 新聞記事読み上げ音声コーパス（JNAS), https://doi.org/10.32130/src.JNAS (2006).
33) A. Kobayashi et al.: Corpus Design and Automatic Speech Recognition for Deaf and Hard-of-Hearing People, IEEE 10th Global Conference on Consumer Electronics, 17-18 (2021).
34) 小林彰夫ほか：聴覚障害者の音声データの収集と音素認識による評価，日本音響学会研究発表会講演論文集，841-842 (2021).
35) A. Kobayashi and K. Yasu: Corpus Construction for Deaf Speakers and Analysis by Automatic Speech Recognition, Asia Pacific Signal and Information Processing Association Annual Summit and Conference, 2294-2298 (2023).
36) V. Laborde et al.: Pronunciation Assessment of Japanese Learners of French with GOP Scores and Phonetic Information, Proc. Interspeech, 2686-2690 (2016).
37) S. Naijo, A. Ito and T. Nose: Improvement of Automatic English Pronunciation Assessment with Small Number of Utterances Using Sentence Speakability, Proc. Interspeech, 4473-4477 (2021).
38) X. Zhang et al.: AdaCos: Adaptively Scaling Cosine Logits for Effectively Learning Deep Face Representations, Proc. the IEEE/CVF Conference on Computer Vision and Pattern Recognition, 10823-10832 (2019).
39) A. Baevski et al.: wav2vec 2.0: A Framework for Self-Supervised Learning of Speech Representations, *Advances in Neural Information Processing Systems*, **33**, 12449-12460 (2020).
40) K. Takahashi et al.: Improving Speech Recognition for Japanese Deaf and Hard-of-Hearing People by Replacing Encoder Layers, Proc. The 11th International Conference on Advanced Informatics: Concepts, Theory and Applications (2024).
41) 社会福祉法人全国盲ろう者協会：盲ろう者に関する実態調査報告書, https: //www.mhlw.go.jp/content/12200000/001243586.pdf (2013).
42) V. A. Devi: Conversion of Speech to Braille: Interaction Device for Visual and Hearing Impaired, 2017 Fourth International Conference on Signal Processing, Communication and Networking, 1-6 (2017).
43) A. Kobayashi et al.: End-to-end Speech to Braille Translation in Japanese, Proc. ICCE 2022, 1-2 (2022).
44) 小林彰夫ほか：読み上げ文を対象としたend-to-end音声点訳，日本音響学会講演論文集，1079-1080 (2021).
45) L. Gillick and S. Cox: Some Statistical Issues in The Comparison of Speech Recognition Algorithms, Proc. ICASSP, 532-535 (1989).
46) 藤江匠汰，安啓一，小林彰夫：混合音声から抽出した難聴者の発話の聞き取りやすさに関する客観的および主観的な評価による検討，研究報告 アクセシビリティ（AAC)，**17**, 1-6 (2024).
47) 藤江匠汰，安啓一，小林彰夫：混合音声から抽出した発話の聴取に関する聴者・難聴者の比較，日本音響学会研究発表会講演論文集，3-P-8 (2024).
48) B. C. Moore, B. R. Glasberg and K. Hopkins: Frequency Discrimination of Complex Tones by Hearing-Impaired Subjects: Evidence for

Loss of Ability to Use Temporal Fine Structure, *Hearing Research*, **222**(1-2), 16-27 (2006).
49) G. S.-C. Barbara and B. Virginia: Selective Attention in Normal and Impaired hearing, *Trends in Amplification*, **12**(4), 283-299 (2008).
50) K. Kąkol and B. Kostek: A Study on Signal Processing Methods Applied to Hearing Aids, 2016 Signal Processing: Algorithms, Architectures, Arrangements, and Applications, 219-224 (2016).
51) K. Žmolíková et al.: SpeakerBeam: Speaker Aware Neural Network for Target Speaker Extraction in Speech Mixtures, *IEEE Journal of Selected Topics in Signal Processing*, **13**(4), 800-814 (2019).
52) M. Delcroix et al.: Improving Speaker Discrimination of Target Speech Extraction with Time-Domain SpeakerBeam, Proc. ICASSP, 691-695 (2020).
53) M. Thakker et al.: Fast Real-Time Personalized Speech Enhancement: End-to-End Enhancement Network (E3Net) and Knowledge Distillation, Proc. Interspeech, 991-995 (2022).
54) E. Variani et al.: Deep Neural Networks for Small Footprint Text-Dependent Speaker Verification, Proc. ICASSP, 4052-4056 (2014).
55) D. Snyder et al.: X-Vectors: Robust DNN Embeddings for Speaker Recognition, Proc. ICASSP, 5329-5333 (2018).
56) N. R. Koluguri, T. Park and B. Ginsburg: TitaNet: Neural Model for Speaker Representation with 1D Depth-wise Separable Convolutions and Global Context, Proc. ICASSP, 8102-8106 (2022).
57) Y. Luo and N. Mesgarani: Conv-TasNet: Surpassing Ideal Time-Frequency Magnitude Masking for Speech Separation, *IEEE/ACM Transactions on Audio, Speech, and Language Processing*, **27**(8), 1256-1266 (2019).
58) M. K. Pichora-Fuller et al.: Hearing Impairment and Cognitive Energy: The Framework for Understanding Effortful Listening (FUEL), Ear and Hearing, 37 (2016).
59) C. Shields et al.: Listening Effort: What Is It, How Is It Measured and Why Is It Important?, *Cochlear Implants International*, **23**(2), 114-117 (2022).
60) H. Davis et al.: Understanding Listening-Related Fatigue: Perspectives of Adults with Hearing Loss, *International Journal of Audiology*, **60**(6), 458-468 (2021).
61) International Telecommunication Union Telecommunication Sector (ITU-T): P. 800: Methods for Subjective Determination of Transmission Quality (1996).
62) 伝康晴，榎本美香：千葉大学３人会話コーパス (Chiba3Party), https://doi.org/10.32130/src.Chiba3Party (2014).
63) A. Paszke et al.: PyTorch: An Imperative Style, High-Performance Deep Learning Library, Advances in Neural Information Processing Systems, 32 (2019).
64) R. Yamamoto, E. Song and J.-M. Kim: Parallel WaveGAN: A Fast Waveform Generation Model Based on Generative Adversarial Networks with Multi-Resolution Spectrogram, Proc. ICASSP, 6199-6203 (2020).

第５節

音声認識AIを搭載したコミュニケーションロボットの開発

阪南大学　松田　健

1. はじめに

本節では対話型のコミュニケーションロボット開発に必要な，または有用な音声認識または発話のための技術について紹介する。

少子高齢化が加速し続ける日本では，人のさまざまな活動を支援するロボット開発の期待が高まっている。実際，NEDOの報告書[1)]によれば，日本における15～64歳までの生産年齢と呼ばれる人口分布は2022年の時点で7,421万人であり，3年後の2025年にはおよそ111万人減少することが予測されている。また，人口減少社会における製造業の在り方については，大量生産大量消費の時代から余剰在庫による廃棄物の増加を回避するための少量多品種生産が求められるようになりつつある。

そのために，文献1）では，従来の産業ロボットに，OpenAIをはじめとする生成AIの技術を搭載することによってAIとロボットの融合が進み，社会問題の問題解決に貢献することが期待されている。

ロボットという単語について，経済産業省は，

・センサー

・知能と制御系

・駆動系

の３つの要素技術を有する，知能化した機械システムと定義している。本研究は，人との対話を可能にするためのさまざまな制御システムや知能を取り入れた音声認識ロボットの開発をテーマとして取り扱う。

対話型のコミュニケーションロボット（対話型ロボット）に最低限必要な機能は，

(a) ユーザが話している内容の理解

(b) ユーザの会話に対する応答

である。これらの機能をもう少し詳細に書き下すと，

(1) マイクからの集音（←a の機能）
(2) 人の会話音声の検知（←a の機能）
(3) 会話音声のテキスト化（←a の機能）
(4) テキストに含まれる単語情報の整理　(←a または b の機能)
(5) ロボットが読み上げるテキストの生成・選択　(←b の機能)
(6) テキストの音声化　(←b の機能)
(7) 音声の再生　(←b の機能)

という機能に分割される。これに加えて，ユーザとロボットの会話内容を記録したり整理したりするには，(1) ～ (7) の途中，または最後にそのような機能を付け加えて処理することになる。OpenAI をはじめとするテキスト生成 AI を活用すれば，(1) ～ (5) までの機能をそれで賄うことが可能であるため，開発にかかる時間的コストの削減は期待できる。しかしながら，機能面で期待できるものであるかどうかは不明であるため，メリットやデメリットについて正しく理解する必要がある。本節では，人との対話を可能にするために必要な音声認識の技術についてなるべく平易に，技術面の要素も含めて解説する。

2. 音声認識技術とは

音声認識は音を解析する技術であり，音の特徴を解析してその種類を分析するものである。人との対話型コミュニケーションロボットで音声認識を活用する場合は，人の会話を音として捉え，その音の特徴から話した内容を把握することで，会話の内容をテキスト化することが目的となる。本項は，音声認識技術として広く利用されている基幹技術であるフーリエ解析の簡単なイメージや概要を理解するために必要な知識からスタートして，音声認識ロボットの開発のヒントにつながる情報についてまとめる。

特に，以下の議論は音声認識ロボットの場合，「マイクで拾った音波は人の声であるかどうか」ということを判別する方法を考えるために重要であり，根本的な原理を考えることができれば，さまざまな手法を活用できるようになることが期待される。

人間が聞こえる音は，空気（媒質という）を介して伝達されるものであり，音波という縦波と呼ばれる性質を持つものとして知られている。人間の話し声は，媒質の揺れる方向と波の進む向きが同じである（つまり，音は真っすぐの方向から聞いた方が聞きやすい）ことを考えれば縦波であることがイメージできる（**図1**）。

縦波のイメージ図

|| | |　→　| || |　→　| |　||　→

図1　音の密度が変化することで音が伝わるのが縦波

空気を伝わって来た音波を，マイクロフォンの振動版を揺らすことで横波に変換し，その波を三角関数として表現することで，音波をデータとし

てコンピューター上で解析することができるようになる。その際に必要となるのがフーリエ解析である。数学者のフーリエは，任意の関数は三角関数を無限に足し合わせることで表すことができることを発見した。

音には，「大きさ」「高さ」「音色」の３つの要素が存在し，大きさは**図２**でいえば上下方向の高さ（縦軸方向）に影響を与え，大きな音であればあるほど，波の高さを表す振幅は大きくなる。一方で，音の高さは図２の周期性の幅（横軸方向）に影響を与え，高い音ほど周期性の幅が狭くなるという性質を持っている。これらの性質は三角関数を表現する数式で表現可能で，たとえば，

$$y=A\sin nx \tag{1}$$

という単純な sin 関数の場合，y は$-A$からAの値を取り，Aの値が波の高さである振幅に影響を与えていることがわかる。一方で，sin 関数の周期に影響を与えるnの値を変化させると，**図３**のように周期性の幅の狭さ・広さに変化が見られることが確認できる。

次に，音声解析の最も基本的な技術であるといえるフーリエ解析について簡潔に紹介する。音を（数値）データとして記録するために，1 秒間に何個のデータを記録するかということが大事になる。これをサンプリングレートといい，CD などで採用されている 44.1 kHz（1 秒間に 44100 回）の周波数は標本化周波数と呼ばれている。**図４**は，

$$y=\sin 2\pi\times 2t+2\sin 2\pi\times 4t+4\sin 2\pi\times 8t \tag{2}$$

を横軸を$\frac{1}{44100}$で分割して描画した三角関数のグラフである。

図４のデータを高速フーリエ変換（FFT）した結果が**図５**である。横軸の値が，

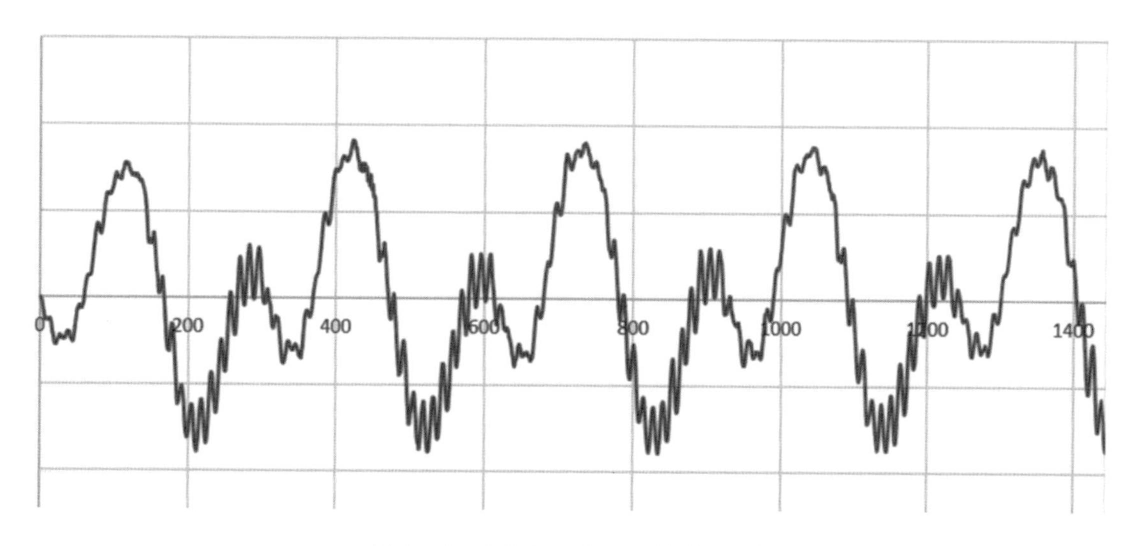

図２　あいうえおの「い」の波形データ

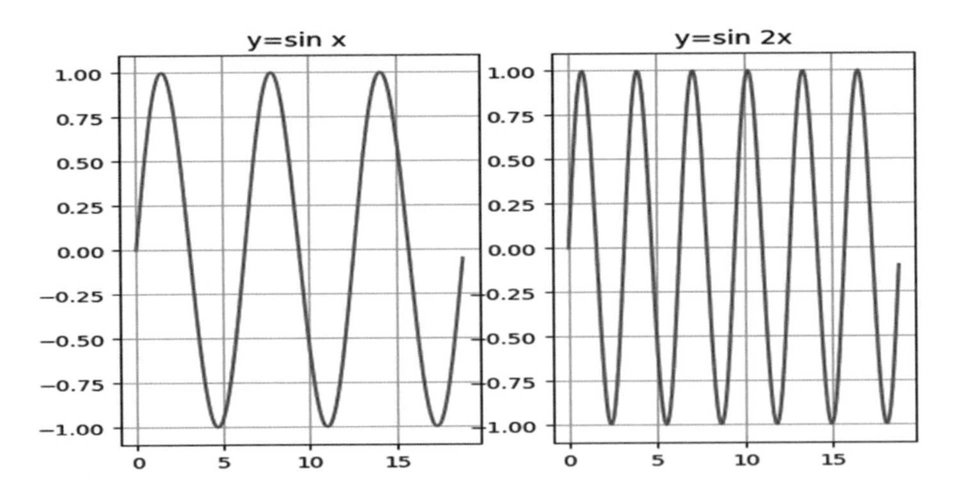

図３　$A \sin nx$ の n が大きくなると波が左右方向に縮まるように見える

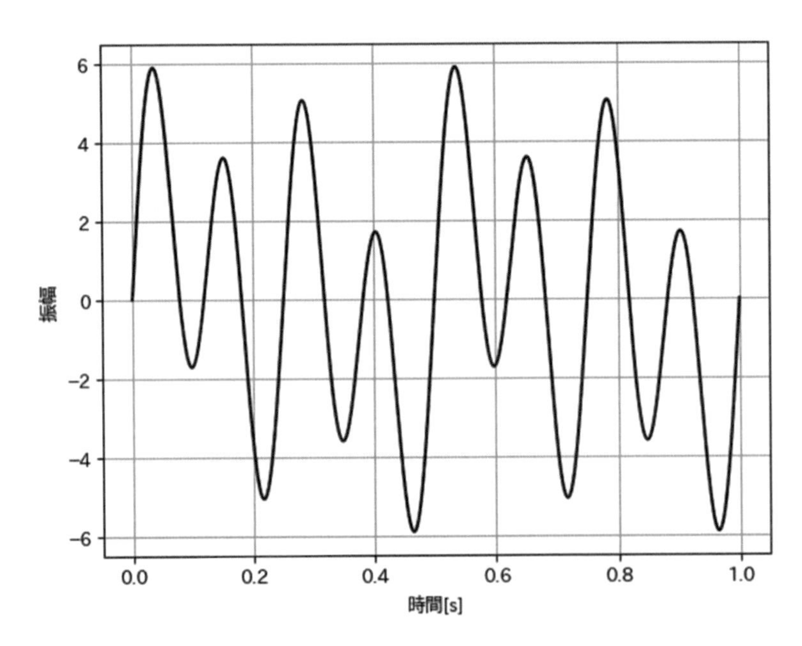

図４　時間で変化する sin 波

$y=\sin 2\pi\times 2t+2\sin 2\pi\times 4t+4\sin 2\pi\times 8t$ のグラフ

$$A \sin 2\pi\times mt \tag{3}$$

の m の部分に対応し，縦軸の値が A の値に対応していることが読み取れる。したがって，この変換により，元々は時系列データ（図４）であったものを，図５のような周波数領域のデータとして取り扱うことができるようになることがわかる。

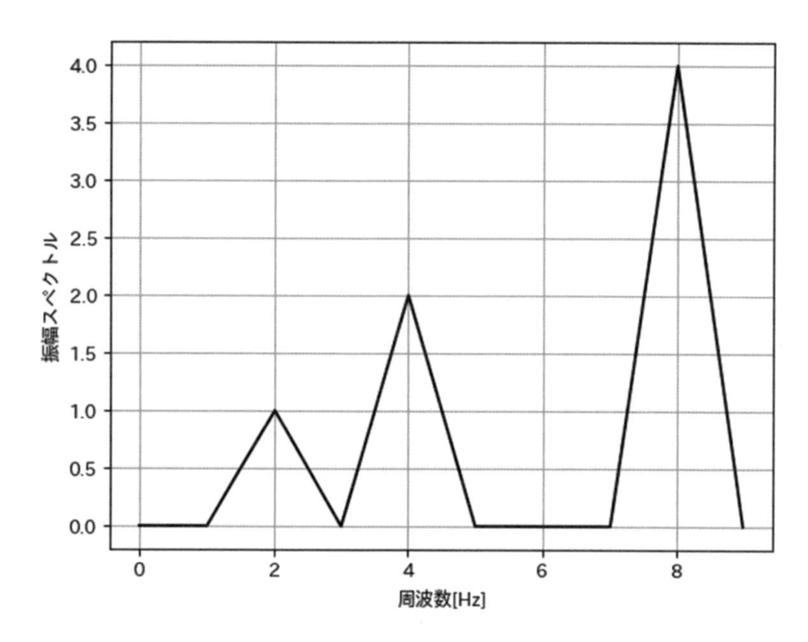

図５　図４の sin 波のフーリエ変換の結果

これを図２のような母音の音の解析に活用すれば，マイクで拾った音声が人の発生した音であるかどうかについても検討可能になることが確認できる。

音声認識が可能な対話型ロボットを活用する場面では，ロボットの声が聞き取りづらいこと，ロボットが人の声に反応しないことなどが課題として浮上している[2)]。人間同士の会話であっても，声の大きさや高さが原因で聞き取りづらいことがある。ちょうどよい声の大きさや高さというのは個人差で決まるため，対話型ロボットの機能面での音声の聞き取り部分とロボットからの発話の部分において，これらの概念は重要なファクターであるといえる。次項では，対話ロボットの実装における音の取り扱いに関わる課題を整理し，その解決策について議論する。

3.　音声認識技術の実装上の課題

本項では，対話型ロボットに音声認識技術を実装するうえで発生する課題について整理する。前項で紹介した通り，ロボットが人の声に反応しなかったり，人がロボットの発話した音声を聞き取れなかったりするという問題が生じる[2)]。本項では，上述のことを踏まえて，ロボットが人の話に反応しない問題，人がロボットの音を聞き取れない問題，その他音に関わる問題の３つのパートに分けて議論を進める。

3.1　ロボットが人の話に反応しない原因

ロボットが人の話を理解するプロセスは，**1.** で解説した（1）～（7）までの機能のうち，（1）と

(2) の部分に対応する。これらの処理を並列に取り扱わない限り，(3) ～ (7) の処理中には人の話を聞いていない状態になっていることに注意する必要がある。

この状態について，ロボットの開発事情に合わせた言葉で説明すれば，人が話をしている内容を把握するために，音波を検知して人の話し声と判断できた場合に，マイクで集音した音声を音声ファイルとして録音し，その音声ファイルから人の会話内容をテキストとして抽出するという作業を行うことになる。つまり，ロボットが人の話を聞けるタイミングは決まっているため，そのタイミングがいつなのかをユーザに適切に知らせる必要がある。この状況を理解したうえで，なぜロボットが人の話に反応しないのかということの原因について考えてみると，以下のパターンが考えられる。

- 音声認識しないタイミングでロボットに話しかけている
- 音声は拾っているが，ロボットが人の声と判断できていない
- ユーザがマイクの位置や性質を正しく理解できていない
- 複数人の会話や，会話以外の音が混在している

上記の課題に対しては，バージイン機能と話者識別機能が有効に働く場合がある。バージイン機能とは，(7) のロボットが発話する音声ファイル再生中に，(1) と (2) の処理を実行し，人の会話を検知した場合に，音声ファイルの再生に割り込みして再生を停止し，(3) のユーザの会話内容をテキスト化するプロセスに移行できる技術のことである。この割り込みの概念を (3) ～ (6) の処理中にも実装することができれば，より実際の割り込み会話に近い状況をロボットとの会話で再現できる可能性が考えられる。

3.2　人がロボットの音を認識できない場合の対策

音の聞き取りやすさは，音の大きさや高さが影響することはもちろんであるが，抑揚が自然であるということも重要な要因になり得る。ここでは，個人差のある音の大きさや高さについて議論するのではなく，音声の読み上げ方に焦点を当てた内容について議論する。

テキストを音声として読み上げる技術であるテキスト・トゥ・スピーチ（TTS）は音声読み上げサービスとも呼ばれ，有料のサービスを利用すれば現在ではかなり自然な抑揚でテキストを読み上げてくれるようになっている。しかしながら，与えられたテキストに人物名などの読み間違えやすい漢字が含まれていたり，適切な場所で発話の区切りが挿入されていないことによる聞き取りの違和感が発生したりすることがある。日本語の読み上げの場合，文章の意味が通じる最小の単位である文節についても検討すべきでる。一般的に，日本語の文章を区切るために使用される句読点は，視覚的にわかりやすいように読点（,）や句点（。）が使われている場合があり，これが日本語の正しい読解に悪影響を与える恐れがあるという指摘も存在する[3)]。たとえば，ロボットがユーザの生活環境を理解し，朝の会話で次のような発話をする場面を考えてみる。

「おはよう。ベランダを見て。この前植えたお花が，きれいに咲いているよ。」（＊）

これを文節に区切るには，たとえば，ベランダをネ，見てネのように，小さな子供が「ネ」をたくさん入れて話す様子を想像すれば良い。

「おはよう/ベランダを/見て/この前/植えた/お花が/きれいに/咲いて/いるよ」(＊＊)

ロボットに発話させる場合，/のうちのどこかに読点（,）を適切に挿入することで，より自然な発話に聞こえたり，感情移入ができるようになったりすることがある。筆者はそのような目的で読点をどこに入れるべきかという数理モデルを検討して実装した経験があるが，日本語に限らず自然言語処理の分野ではPunctuation Model（句読点モデル）と呼ばれる，適切に句読点を挿入するモデリングの研究[4]が活発に行われている。

以下，（＊）をロボットが発話する場合に，いかにして（＊＊）のようにテキストを区切り，さらに区切った後のどの場所に発話を区切るための読点を挿入すれば良いかというモデル化に必要な視点について簡潔に述べる。実装の方法は以下に述べる方法以外にも無数に存在するが，条件付き確率を取り扱えるモデルを活用するのが最も単純であると考えられる。その場合，学習データが必要であり，日本語の文章をどこで区切って文節を構成すべきであるかということを最初に考えなければならない。たとえば，これは以下のように実現することができる。

1	0	0	1	1	0	0	0	1	1	1	1	0	1
お	は	よ	う	ベ	ラ	ン	ダ	を	見	て	こ	の	前

つまり，文節の始まりと終わりを1，それ以外を0というラベルデータを付与するというものである。これにもさらに工夫が可能であるが，ここでは割愛する。このように設定した場合に必要な予測モデルは，日本語の文字（たとえば，最初から数えてi番目の文字が「べ」なら，c_i=べ，などと定義する）が観測されたときに，それに付与すべきラベルが0であるか1であるか（たとえば，このラベルをl_iと定義する）を予測するものである。このときに考慮すべきなのは，直前の文字c_{i-1}とそのラベルl_{i-1}であることは言うまでもない。しかしながら，日本語の文節を作る場合，小さな子供が「ネ」で区切りながら話す様子を想像すると，それはまた異なるものであるとも考えられる。いずれにしても，現在考えているi番目の文字近辺の何らかの情報に基づいて，そこに区切りを入れるべきであるかどうかを判断しなければならず，その際に「どのような条件（どのような文字が観測されたか？)」のときに，区切る可能性が高くなるかということを検討することが単純なモデル化の提案につながることが想像できるのではないだろうか。このようなことを実現する既存手法も無数に存在するが，ナイーブベイズ分類器などを活用すれば良いだろう。

最後に，聞き取りやすい音の大きさや高さについて考察する。まず，音の大きさについてはユーザに調整してもらうことが一般的である。しかし，音量の調整の場所がわかりにくいことも考えられるため，ユーザの返答内容を理解したり，周囲の環境音を分析したりして音量調整することは十分に可能である。音の大きさについては，「ユーザが聞こえにくい場合」は大きく，「ユーザがうるさいと思う場合」は小さくすれば良いので，環境音を考慮しなければその調整はとても単純である。しかし，音の高さについては，ユーザの聞こえやすさにさまざまな要因があると考えられるため，その調整は困難であると考えられる。このように，聞き取りやすさを改善するにはさまざまな観点が存在する。

3.3　その他音に関わる課題

最後に，音声認識の課題として，話者分離と環境音をテーマに関連技術について紹介する。音声認識に必要な音声ファイルのデータが，一人の人が話をしたものでない場合，もしくは周囲の雑音（環境音）が含まれている場合に，音声ファイルの適切なテキスト化ができない恐れがある。そこで複数の音源から発生されていると考えられる音声データからターゲットとなる音源だけを抽出する技術は音声認識には非常に重要である。近年では，音声分離を実現するさまざまなアルゴリズムが手軽に活用できるようになっている。深層学習の技術を活用した深い階層構造を持つDNN（Deep Neural Network）以外に，手軽に実装可能なものとして，独立性分析や非負値行列因子分解などのアルゴリズムもある。

以下，簡潔に独立成分分析の手順についてのみ解説する。n 個の信号源（たとえば話者が n 人いる）ときの時刻 t の信号（観測される音のデータ）を，

$$s(t)=\begin{pmatrix} s_1(t) \\ s_2(t) \\ \vdots \\ s_n(t) \end{pmatrix} \tag{4}$$

とする。これに対して，

$$x(t)=\begin{pmatrix} x_1(t) \\ x_2(t) \\ \vdots \\ x_n(t) \end{pmatrix} \tag{5}$$

を実際に観測されたデータとして，

$$\begin{pmatrix} x_1(t) \\ x_2(t) \\ \vdots \\ x_n(t) \end{pmatrix}=\begin{pmatrix} w_{11} & w_{12} & \cdots & w_{1n} \\ w_{21} & w_{22} & \cdots & w_{2n} \\ \vdots & \vdots & \ddots & \vdots \\ w_{n1} & w_{n2} & \cdots & w_{nn} \end{pmatrix}\begin{pmatrix} s_1(t) \\ s_2(t) \\ \vdots \\ s_n(t) \end{pmatrix} \tag{6}$$

という行列の演算を考えて，$x(t)$ から未知の n 次正方行列 W と $s(t)$ を推定するブラインド信号源分離と呼ばれる問題を考える。以下，$y=Wx$ という行列の演算を考えて，行列 W を推定する方法

を紹介する。独立成分分析では，信号源 $y(t)$の各成分が独立であると仮定する。信号源 $y(t)$の同時分布を $p(y)$として，カルバック情報量，

$$KL(W)=\int p(y)\log\frac{p(y)}{\Pi_{i=1}^{n}p(y_i)} \tag{7}$$

を最小化することで独立性を評価する方法が広く用いられている。KL（W）を最小化する手法も複数存在し，たとえば最急降下法を用いる場合，

$$W_{t+1}=W_t+\alpha(I_n-\phi(y)y^T)W_t^{-1} \tag{8}$$

という更新式での各要素の値を更新できることが知られている。ただし，I_n は n 次の単位行列で，

$$\phi(y)=-\begin{pmatrix}\dfrac{\partial\log p(y_1)}{\partial y_1}\\ \vdots \\ \dfrac{\partial\log p(y_n)}{\partial y_n}\end{pmatrix} \tag{9}$$

である。特に，$\phi(y)$については任意の非線形関数（たとえば，tanh(x)など）で良いことが知られている。Python を活用すれば，機械学習ライブラリの scikit-learn（サイキット・ラーン）を活用すれば良く，numpy と組み合わせて，

```
from sklearn.decomposition import FastICA
X = [] # ←データを準備
ica = FastICA(n_components=＊) # ＊の部分に半角数字を入れる
S_ = ica.fit_transform(X)
```

などと記述するだけで計算が完了する。なお，独立性分析は因果推論や統計的因果探索技術の基礎としても非常に重要な概念である。現時点では音声分離技術に対する応用はまだないかもしれないが，特定の音源の影響を考慮するような因果関係を推論したい場合に利用される LiNGAM（Linear Non-Gaussian Acyclic Model）の実行にも必要なプロセスである。複数の既存技術を組み合わせるだけでさまざまな音声認識技術の実装は可能であるが，実装後に生じるさまざまな課題については，既存技術だけでは解決が困難なものも存在する。AI（Artificial Intelligence）という単語を単なるブラックボックスとするのではなく，ものの構造やコンピューターの処理の特性，アルゴリズムの理解なども個々の課題解決には重要であると考えられる。

4. おわりに

本節は，対話型コミュニケーションロボットの音声認識に関わる実装部分に焦点を絞り，コンピューターの処理，音の性質，言葉の性質の観点から解説し，それらの特徴を機械学習のアルゴリズムでどのように取り扱えば良いかということについて解説した。このように，一言で音声認識技術といっても文系理系の融合的な観点からの分析が必要であることが明らかである。今後，人々のさまざまな場面で多種多様なロボットの運用・活用が期待されるうえで，どのような種類のロボットであっても，人間の言葉を理解して自律的に活動するロボットの開発が期待されるものと考えられる。そのためには，最新技術の動向を捉えながら，文理融合的な基礎的な技術の理解も必要である。

文　献

1) NEDO: https://www.nedo.go.jp/content/100978754.pdf
2) 前川泰子，松田健：福祉施設や在宅でのコミュニケーションロボット活用事例とこれからの展望，特集 医療福祉施設のICT（情報通信技術），病院設備（2024年10月）.
3) 岩下修：国語授業に大変革！深く読む“音読”―音声入り「意味句読み」実践手引き，学芸みらい社（2024）.
4) A. Iktidar et al.: Towards Developing an Automatic Punctuation Prediction Model for Bangla Language: A Pre-trained Mono-lingual Transformer-based Approach, 2024 6th International Conference on Electrical Engineering and Information & Communication Technology (2024).

索　引

英数

和文

あ 行

か 行

さ 行

た 行

な 行

は 行

ま 行

や 行

ら 行

わ 行

進化するヒトと機械の音声コミュニケーション Vol.2

AIの活用と感情に寄り添う音声認識・合成の新展開

発 行 日　2025年4月20日　初版第一刷発行
発 行 者　吉田　隆
発 行 所　株式会社エヌ・ティー・エス
〒102-0091 東京都千代田区北の丸公園2-1　科学技術館2階
TEL.03-5224-5430 http://www.nts-book.co.jp
印刷・製本　藤原印刷株式会社

ISBN978-4-86043-936-1

関連図書

	書籍名	発刊年	体 裁	本体価格
1	認知症の予防・診断・介護DX	2024年	B5 404頁	49,000円
2	改訂増補版 アクセシブルデザイン ～高齢者・障害者に配慮した人間中心のデザイン～	2024年	B5 328頁	40,000円
3	デジタルツイン活用事例集 ～製品・都市開発からサービスまで～	2024年	B5 284頁	45,000円
4	スマートヘルスケア ～生体情報の計測・評価・活用とウェアラブルデバイスの開発・製品事例～	2023年	B5 376頁	45,000円
5	進化するヒトと機械の音声コミュニケーション	2015年	B5 366頁	42,000円
6	Q&Aによるひとを対象とした実験ガイド ～人間工学における心理生理学的研究～	2022年	B5 386頁	42,000円
7	感性デザイン ～統計的手法（ラフ集合）、事例、I/F、マーケティング～	2018年	B5 384頁	32,000円
8	オーグメンテッド・ヒューマン ～AIと人体科学の融合による人機一体、究極のIFが創る未来～	2018年	B5 512頁	48,000円
9	DXデジタルトランスフォーメーション事例100選	2023年	B5 916頁	30,000円
10	感覚デバイス開発 ～機器が担うヒト感覚の生成・拡張・代替技術～	2014年	B5 418頁	45,000円
11	ひと見守りテクノロジー ～遠隔地の高齢者を中心とした、異変察知の機器開発から各種事例、次世代展望まで～	2017年	B5 230頁	30,000円
12	快眠研究と製品開発、社会実装 ～生体計測から睡眠教育、スリープテック、ウェルネス、地域創生まで～	2022年	B5 812頁	50,000円
13	味以外のおいしさの科学 ～見た目・色・温度・重さ・イメージ、容器・パッケージ、食器、調理器具による感覚変化～	2022年	B5 496頁	42,000円
14	ヒューマンエラーの理論と対策	2018年	B5 334頁	42,000円
15	ウエアラブル・エレクトロニクス ～通信・入力・電源・センサから材料開発、応用事例、セキュリティまで～	2014年	B5 262頁	38,000円
16	ニューロモルフィックコンピューティング ～省エネルギーな機械学習のハードウェア実装に向けて～	2022年	B5 334頁	30,000円
17	人と共生するAI革命 ～活用事例からみる生活・産業・社会の未来展望～	2019年	B5 480頁	48,000円
18	商品開発・評価のための生理計測とデータ解析ノウハウ ～生理指標の特徴、測り方、実験計画、データの解釈・評価方法～	2017年	B5 324頁	30,000円
19	AI・ドローン・ロボットを活用したインフラ点検・診断技術	2023年	B5 176頁	36,000円
20	Excelによる生体信号解析 ～心電図、脈波、血圧～	2020年	B5 120頁	18,000円
21	人と協働するロボット革命最前線 ～基盤技術から用途、デザイン、利用者心理、ISO13482、安全対策まで～	2016年	B5 342頁	42,000円
22	自在化身体論 ～超感覚・超身体・変身・分身・合体が織りなす人類の未来～	2021年	B6変256頁	1,800円

※本体価格には消費税は含まれておりません。